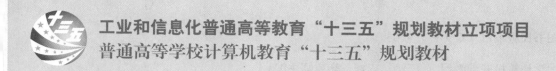

工业和信息化普通高等教育"十三五"规划教材立项项目

普通高等学校计算机教育"十三五"规划教材

大学计算机基础教程（第2版）

Fundamentals of Computer

李涛　王颖　李宛娜　主编

崔金香　戴玉霞　芦关山　副主编

王绍锋　主审

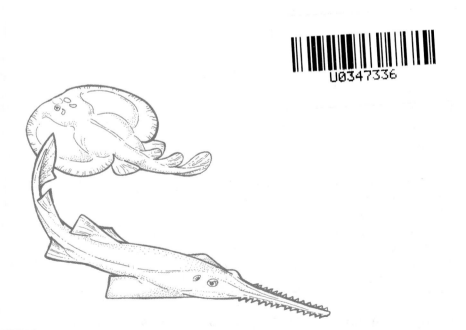

U0347336

人民邮电出版社

北　京

图书在版编目（CIP）数据

大学计算机基础教程 / 李涛，王颖，李宛娜主编
. -- 2版. -- 北京：人民邮电出版社，2019.9
普通高等学校计算机教育"十三五"规划教材
ISBN 978-7-115-51718-0

Ⅰ．①大… Ⅱ．①李… ②王… ③李… Ⅲ．①电子计
算机－高等学校－教材 Ⅳ．①TP3

中国版本图书馆CIP数据核字(2019)第153936号

内 容 提 要

　　本书以微型计算机为基础，全面系统地介绍计算机基础知识及其基本操作。本书分为基础篇和实践篇两部分。基础篇共 12 个项目，主要包括计算机基础知识、计算机系统知识、Windows 7 操作系统、管理计算机中的资源、Word 2010、Excel 2010、PowerPoint 2010、计算机网络和计算机维护等内容；实践篇共 6 个项目，主要包括 Word 2010、Excel 2010、PowerPoint 2010 的实例操作等内容。

　　本书适合作为高等院校的计算机基础教材或参考书，也可作为计算机培训班教材或计算机等级考试二级 MS Office 的自学参考书。

◆ 主　　编　李　涛　王　颖　李宛娜
　　副主编　崔金香　戴玉霞　芦关山
　　主　　审　王绍锋

　　责任编辑　张　斌
　　责任印制　陈　犇

◆ 人民邮电出版社出版发行　　北京市丰台区成寿寺路 11 号
　　邮编　100164　电子邮件　315@ptpress.com.cn
　　网址　http://www.ptpress.com.cn
　　三河市中晟雅豪印务有限公司印刷

◆ 开本：787×1092　1/16
　　印张：18　　　　　　　　　　2019 年 9 月第 2 版
　　字数：521 千字　　　　　　　2019 年 9 月河北第 1 次印刷

定价：49.80 元

读者服务热线：(010)81055256　印装质量热线：(010)81055316
反盗版热线：(010)81055315
广告经营许可证：京东工商广登字 20170147 号

前　言　FOREWORD

随着经济和科技的发展，计算机在人们的工作和生活中变得越来越重要，已成为一种必不可少的工具。同时，计算机技术在信息社会中的应用是全方位的，广泛应用于军事、科研、经济和文化等各个领域，其作用和意义已超出了科学和技术层面，达到了社会文化的层面。因此，能够运用计算机进行信息处理已成为每位大学生必备的基本能力。

"大学计算机基础"作为一门公共基础必修课程，学习该课程的用途和意义是重大的，对学生今后的工作也会有较大的帮助。从目前大多数学校对这门课程的学习和应用调查情况来看，由于是公共基础课，加上有一部分理论知识，学生学习起来比较枯燥，因此，本书在写作时综合考虑目前大学计算机基础教育的实际情况和计算机技术本身的发展状况，将教学内容分为基础篇和实践篇两部分。基础篇采用项目任务式的讲解方式，以任务形式来带动知识点的学习，激发学生的学习兴趣，并适应计算机等级考试二级MS Office的要求。实践篇针对基础篇中所学内容，让学生进行实际操作。

本书紧跟当前的主流技术，主要讲解以下内容。

- 计算机基础知识：主要讲解计算机的发展、计算机中信息的表示和存储、多媒体技术、计算机系统的组成、使用鼠标和键盘、认识 Windows 7 操作系统、定制 Windows 7 工作环境、设置和使用汉字输入法、管理文件和文件夹资源、管理程序和硬件资源等知识。
- Word 2010 办公应用：主要通过编辑学习计划、招聘启事、公司简介、图书采购单、考勤管理规范和毕业论文等文档，详细讲解 Word 2010 的基本操作、字符格式的设置、段落格式的设置、图片的插入与设置、表格的使用和图文混排的方法，以及编辑目录和长文档等 Word 文档制作与编辑的相关知识。
- Excel 2010 办公应用：主要通过学生成绩表、产品价格表、产品销售测评表、员工绩效表和销售分析表等表格的制作，详细讲解 Excel 2010 的基本操作、输入数据、设置工作表格式、使用公式与函数进行运算、筛选和数据分类汇总、用图表分析数据和打印工作表的相关知识。
- PowerPoint 2010 办公应用：通过制作工作总结演示文稿、产品上市策划演示文稿、市场分析演示文稿和课件演示文稿，详细讲解幻灯片制作软件 PowerPoint 2010 的基本操作，为幻灯片添加文字、图片和表格等对象的方法，以及设置幻灯片的切换、动画效果、放映效果和打包演示文稿等方面的知识。
- 网络应用：主要讲解计算机网络基础知识、Internet 基础知识和 Internet 的应用等知识。
- 系统维护与安全：主要讲解磁盘与系统维护，以及计算机病毒及其防治等知识。

本书具有以下特色。

（1）任务驱动，学习目标明确。每个项目分为几个不同的任务来完成，每个任务讲解时先结合情景式教学模式给出"任务要求"，便于学生了解实际工作需求和明确学习目的，然后列出完成任务需要具备的相关知识，再将操作实施过程分成具体的操作阶段来学习。

（2）强调操作技能，实用性强。本书在注重系统性和科学性的基础上，突出了实用性及可操作性，对重点概念和操作技能进行了详细讲解。

　　本书在讲解过程中，通过各种"提示"和"注意"为学生提供了更多解决问题的方法，让学生掌握更为全面的知识，引导学生学会更好、更快地完成工作任务的方法。本书修订过程中，部分内容增加了微课视频，便于读者更直观地学习相关知识。

　　参加本书编写工作的教师均长期从事计算机教学和学科建设工作，计算机理论和实践教学经验十分丰富。本书由王绍锋担任主审，由李涛、王颖、李宛娜担任主编，由崔金香、戴玉霞、芦关山担任副主编。其中，李涛编写项目五、项目六、项目七，王颖编写项目八、项目九、项目十；李宛娜编写项目一、项目二、项目三；崔金香编写项目四、项目十一、项目十二；戴玉霞编写实践项目一、实践项目二、实践项目三；芦关山编写实践项目四、实践项目五、实践项目六。同时参与编写的还有周威、刘菊、郑立平、曹琳琳、卜伶俐。本书的编写还得到了哈尔滨远东理工学院张金学校长、雷宏副校长、代明君校长助理的大力支持，在此一并表示衷心的感谢。

　　由于时间仓促，加之作者水平有限，书中如有不足之处，欢迎广大读者朋友批评指正，以便下次修订和补充。

编　者

2019年6月

目 录 / CONTENTS

实 践 篇

基础篇

项目一
计算机基础知识

电子计算机简称计算机（Computer），俗称电脑，是20世纪人类最伟大的发明之一。它的出现使人类进入了信息社会。计算机是一种能够按照指令，对各种数据和信息进行自动加工和处理的电子设备。掌握以计算机为核心的信息技术的一般应用，已成为国民生产各行业对从业人员的基本素质要求之一。本项目将通过3个任务，介绍计算机的基础知识，包括计算机的发展、计算机中信息的表示和存储，以及多媒体技术的相关基础知识，为后面章节的学习打下基础。

课堂学习目标

- 了解计算机的发展
- 了解计算机中信息的表示和存储
- 认识多媒体技术

任务一 了解计算机的发展

任务要求

肖磊上大学时选择了与计算机相关的专业，他平时在生活中也会使用电脑，知道电脑就是"计算机"，而且计算机的功能很强大。作为一名计算机相关专业的学生，肖磊迫切想要了解计算机是如何诞生与发展的，有哪些功能和分类，计算机在信息技术中充当着怎样的角色，计算机的未来发展又会是怎样的等问题。

本任务要求了解计算机的诞生及发展过程，认识计算机的特点、应用和分类，了解计算机的发展趋势，并熟悉信息技术的相关概念。

任务实现

（一）了解计算机的诞生及发展过程

17 世纪，德国数学家戈特弗里德·威廉·莱布尼茨（Gottfried Wilhelm Leibniz）发明了二进制，为计算机内部数据的表示方法创造了条件。20 世纪初，电子技术得到了飞速发展。1904 年，英国电气工程师约翰·安布罗斯·弗莱明（John Ambrose Fleming）研制出了真空二极管；1906 年，美国科学家德·福雷斯特（Lee de Forest）发明了真空三极管，它们的出现为计算机的诞生奠定了基础。

20 世纪 40 年代后期，西方国家的工业技术得到迅猛发展，相继出现了雷达和导弹等高科技产品，复杂的科技产品需要大量的计算，迫切需要在计算技术上有所突破。1943 年，由于军事上的需要，宾夕法尼亚大学的教授莫克利（Mauchly）和他的研究生艾克特（Eckert）开始计划建造一台通用电子计算机。1946 年 2 月，由美国宾夕法尼亚大学研制的世界上第一台通用计算机——电子数字积分计算机（Electronic Numerical Integrator And Computer，ENIAC）诞生了，如图 1-1 所示。

ENIAC 的重量超过 30t，占地 170m²，采用了 18 000多个电子管、1500 多个继电器、70 000 多个电阻和10 000 多个电容，功率为 150kW。ENIAC 每秒可完成5000 次加法运算、300 多次乘法运算，比当时最快的计算工具要快 300 倍。尽管 ENIAC 的体积庞大、操作复杂、耗电量大、易损坏，但它的出现具有跨时代的意义，它开创了电子技术发展的新时代——计算机时代。

图 1-1 ENIAC

同一时期，ENIAC 项目组的美籍匈牙利研究人员约翰·冯·诺依曼（John von Neumann）开始研制离散变量自动电子计算机（Electronic Discrete Variable Automatic Computer，EDVAC），其主要的设计理论采用二进制和存储程序方式。因此人们把冯·诺依曼的这个理论称为冯·诺依曼体系结构，并沿用至今，冯·诺依曼也被誉为"现代电子计算机之父"。

从第一台通用计算机 ENIAC 诞生至今的几十年时间里，计算机技术成为发展最快的现代技术之一。根据计算机所采用的物理器件，可以将计算机的发展划分为 4 个阶段，如表 1-1 所示。

表 1-1　计算机发展的 4 个阶段

阶段	划分年代	采用的元器件	运算速度（每秒指令数）	主要特点	应用领域
第一代计算机	1946—1957 年	电子管	几千条	主存储器采用磁鼓，体积庞大、耗电量大、运算速度低、可靠性较差、内存容量小	国防及科学研究工作
第二代计算机	1958—1964 年	晶体管	几万至几十万条	主存储器采用磁芯，开始使用高级程序及操作系统，运算速度提高、体积减小	工程设计、数据处理
第三代计算机	1965—1970 年	中小规模集成电路	几十万至几百万条	主存储器采用半导体存储器，集成度高、功能增强、价格下降	工业控制、数据处理
第四代计算机	1971 年至今	大规模、超大规模集成电路	上千万至万亿条	计算机走向微型化，性能大幅度提高，软件也越来越丰富，为网络化创造了条件。同时计算机逐渐走向人工智能化，并采用了多媒体技术，具有听、说、读、写等功能	工业、生活等各个方面

（二）认识计算机的特点、应用和分类

随着科学技术的发展，计算机已被广泛应用于各个领域，在人们的生活和工作中起着重要的作用。下面介绍计算机的特点、应用和分类。

1．计算机的特点

计算机之所以具有如此强大的功能，这是由它的特点所决定的。计算机主要有以下 6 个主要特点。

- 运算速度快。计算机的运算速度指的是单位时间内所能执行指令的条数，一般以每秒能执行多少条指令来描述。早期的计算机由于技术的原因，工作频率较低，而随着集成电路技术的发展，计算机的运算速度得到飞速提升。

- 运算精度高。计算机的运算精度取决于采用机器码的字长（二进制码），即常说的 8 位、16 位、32 位和 64 位等，字长越长，有效位数就越多，精度就越高。

- 准确的逻辑判断能力。除了计算功能外，计算机还具备数据分析和逻辑判断的能力，高级计算机还具有推理、诊断和联想等模拟人类思维的能力，因此计算机俗称为"电脑"。而具有准确、可靠的逻辑判断能力是计算机能够实现信息处理自动化的重要原因之一。

- 强大的存储能力。计算机具有许多存储记忆载体，可以将运行的数据、指令程序和运算的结果存储起来，供计算机本身或用户使用，还可以即时输出为文字、图像、声音和视频等各种信息。例如，要在一个大型图书馆使用人工查阅书目可能犹如大海捞针，而采用计算机管理后，所有的图书目录及索引都存储在计算机中，这时查找一本图书只需要几秒。

- 自动化程度高。计算机内具有运算单元、控制单元、存储单元和输入/输出单元，计算机可以按照编写的程序（一组指令）实现工作自动化，不需要人的干预，而且还可反复执行。例如，企业生产车间及流水线管理中的各种自动化生产设备，正是因为植入了计算机控制系统才使工厂生产自动化成为可能。

- 具有网络与通信功能。使用计算机网络技术可以将不同城市、不同国家的计算机连在一起形成一个计算机网，在网上的所有计算机用户可以共享资料和交流信息，从而影响了人类的交流方式和信息获取方式。

2. 计算机的应用

在计算机诞生的初期，计算机主要应用于科研和军事等领域，负责的工作内容主要是针对大型的高科技研发活动。近年来，随着社会的发展和科技的进步，计算机的性能不断上升，在社会的各个领域都得到了广泛的应用。

计算机的应用可以概括为以下 7 个方面。

- 科学计算。科学计算即通常所说的数值计算，是指利用计算机来完成科学研究和工程设计中提出的一系列复杂的数学问题的计算。计算机不仅能进行数字运算，还可以解答微积分方程以及不等式。由于计算机具有较高的运算速度，对于以往人工难以完成甚至无法完成的数值计算，计算机都可以完成，如气象资料分析和卫星轨道的测算等。目前，基于互联网的云计算，可以使普通用户体验到超强的运算能力。

- 数据处理和信息管理。对大量的数据进行分析、加工和处理等工作早已开始使用计算机来完成。这些数据不仅包括"数"，还包括文字、图像和声音等数据形式。由于现代计算机运算速度快、存储容量大，使计算机在数据处理和信息加工方面的应用十分广泛，如企业的财务管理、事务管理、资料和人事档案的文字处理等。利用计算机进行信息管理，为实现办公自动化和管理自动化创造了有利条件。

- 过程控制。过程控制也称为实时控制，它是指利用计算机对生产过程和其他过程进行自动监测以及自动控制设备工作状态的一种控制方式，被广泛应用于各种工业环境中，并替代人在危险、有害的环境中作业，不受疲劳等因素的影响，并可完成人类难以完成的有高精度和高速度要求的操作，从而节省了大量的人力物力，大大提高了经济效益。

- 人工智能。人工智能（Artificial Intelligence，AI）是研究、开发用于模拟、延伸和扩展人的智能的理论、方法、技术及应用系统的一门技术科学，让计算机具有人类才具有的智能特性，让计算机模拟人类的某些智力活动，如"学习""识别图形和声音""推理过程"和"适应环境"等。目前，人工智能主要应用在智能机器人、机器翻译、医疗诊断、故障诊断、案件侦破和经营管理等方面。

- 计算机辅助。计算机辅助也称为计算机辅助工程应用，指利用计算机协助人们完成各种设计工作。计算机的辅助功能是目前正在迅速发展并不断取得成果的重要应用领域，主要包括计算机辅助设计（Computer Aided Design，CAD）、计算机辅助制造（Computer Aided Manufacturing，CAM）、计算机辅助教育（Computer Aided Education，CAE）、计算机辅助教学（Computer Aided Instruction，CAI）和计算机辅助测试（Computer Aided Testing，CAT）等。

- 网络通信。网络通信是计算机技术与现代通信技术相结合的产物。网络通信是指利用计算机网络实现信息的传递功能。随着 Internet 技术的快速发展，人们可以在不同地区和国家间进行数据的传递，并可通过计算机网络进行各种商务活动。

- 多媒体技术。多媒体技术（Multimedia Technology）是指利用计算机对文字、数据、图形、图像、动画和声音等多种媒体信息进行综合处理和管理，使用户可以与计算机进行实时信息交互的技术。多媒体技术拓宽了计算机的应用领域，使计算机广泛应用于教育、广告宣传、视频会议、服务业和文化娱乐业等。

计算机辅助设计（CAD）是指利用计算机来帮助设计人员完成具体设计任务、提高设计工作的自动化程度和质量的一门技术。目前，CAD 技术广泛应用于机械、电子、汽车、纺织、服装、建筑和工程建设等各个领域；计算机辅助制造（CAM）是指利用计算机进行生产规划、管理和控制产品制造的过程，随着生产技术的发展，CAD 和 CAM 功能可以融为一体；计算机辅助教学（CAI）是指利用计算机实现教学功能的一种现代化教育形式，计算机可代替教师帮助学生学习，并能不断改善学习效果，提高教学水平和教学质量，学生可通过与计算机的交互活动达到教学目的。

3．计算机的分类

计算机的种类非常多，划分的方法也有很多种。按计算机的用途可将其分为专用计算机和通用计算机两种。其中，专用计算机是指为适应某种特殊需要而设计的计算机，如计算导弹弹道的计算机等。因为这类计算机都增强了某些特定功能，忽略一些次要要求，所以具有高速度、高效率、使用面窄和专机专用等特点。通用计算机广泛适用于一般的科学运算、学术研究、工程设计和数据处理等领域，具有功能多、配置全、用途广、通用性强等特点。目前市场上销售的计算机大多属于通用计算机。

按计算机的性能、规模和处理能力，计算机可以分为巨型机、大型机、中型机、小型机和微型机 5 类，具体介绍如下。

- 巨型机。巨型机（见图 1-2）也称超级计算机或高性能计算机，是运算速度最快、处理能力最强的计算机，是为少数部门的特殊需要而设计的。通常，巨型机用于国家高科技领域和尖端技术研究，是一个国家科研实力的体现。我国的"神威•太湖之光"超级计算机以每秒 12.5 亿亿次的峰值计算能力以及每秒 9.3 亿亿次的持续计算能力，在 2016-2017 年连续 4 次在世界超级计算机排名榜单 TOP500 名列榜首。
- 大型机。大型机（见图 1-3）也称大型主机，其特点是运算速度快、存储量大、通用性强，主要针对计算量大、信息流通量多、通信能力高的用户，如银行、政府部门和大型企业等。目前，生产大型机的公司主要有 IBM、Unisys 等。

图 1-2 巨型机

图 1-3 大型机

- 中型机。中型机的性能低于大型机，其特点是处理能力强，常用于中小型企业和公司。
- 小型机。小型机是指采用精简指令集处理器，性能和价格介于微型机服务器和大型机之间的一种高性能 64 位计算机。小型机的特点是结构简单、可靠性高、维护费用低，常用于中小型企业。随着微型计算机的飞速发展，小型机最终被微型机取代的趋势已非常明显。
- 微型机。微型机简称微机，它是应用最普及的机型，而且价格便宜、功能齐全，被广泛应用于机关、学校、企事业单位和家庭中。微型机按结构和性能可划分为单片机、单板机、个人计算机（PC）、工作站和服务器等，其中个人计算机又可分为台式计算机和便携式计算机（如笔记本电脑）两类，如图1-4和图1-5所示。

图1-4　台式计算机

图1-5　笔记本电脑

 提示

工作站是一种高端的通用微型计算机，它可以提供比个人计算机更强大的性能，通常配有高分辨率的大屏、多屏显示器及容量很大的内存储器和外部存储器，并具有极强的信息处理和高性能的图形、图像处理功能，主要用于图像处理和计算机辅助设计领域。服务器是提供计算服务的设备，它可以是大型机、小型机或高档微机。在网络环境下，根据服务器提供的服务类型不同，可分为文件服务器、数据库服务器、应用程序服务器和Web服务器等。

（三）了解计算机的发展趋势

从计算机的历史发展来看，计算机的体积越来越小、耗电量越来越小、运算速度越来越快、性能越来越好、价格越来越便宜、操作越来越容易。

1．计算机的发展方向

未来计算机的发展呈现出巨型化、微型化、网络化和智能化4个趋势。

● 巨型化。巨型化是指计算机的运算速度更快、存储容量更大、功能更强大、可靠性更高。巨型化计算机的应用领域主要有天文、天气预报、军事、生物仿真等，这些领域需进行大量的数据处理和运算，需要性能强劲的计算机才能完成。

● 微型化。随着超大规模集成电路的进一步发展，个人计算机将更加微型化。膝上型、书本型、笔记本型、掌上型等微型化计算机不断涌现，并受到越来越多用户的喜爱。

● 网络化。随着计算机的普及，计算机网络也逐步深入到人们工作和生活的各个部分。通过计算机网络可以连接地球上分散的计算机，然后共享各种分散的计算机资源。现在计算机网络也是人们工作和生活中不可或缺的事物，计算机网络化可以让人们足不出户就能获得大量的信息以及与世界各地的亲友进行通信、网上贸易等。

● 智能化。早期，计算机只能按照人的意愿和指令去处理数据，而智能化的计算机能够代替人的脑力劳动，具有类似人的智能，如能听懂人类的语言，能看懂各种图形，可以自己学习等，即计算机可以进行知识的处理，从而代替人的部分工作。未来的智能型计算机将会代替甚至超越人类某些方面的脑力劳动。

2．未来的计算机技术

计算机中最重要的核心部件是芯片，因此计算机芯片技术的不断发展也是推动计算机未来发展的动力。Intel公司的创始人之一戈登·摩尔（Gordon Moore）在1965年曾预言了计算机集成技术的发展规律，那就是每18个月在同样面积的芯片中集成的晶体管数量将翻一番，而成本将下降一半。

　　几十年来，计算机芯片的集成度严格按照摩尔定律进行发展，不过该技术的发展并不是无限的。因为计算机采用电流作为数据传输的信号，而电流主要靠电子的迁移而产生。电子最基本的通路是原子，一个原子的直径大约等于 1nm，目前芯片的制造工艺已经达到了 7nm 甚至更小，也就是说一条传输电流的导线的直径即为 7 个原子并排的长度，那么最终晶体管的尺寸将接近 1 个原子的直径长度。但是这样的电路是极不稳定的，因为电流极易造成原子迁移，那么电路也就断路了。

　　由于晶体管计算机存在上述物理极限，因而世界上许多国家很早就开始了各种非晶体管计算机的研究，如超导计算机、生物计算机、光子计算机和量子计算机等，这类计算机被称为第五代计算机或新一代计算机，它们能在更大程度上仿真人的智能。这类技术也是目前世界各国计算机发展技术研究的重点。

（四）熟悉信息技术的相关概念

　　以计算机技术、通信技术和网络技术为核心的信息技术深入影响了人类社会的各个领域，对人类的生活和工作方式产生了巨大的影响。半个多世纪以来，人类社会由工业社会进入信息社会，而随着科学技术的不断进步，信息技术将得到更深、更广和更快的发展。

1. 信息与信息技术

　　信息在不同的领域有不同的定义，一般来说，信息是对客观世界中各种事物的运动状态和变化的反映。简单地说，信息是经过加工的数据，或者说信息是数据处理的结果，泛指人类社会传播的一切内容，如各种消息、通信系统传输和处理的对象等。在信息化社会中，信息已成为科技发展的日益重要的资源。

　　信息技术（Information Technology，IT）是一门综合性的技术，人们对信息技术的定义，因其使用的目的、范围和层次不同而有不同的表述。联合国教科文组织对信息技术的定义为"应用在信息技术加工和处理中的科学、技术与工程的训练方法与管理技巧；上述方法和技巧的应用；计算机及其与人、机的相互作用；与之相应的社会、经济和文化等诸种事物"。该定义强调的是信息技术的现代化应用，主要指一系列与计算机相关的技术。狭义的信息技术是指对信息进行采集、传输、存储、加工和表达的各种技术的总称。

　　信息技术主要是应用计算机科学和通信技术来设计、开发、安装和实施信息系统及应用软件，主要包括传感技术、通信技术、计算机技术等。

- 传感技术。传感技术是关于从自然信源获取信息，并对之进行处理（变换）和识别的一门多学科交叉的现代科学与工程技术，它涉及传感器、信息处理和识别的规划设计、开发、建造、测试、应用及评价改进等活动，传感技术、计算机技术和通信一起被称为信息技术的三大支柱，其主要任务是延长和扩展人类收集信息的功能。目前，传感技术已经发展了一大批敏感元件，例如，通过照相机、红外、紫外等光波波段的敏感元件来帮助人们提取肉眼见不到的重要信息，也可通过超声和次声传感器来帮助人们获得人耳听不到的信息。
- 通信技术。通信技术又称通信工程，主要研究的是通信过程中的信息传输和信号处理的原理和应用。目前，通信技术得到了飞速发展，从传统的电话、电报、收音机、电视到如今的移动电话（手机）、卫星通信、光纤通信等现代通信方式，从而使数据和信息的传递效率得到大大提高，通信技术已成为办公自动化的支撑技术。
- 计算机技术。计算机技术是信息技术的核心，其主要研究任务是延长人的思维器官处理信息和决策的功能，计算机技术作为一个完整系统所运用的技术，主要包括系统结构技术、系统管理技术、系统维护技术和系统应用技术等。近年来，计算机技术取得了飞速发展，尤其是随着多媒体技术的发展，应用功能越来越强大，计算机的体积却越来越小。

　　总的来说，现代信息技术是一个内容十分广泛的技术群，它包括微电子技术、光电子技术、通信技术、网络技术、感测技术、控制技术和显示技术等，此外，物联网和云计算作为信息技术新的形态被提了出来，并得到了发展。物联网是当下大多数技术与计算机互联网技术的结合，它能更快、更准地收集、传递、处理和执行信息。

2．信息化社会

　　信息化社会也称信息社会，是脱离工业化社会以后，信息起主要作用的社会。一般认为，信息化是指以计算机信息技术和传播手段为基础的信息技术和信息产业在经济和社会发展中的作用日益加强，并发挥主导作用的动态发展过程。信息化社会是指以信息产业在国民经济中的比重、信息技术在传统产业中的应用程度和信息基础设施建设水平为主要标志的社会。

　　在信息化社会里，人类借助计算机与通信技术的运用，其处理信息的能力和传输信息的速度得到快速提高，信息社会的交流在很大程度上围绕信息网络及其服务中心开展，因此信息网络已成为信息化社会的基础设施。进入 21 世纪后，世界各国都在加强信息化建设，而信息化建设又推动了计算机科学技术的发展与信息化社会的发展，促进了计算机文化的产生，并彻底改变了人们的工作方式和生活方式，从而产生了移动电子商务、无纸化办公、远程教学、网络会议和网上购物等新的生活理念。

　　如今，计算机技术水平的高低是衡量信息化社会人才素质的重要标志，计算机文化的普及程度也标志着一个国家的综合发展水平，并将影响整个国家的信息化的进程。因此，掌握计算机技术与计算机文化，才能真正适应信息化社会的建设需要，才能创造出更加灿烂辉煌的人类文明。

　　信息高速公路就是把信息的快速传输比喻为"高速公路"，它实质上就是一个高速度、大容量、多媒体的信息传输网络。信息高速公路在全世界的建设与实施，标志着人类正在走向信息社会化。

3．信息安全

　　现代信息技术给人类带来了高效、方便的信息服务，同时也使人类信息环境面临许多前所未有的难题，如隐私权问题、知识产权问题、竞争问题和信息安全问题等。这就需要我们在理解信息技术带来的实际的和潜在的不良影响后，加强信息道德教育和规范网络行为，这样才能真正地对其不利方面进行抵制。

　　信息安全包括信息本身的安全和信息系统的安全，可以从以下 4 个方面来理解信息安全和加强信息安全意识。

- 数据安全。在输入、处理和统计数据过程中，由于计算机硬件出现故障，或人为的误操作，以及计算机病毒和黑客的入侵等造成数据损坏和丢失现象，应通过确保数据存储的安全、加密数据技术和安装杀毒软件等来避免这类危害。
- 计算机安全。国际标准化委员会对计算机安全的定义是"为数据处理系统所采取的技术的和管理的安全保护，保护计算机硬件、软件、数据不因偶然的或恶意的原因而遭到破坏、更改、显露"。计算机安全中最重要的是存储数据的安全，其面临的主要威胁包括计算机病毒、非法访问、计算机电磁辐射和硬件损坏等。
- 信息系统安全。信息系统安全是指信息网络中的硬件、软件和系统数据要受到保护，不能遭到破坏或泄露，以确保信息系统能够持续、可靠地运行，信息服务不中断。
- 法律保护。为了加强对计算机信息系统的安全保护和安全管理，我国先后制定了多部关于信息安全的法律法规，包括《计算机信息系统安全保护条例》《计算机信息网络国际联网安全保护管理办法》《互联网信息服务管理办法》和《信息网络传播权保护条例》等。

任务二　了解计算机中信息的表示和存储

任务要求

肖磊知道利用计算机技术可以采集、存储和处理各种用户信息，也可将这些用户信息转换成用户可以识别的文字、声音或音视频进行输出，然而让肖磊困惑的是，这些信息在计算机内部又是如何表示的呢？该如何对信息进行量化呢？肖磊认为学习好这方面的知识，才能更好地使用计算机。

本任务要求认识计算机中的数据及其单位，了解数制及其转换，认识二进制数的运算，并了解计算机中字符的编码规则。

任务实现

（一）认识计算机中的数据及其单位

在计算机中，各种信息都是以数据的形式出现，对数据进行处理后产生的结果为信息，因此数据是计算机中信息的载体，数据本身没有意义，只有经过处理和描述，才能赋予其实际意义，如单独一个数据"32℃"并没有什么实际意义，但如果表示为"今天的气温是32℃"时，这条信息就有意义了。

计算机中处理的数据可分为数值数据和非数值数据（如字母、汉字和图形等）两大类，无论什么类型的数据，在计算机内部都是以二进制的形式存储和运算的。计算机在与外部交流时会采用人们熟悉和便于阅读的形式表示，如十进制数据、文字表达和图形显示等，这之间的转换则由计算机系统来完成。

在计算机内存储和运算数据时，通常涉及的数据单位有以下3种。

- 位（bit）。计算机中的数据都是以二进制来表示的，二进制的代码只有"0""1"两个数码，采用多个数码（0和1的组合）来表示一个数，其中的每一个数码称为一位，位是计算机中最小的数据单位。

- 字节（Byte）。在对二进制数据进行存储时，以8位二进制代码为一个单元存放在一起，称为一个字节，即1 Byte =8 bit。字节是计算机中信息组织和存储的基本单位，也是计算机体系结构的基本单位。在计算机中，通常用B（字节）、KB（千字节）、MB（兆字节）或GB（吉字节）为单位来表示存储器（如内存、硬盘、U 盘等）的存储容量或文件的大小。所谓存储容量指存储器中能够包含的字节数，存储单位的换算关系如下。

  1 KB（千字节）=1 024 B（字节）=2^{10}B（字节）

  1 MB（兆字节）=1 024 KB（千字节）=2^{20}B（字节）

  1 GB（吉字节）=1 024 MB（兆字节）=2^{30}B（字节）

  1 TB（太字节）=1 024 GB（吉字节）=2^{40}B（字节）

- 字长。人们将计算机一次能够并行处理的二进制代码的位数，称为字长。字长是衡量计算机性能的一个重要指标，字长越长，数据所包含的位数越多，计算机的数据处理速度就越快。计算机的字长通常是字节的整倍数，如8位、16位、32位、64位和128位等。

（二）了解数制及其转换

数制是指用一组固定的符号和统一的规则来表示数值的方法。其中，按照进位方式计数的数制称为进位计数制。在日常生活中，人们习惯用的进位计数制是十进制，而计算机则使用二进制，除此以外，常见的进位计数制还包括八进制和十六进制等。顾名思义二进制就是逢二进一的数字表示方法，依此类推，十进制就是逢十进一，八进制就是逢八进一等。

进位计数制中每个数码的数值不仅取决于数码本身，其数值的大小还取决于该数码在数中的位置，如十进制数 828.41，整数部分的第 1 个数码"8"处在百位，表示 800，第 2 个数码"2"处在十位，表示 20，第 3 个数码"8"处在个位，表示 8，小数点后第 1 个数码"4"处在十分位，表示 0.4，小数点后第 2 个数码"1"处在百分位，表示 0.01。也就是说，处在不同位置的数码所代表的数值不相同，分别具有不同的位权值，数制中数码的个数称为数制的基数，十进制数有 0、1、2、3、4、5、6、7、8、9 共 10 个数码，其基数为 10。

无论在何种进位计数制中，数都可写成按位权展开的形式，如十进制数 828.41 可写成：

$$828.41=8\times100+2\times10+8\times1+4\times0.1+1\times0.01$$

或者：

$$828.41=8\times10^2+2\times10^1+8\times10^0+4\times10^{-1}+1\times10^{-2}$$

上式称为数值的按位权展开式，其中 10 称为十进制数的位权数，其基数为 10，使用不同的基数，便可得到不同的进位计数制。设 R 表示基数，则称为 R 进制，使用 R 个基本的数码，R 就是位权，其加法运算规则是"逢 R 进一"，则任意一个 R 进制数 D 均可以展开表示为：

$$(D)_R=\sum_{i=-m}^{n-1}K_i\times R^i$$

上式中的 K^i 为第 i 位的系数，可以为 0，1，2，…，$R-1$ 中的任何一个数，R 表示第 i 位的权。表 1-2 所示为计算机中常用的几种进位计数制的表示。

表 1-2 计算机中常用的几种进位数制的表示

进位制	基数	基本符号（采用的数码）	权	形式表示
二进制	2	0，1	2^i	B
八进制	8	0，1，2，3，4，5，6，7	8^i	O
十进制	10	0，1，2，3，4，5，6，7，8，9	10^i	D
十六进制	16	0，1，2，3，4，5，6，7，8，9，A，B，C，D，E，F	16^i	H

通过表 1-2 可知，对于数据 4A9E，从使用的数码可以判断出其为十六进制；而对于数据 492 来说，如何判断属于哪种数制呢？在计算机中，为了区分不同进制的数，可以用括号加数制基数下标的方式来表示不同数制的数，例如，$(492)_{10}$ 表示十进制数，$(1001.1)_2$ 则表示二进制数，$(4A9E)_{16}$ 则表示十六进制数，也可以分别表示为 $(492)_D$、$(1001.1)_B$、$(4A9E)_H$ 带有字母的形式。在程序设计中，为了区分不同进制数，常在数字后直接加英文字母后缀来区别，如 492D、1001.1B 等。

表 1-3 所示为上述几种常用数制的对照关系表。

表 1-3 常用数制对照关系表

十进制数	二进制数	八进制数	十六进制数
0	0000	0	0
1	0001	1	1
2	0010	2	2
3	0011	3	3
4	0100	4	4
5	0101	5	5

续表

十进制数	二进制数	八进制数	十六进制数
6	0110	6	6
7	0111	7	7
8	1000	10	8
9	1001	11	9
10	1010	12	A
11	1011	13	B
12	1100	14	C
13	1101	15	D
14	1110	16	E
15	1111	17	F

 提 示

通过表 1-3 可以看出，采用不同的数制表示同一个数时，基数越大，则使用的位数越少，如十进数 12，需要 4 位二进制数来表示，需要 2 位八进制数来表示，只需 1 位十六制数来表示。所以，在一些 C 语言的程序书写中，常采用八进制和十六进制来表示数据。

下面将具体介绍 4 种常用数制之间的转换方法。

1．非十进制数转换为十进制数

将二进制数、八进制数和十六进制数转换为十进制数时，只需用该数制的各位数乘以各自的位权数，然后将乘积相加，用按位权展开的方法即可得到对应的结果。

【例 1-1】将二进制数 10110 转换成十进制数。

先将二进制数 10110 按位权展开，再对其乘积相加，转换过程如下所示。

$$(10110)_2=(1 \times 2^4+0 \times 2^3+1 \times 2^2+1 \times 2^1+0 \times 2^0)_{10}$$
$$=(16+4+2)_{10}$$
$$=(22)_{10}$$

【例 1-2】将八进制数 232 转换成十进制数。

先将八进制数 232 按位权展开，再对其乘积相加，转换过程如下所示。

$$(232)_8=(2 \times 8^2+3 \times 8^1+2 \times 8^0)_{10}$$
$$=(128+24+2)_{10}$$
$$=(154)_{10}$$

【例 1-3】将十六进制数 232 转换成十进制数。

先将十六进制数 232 按位权展开，再对其乘积相加，转换过程如下所示。

$$(232)_{16}=(2 \times 16^2+3 \times 16^1+2 \times 16^0)_{10}$$
$$=(512+48+2)_{10}$$
$$=(562)_{10}$$

2．十进制数转换为其他进制数

将十进制数转换成二进制数、八进制数和十六进制数时，可将数字分成整数和小数分别转换，然后再拼接起来。

例如，将十进制数转换成二进制数时，整数部分采用"除 2 取余倒读"法，即将该十进制数除以 2，得到一个商和余数（K_0），再将商数除以 2，又得到一个新的商和余数（K_1），如此反复，直到商是 0 时得到余数（K_{n-1}），然后将得到的各次余数，以最后余数为最高位，最初余数为最低依次排列，即 $K_{n-1}\cdots K_1 K_0$，这就是该十进制数对应的二进制整数部分。

小数部分采用"乘 2 取整正读"法，即将十进制的小数乘以 2，取乘积中的整数部分作为相应二进制小数点后最高位 K^{-1}，取乘积中的小数部分反复乘 2，逐次得到 $K^{-2} K^{-3}\cdots K^{-m}$，直到乘积的小数部分为 0 或位数达到所需的精确度要求为止，然后把每次乘积所得的整数部分由上而下（即从小数点自左往右）依次排列起来（$K^{-1} K^{-2}\cdots K^{-m}$）即为所求的二进制数的小数部分。

同理，将十进制数转换成八进制数时，整数部分除以 8 取余；小数部分乘以 8 取整；将十进制数转换成十六进制数时，整数部分除以 16 取余，小数部分乘以 16 取整。

提 示

在进行小数部分的转换时，有些十进制小数不能转换为有限位的二进制小数，此时只有用近似值表示。例如，$(0.57)_{10}$ 不能用有限位二进制表示，如果要求 5 位小数近似值，则得到$(0.57)_{10} \approx (0.10010)_2$。

【例 1-4】将十进制数 225.625 转换成二进制数。

用除 2 取余法进行整数部分转换，再用乘 2 取整法进行小数部分转换，具体转换过程如下所示。得到：
（225.625）$_{10}$ =（11100001.101）$_2$

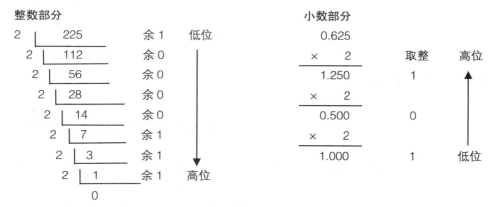

3．二进制数转换为八进制数、十六进制数

二进制数转换成八进制数所采用的转换原则是"3 位分一组"，即以小数点为界，整数部分从右向左每 3 位分为一组，若最后一组不足 3 位，则在最高位前面添 0 补足 3 位，然后将每组中的二进制数按权相加得到对应的八进制数；小数部分从左向右每 3 位分为一组，最后一组不足 3 位时，尾部用 0 补足 3 位，然后按照顺序写出每组二进制数对应的八进制数即可。

【例 1-5】将二进制数 1101001.101 转换为八进制数。

转换过程如下所示。

二进制数   001   101   001 . 101

八进制数   1   5   1   5

得到的结果为：$(1101001.101)_2 = (151.5)_8$

二进制数转换成十六进制数所采用的转换原则与上面的类似，采用的转换原则是"4 位分一组"，即以小数点为界，整数部分从右向左、小数部分从左向右每 4 位一组，不足 4 位用 0 补齐即可。

【例 1-6】将二进制数 101110011000111011 转换为十六进制数。

转换过程如下所示。

二进制数	0010	1110	0110	0011	1011
十六进制数	2	E	6	3	B

得到的结果为：$(101110011000111011)_2 = (2E63B)_{16}$

4．八进制数、十六进制数转换为二进制数

八进制数转换成二进制数的转换原则是"一分为三"，即从八进制数的低位开始，将每一位上的八进制数写成对应的 3 位二进制数即可。如有小数部分，则从小数点开始，分别向左右两边按上述方法进行转换即可。

【例 1-7】将八进制数 162.4 转换为二进制数。

转换过程如下所示。

八进制数	1	6	2	.	4
二进制数	001	110	010	.	100

得到的结果为：$(162.4)_8 = (001110010.100)_2$

十六进制数转换成二进制数的转换原则是"一分为四"，即把每一位上的十六进制数写成对应的 4 位二进制数即可。

【例 1-8】将十六进制数 3B7D 转换为二进制数。

转换过程如下所示。

十六进制数	3	B	7	D
二进制数	0011	1011	0111	1101

得到的结果为：$(3B7D)_{16} = (0011101101111101)_2$

（三）认识二进制数的运算

计算机内部采用二进制表示数据，其主要原因是电路容易实现、二进制运算法则简单、可以方便地利用逻辑代数分析和设计计算机的逻辑电路等。下面将对二进制的算术运算和逻辑运算进行简要介绍。

1．二进制的算术运算

二进制的算术运算也就是通常所说的四则运算，包括加、减、乘、除，运算比较简单，其具体运算规则如下。

- 加法运算。按"逢二进一"法，向高位进位，运算规则为：0+0=0、0+1=1、1+0=1、1+1=10。例如，$(10011.01)_2+(100011.11)_2=(110111.00)_2$。
- 减法运算。减法实质上是加上一个负数，主要应用于补码运算，运算规则为：0−0=0、1−0=1、0−1=1（向高位借位，结果本位为 1）、1−1=0。例如，$(110011)_2−(001101)_2=(100110)_2$。
- 乘法运算。乘法运算与我们常见的十进制数对应的运算规则类似，规则为：0×0=0、1×0=0、0×1=0、1×1=1。例如，$(1110)_2×(1101)_2=(10110110)_2$。
- 除法运算。除法运算也与十进制数对应的运算规则类似，规则为：0÷1=0、1÷1=1，而 0÷0 和 1÷0 是无意义的。例如，$(1101.1)_2÷(110)_2=(10.01)_2$。

2．二进制的逻辑运算

计算机所采用的二进制数 1 和 0 可以代表逻辑运算中的"真"与"假"、"是"与"否"和"有"与"无"。二进制的逻辑运算包括"与""或""非""异或"4 种，具体介绍如下。

- "与"运算。"与"运算又称为逻辑乘，通常用符号"×""∧""·"来表示。其运算法则为：$0 \wedge 0=0$、$0 \wedge 1=0$、$1 \wedge 0=0$、$1 \wedge 1=1$。通过上述法则可以看出，当两个参与运算的数中有一个数为 0 时，其结果也为 0，此时是没有意义的，只有当数中的数值都为 1 时，结果为 1，即只有当所有的条件都符合时，逻辑结果才为肯定值。例如，假定某一个公益组织规定加入成员的条件是女性与慈善家，那么只有既是女性又是慈善家的人才能加入该组织。

- "或"运算。"或"运算又称为逻辑加，通常用符号"+"或"∨"来表示。其运算法则为：$0 \vee 0=0$、$0 \vee 1=1$、$1 \vee 0=1$、$1 \vee 1=1$。该法规表明只要有一个数为 1，则结果就是 1，例如，假定某一个公益组织规定加入成员的条件是女性或慈善家，那么只要符合其中任意一个条件或两个条件都可以加入该组织。

- "非"运算。"非"运算又称为逻辑否运算，通常是在逻辑变量上加上划线来表示，如变量为 A，则其非运算结果用 $\overline{A}$ 表示。其运算法则为：$\overline{0}=1$、$\overline{1}=0$。例如，假定 A 变量表示男性，$\overline{A}$ 就表示非男性，即指女性。

- "异或"运算。"异或"运算通常用符号"⊕"表示，其运算法则为：$0 \oplus 0=0$、$0 \oplus 1=1$、$1 \oplus 0=1$、$1 \oplus 1=0$。该法规表明，当逻辑运算中变量的值不同时，结果为 1，而变量的值相同时，结果为 0。

（四）了解计算机中字符的编码规则

所谓编码，就是利用计算机中的 0 和 1 两个代码的不同长度表示不同信息的一种约定方式。由于计算机是以二进制的形式存储和处理数据的，因此只能识别二进制编码信息，对于数字、字母、符号、汉字、语音、图形等非数值信息，我们都要用特定规则对其进行二进制编码才能进入计算机。而西文与中文字符，由于形式的不同，使用的编码也不同。

1. 西文字符的编码

在计算机中对字符进行编码，通常采用 ASCII 码和 Unicode 码。

- ASCII 码。ASCII 码（American Standard Code for Information Interchange，美国标准信息交换标准代码）是基于拉丁字母的一套编码系统，主要用于显示现代英语和其他西欧语言，它被国际标准化组织指定为国际标准（ISO 646）。标准 ASCII 码是使用 7 位二进制数来表示所有的大写和小写字母，数字 0~9、标点符号，以及在美式英语中使用的特殊控制字符，共有 2^7（128）个不同的编码值，可以表示 128 个不同字符的编码，如表 1-4 所示。其中，低 4 位编码 $b_3 b_2 b_1 b_0$ 用作行编码，而高 3 位 $b_6 b_5 b_4$ 用作列编码，其有 95 个编码对应计算机键盘上的符号等可显示或打印的字符，另外 33 个被用作控制码，控制计算机某些外设的工作特性和某些计算机软件的运行情况。例如，字母 A 的编码为二进制数 1000001，对应十进制数 65 或十六进制数 41。

表 1-4 标准 7 位 ASCII 码

低 4 位 $b_3 b_2 b_1 b_0$	高 3 位 $b_6 b_5 b_4$							
	000	001	010	011	100	101	110	111
0000	NUL	DLE	SP	0	@	P	`	p
0001	SOH	DC1	!	1	A	Q	a	q
0010	STX	DC2	"	2	B	R	b	r
0011	ETX	DC3	#	3	C	S	c	s
0100	EOT	DC4	$	4	D	T	d	t
0101	ENQ	NAK	%	5	E	U	e	u

续表

低 4 位 $b_3b_2b_1b_0$	高 3 位 $b_6b_5b_4$							
	000	001	010	011	100	101	110	111
0110	ACK	SYN	&	6	F	V	f	v
0111	BEL	ETB	'	7	G	W	g	w
1000	BS	CAN	(	8	H	X	h	x
1001	HT	EM	)	9	I	Y	i	y
1010	LF	SUB	*	:	J	Z	j	z
1011	VT	ESC	+	;	K	[	k	{
1100	FF	FS	,	<	L	\	l	|
1101	CR	GS	–	=	M	]	m	}
1110	SO	RS	.	>	N	^	n	~
1111	SI	US	/	?	O	_	o	DEL

- Unicode 码。Unicode 也是一种国际标准编码，采用 2 个字节编码，能够表示世界上所有的书写语言中可能用于计算机通信的文字和其他符号。目前，Unicode 主要应用在网络、操作系统和大型软件中。

2. 汉字的编码

在计算机中，汉字信息的传播和交换也必须有统一的编码才不会造成混乱和差错，由于汉字的数量较多，故可以在计算机中处理的汉字是指包含在国家或国际组织制定的汉字字符集中的汉字，常用的汉字字符集包括 GB 2312、GB 18030、GBK 和 CJK 编码等。为了使每个汉字有一个全国统一的代码，我国颁布了汉字编码的国家标准，即《信息交换用汉字编码字符集》（GB 2312—80）基本集，这个字符集是目前国内所有汉字系统的统一标准。

汉字的编码方式主要有以下 4 种。

- 输入码。输入码也称外码，是指为将汉字输入计算机而设计的代码，包括音码、形码和音形码等。
- 区位码。将 GB 2312 字符集放置在一个 94 行（每一行称为"区"）、94 列（每一列称为"位"）的方阵中，方阵中的每个汉字所对应的区号和位号组合起来就得到了该汉字的区位码。区位码用 4 位数字编码，前两位叫作区码，后两位叫作位码，如汉字"中"的区位码为 5448。
- 国标码。国标码采用两个字节表示一个汉字，将汉字区位码中的十进制区号和位号分别转换成十六制数，再分别加上 20H，就可以得到该汉字的国际码。例如，"中"字的区位码为 5448，区号 54 对应的十六进转数为 36，加上 20H，即为 56H，而位号 48 对应的十六进制数为 30，加上 20H，即为 50H，所以"中"字的国标码为 5650H。
- 机内码。在计算机内部进行存储与处理而使用的代码，称为机内码。对汉字系统来说，汉字机内码规定在汉字国标码的基础上，每字节的最高位置为 1，每字节的低 7 位为汉字信息。将国标码的两个字节编码分别加上 80H（即 10000000B），便可以得到机内码，如汉字"中"的机内码为 D6D0H。

任务三　认识多媒体技术

任务要求

肖磊所在的学院近期要组织一场活动，作为该活动的组织者之一，肖磊负责搜集活动中需要的背景音乐，还负责过程的视频录制，同时领导还要求活动结束后将这些多媒体视频文件发布到学校网站上。为了能够更加顺利地完成这项任务，肖磊特意了解了关于多媒体技术的相关信息。

本任务要求认识媒体与多媒体，了解多媒体技术的特点，认识多媒体系统，并了解常用的多媒体文件格式。

任务实现

（一）认识媒体与多媒体

媒体（Medium）主要有两层含义，一是指存储信息的实体（也称媒质），如磁盘、光盘、磁带、半导体存储器等；二是指传递信息的载体（也称媒介），如文本、声音、图形、图像、视频、音频和动画等。

多媒体（Multimedia）是由单媒体复合而成的，它融合了两种或两种以上的人机交互式信息交流和传播媒体。多媒体不仅是指文本、声音、图形、图像、视频、音频和动画这些媒体信息本身，还包含处理和应用这些媒体元素的一整套技术，我们称之为多媒体技术。多媒体技术是指能够同时获取、处理、编辑、存储和演示两种以上不同类型信息的媒体技术。在计算机世界里，多媒体技术就是用计算机实时地综合处理图、文、声、像等信息的技术，这些多媒体信息在计算机内都是被转换成 0 和 1 的数字化信息进行处理的。

多媒体技术的快速发展和应用将极大推动许多产业的变革和发展，并逐步改变人类社会的生活与工作方式。多媒体技术的应用已渗透到人类社会的各个领域，它不仅覆盖了计算机的绝大部分应用领域，同时还在教育与培训、商务演示、咨询服务、信息管理、宣传广告、电子出版物、游戏娱乐和广播电视等领域中得到普通应用。此外，可视电话和视频会议等也为人们提供了更全面的信息服务。目前，多媒体技术主要包括音频技术、视频技术、图像技术、图像压缩技术和通信技术。

（二）了解多媒体技术的特点

多媒体技术主要具有以下 5 种关键特性。

- 多样性。多媒体技术的多样性是指信息载体的多样性，计算机所能处理的信息从最初的数值、文字、图形已扩展到音频和视频信息等多种媒体。
- 集成性。多媒体技术的集成性是指以计算机为中心综合处理多种信息媒体，使其集文字、声音、图形、图像、音频与视频于一体。此外，多媒体处理工具和设备的集成能够为多媒体系统的开发与实现建立一个理想的集成环境。
- 交互性。多媒体的交互性是指用户可以与计算机进行交互操作，并提供多种交互控制功能，使人们获取信息和使用信息变被动为主动，并改善人机操作界面。
- 实时性。多媒体技术需要同时处理声音、文字、图像等多种信息，其中的声音和视频还要求实时处理，从而应具有能够对多媒体信息进行实时处理的软硬件环境的支持。
- 协同性。多媒体的协同性是指多媒体中的每一种媒体都有其自身的特性，因此各媒体信息之间必须有机配合，协调一致。

（三）认识多媒体系统

一个完整的多媒体系统是由硬件系统和软件系统两个部分构成的。下面主要针对多媒体计算机系统，介绍其硬件和软件。

1. 多媒体计算机的硬件

多媒体计算机的硬件系统除了计算机常规硬件外，还包括声音/视频处理器、多种媒体输入/输出设备及信号转换装置、通信传输设备及接口装置等。具体来说，主要包括以下 3 种硬件项目。

- 音频卡。音频卡即声卡，它是多媒体技术中最基本的硬件组成部分，是实现声波/数字信号相互转换的一种硬件，其基本功能是把来自话筒、磁带、光盘的原始声音信号加以转换，从而输出到耳机、扬声器、扩音机、录音机等声响设备，也可通过音乐设备数字接口（MIDI）进行声音输出。

- 视频卡。视频卡也叫视频采集卡，用于将模拟摄像机、录像机、LD 视盘机和电视机输出的视频信号等输出的视频数据或者视频和音频的混合数据输入计算机，并转换成计算机可辨别的数字数据。按照其用途可以分为广播级视频采集卡、专业级视频采集卡和民用级视频采集卡。
- 各种外设。多媒体处理过程中会用到的外设主要包括摄像机/录放机、数字照相机/头盔显示器、扫描仪、打印机、光盘驱动器、光笔/鼠标/传感器/触摸屏、话筒/喇叭、传真机和可视电话等。

2．多媒体计算机的软件

多媒体计算机的软件种类较多，根据功能可以分为多媒体操作系统、媒体处理系统工具和用户应用软件 3 种。

- 多媒体操作系统。多媒体操作系统应具有实时任务调度、多媒体数据转换和同步控制，以及对多媒体设备的驱动和控制和图形用户界面管理等功能。目前，计算机中安装的 Windows 操作系统已完全具备上述功能需求。
- 媒体处理系统工具。媒体处理系统工具主要包括媒体创作软件工具、多媒体节目写作工具、媒体播放工具，以及其他各类媒体处理工具，如多媒体数据库管理系统等。
- 用户应用软件。用户应用软件是根据多媒体系统终端用户要求而定制的应用软件，目前国内外已经开发出了很多服务于图形、图像和音频、视频处理的软件，通过这些软件，可以创建、收集、处理多媒体素材，制作出丰富多样的图形图像和动画。目前，这类软件有 Photoshop、Flash、Illustrator、3ds Max、Authorware、Director、PowerPoint 等，每种软件都各有所长，在多媒体处理过程中可以综合运用。

提示

常用的声音播放软件包括酷狗音乐、QQ 音乐、Windows Media Player 等，动画播放软件有 Flash Player、Windows Media Player 等，视频播放软件有 Windows Media Player 和暴风影音等。

（四）了解常用媒体文件格式

在计算机中，利用多媒体技术可以将声音、文字和图像等多种媒体信息进行综合式交互处理，然后以不同的文件类型进行存储，下面分别介绍常见的媒体文件格式。

1．音频文件格式

在多媒体系统中，语音和音乐是必不可少的，存储声音信息的文件格式有多种，包括 WAV、MIDI、MP3、RM、Audio 和 VOC 文件等，具体如表 1–5 所示。

表 1-5　常见声音文件格式

文件格式	文件扩展名	相关说明
WAV	.wav	WAV 文件来源于对声音模拟波形的采样，主要针对话筒和录音机等外部音源，经声卡转换成数字化信息，播放时再还原成模拟信号由扬声器输出。这种波形文件是最早的数字音频格式。WAV 文件支持多种采样的频率和样本精度的声音数据，并支持声音数据文件的压缩，通常文件较大，主要用于存储简短的声音片段
MIDI	.mid/.rmi	MIDI（Musical Instrument Digital Interface，音乐设备数字接口）是乐器和电子设备之间进行声音信息交换的一组标准规范。MIDI 文件并不像 WAV 文件那样记录实际的声音信息，而是记录一系列的指令，即记录的是关于乐曲演奏的内容，可通过 FM 合成法和波表合成法来生成。MIDI 文件比 WAV 文件存储的空间要小得多，且易于编辑节奏和音符等音乐元素，但整体效果不如 WAV 文件，且过于依赖 MIDI 硬件质量

续表

文件格式	文件扩展名	相关说明
MP3	.mp3	MP3 采用 MPEG Layer 3 标准对音频文件进行有损压缩，压缩比高，音质接近 CD，制作简单，且便于交换，适用于网上传播，是目前使用较多的一种格式
RM	.rm	RM 采用音频/视频流和同步回放技术在互联网上提供优质的多媒体信息，其特点是可随着网络带宽的不同而改变声音的质量
Audio	.au	它是一种经过压缩的数字声音文件格式，主要在网上使用
VOC	.voc	它是一种波形音频文件格式

2．图像文件格式

图像是多媒体中最基本和最重要的数据，包括静态图像和动态图像，其中静态图像又可分为矢量图形和位图图像两种，动态图像又分为视频和动画。常见的静态图像文件格式如表 1-6 所示。

表 1-6　常见静态图像文件格式

文件格式	文件扩展名	相关说明
BMP	.bmp	BMP（即位图 Bitmap 的简称）是 Windows 操作系统中的标准图像文件格式，它采用位映射存储格式，除了图像深度可选以外，不采用其他任何压缩，因此 BMP 文件占用的空间较大
GIF	.gif	GIF 的原义是"图像互换格式"，GIF 图像文件的数据是经过压缩的，而且采用了可变长度等压缩算法。在一个 GIF 文件中可以存多幅彩色图像，把这些图像数据逐幅读出并显示到屏幕上，就可形成一种最简单的动画。GIF 文件主要用于保存网页中需要高传输速率的图像文件
TIFF	.tiff	标签图像文件格式（Tag Image File Format，TIFF）是一种灵活的位图格式，是一种高位彩色图像格式
JPEG	.jpg/.jpeg	通常所说的 JPEG 格式是一个国际图像压缩标准，它能够在提供良好的压缩性能的同时，提供较好的重建质量，被广泛应用于图像、视频处理领域，主要用于网上传输图片
PNG	.png	PNG 即可移植网络图形格式，它是一种网络图像文件存储格式，其设计目的是试图替代 GIF 和 TIFF 文件格式，一般应用于 Java 程序和网页中
WMF	.wmf	WMF 是 Windows 中常见的一种图元文件格式，属于矢量文件格式，具有文件小、图案造型化的特点，但其图形往往较粗糙

3．视频文件格式

视频文件一般比其他媒体文件要大一些，比较占用存储空间。常见的视频文件格式如表 1-7 所示。

表 1-7　常见视频文件格式

文件格式	文件扩展名	相关说明
AVI	.avi	AVI 是由微软（Microsoft）公司开发的一种数字视频文件格式，允许视频和音频同步播放，但由于 AVI 文件没有限定压缩标准，因此不同压缩标准生成的 AVI 文件，必须使用相应的解压缩算法才能播放
MOV	.mov	MOV 即 QuickTime 影片格式，它是 Apple 公司开发的一种音频、视频文件格式，具有跨平台和存储空间小等特点
MPEG	.mpeg	MPEG 是运动图像压缩算法的国际标准，它能在保证影像质量的基础上，采用有损压缩算法减少运动图像中的冗余信息，压缩效率较高、质量好，它包括 MPEG-1、MPEG-2 和 MPEG-4 等多种格式
ASF	.asf	ASF 是微软公司开发的一种可直接在网上观看视频节目的视频文件压缩格式，其主要优点包括本地或网络回放、可扩充的媒体类型、文件下载以及扩展性等
WMV	.wmv	WMV 格式是微软公司针对 QuickTime 之类的技术标准开发的一种视频文件格式，可使用 Windows Media Player 播放，是目前比较常见的视频格式

提 示

由于音频和视频等多媒体信息的数据量非常庞大，为了便于存取和交换，在多媒体计算机系统中通常会对数据进行有效的压缩，使用时再将数据进行解压缩还原。数据压缩可以分为无损压缩和有损压缩两种，其中无损压缩的压缩率比较低，但能够确保解压后的数据不失真；而有损压缩则是以损失文件中某些信息为代价来获取较高的压缩率。

课后练习

（1）1946 年诞生的世界上第一台电子计算机是（　　　）。

　　A．UNIVAC　　　　　　B．EDVAC　　　　　　C．ENIAC　　　　　　D．IBM

（2）第二代计算机的划分年代是（　　　）。

　　A．1946—1957 年　　B．1958—1964 年　　C．1965—1970 年　　D．1971 年至今

（3）以下对信息特征的描述不正确的是（　　　）。

　　A．信息是一成不变的东西

　　B．所有的信息都必须依附于某种载体，但是，载体本身并不是信息

　　C．同一信息能同时或异时、同地或异地被多个人所共享

　　D．只要有物质存在，有事物运动，就会有它们的运动状态和方式，就会有信息存在

（4）1KB 的准确数值是（　　　）。

　　A．1024 Byte　　　　　B．1000 Byte　　　　　C．1024 bit　　　　　D．1024 MB

（5）在关于数制的转换中，下列叙述正确的是（　　　）。

　　A．采用不同的数制表示同一个数时，基数（R）越大，则使用的位数越少

　　B．采用不同的数制表示同一个数时，基数（R）越大，则使用的位数越多

　　C．不同数制采用的数码是各不相同的，没有一个数码是一样的

　　D．进位计数制中每个数码的数值不仅取决于数码本身

（6）十进制数 55 转换成二进制数等于（　　　）。

　　A．111111　　　　　　B．110111　　　　　　C．111001　　　　　　D．111011

（7）与二进制数 101101 等值的十六进制数是（　　　）。

　　A．2D　　　　　　　　B．2C　　　　　　　　C．1D　　　　　　　　D．B4

（8）二进制数 111+1 等于（　　　）B。

　　A．10000　　　　　　B．100　　　　　　　　C．1111　　　　　　　D．1000

（9）一个汉字的内码与它的国标码之间的差是（　　　）。

　　A．2020H　　　　　　B．4040H　　　　　　C．8080H　　　　　　D．AOAOH

（10）多媒体信息不包括（　　　）。

　　A．动画、影像　　　　B．文字、图像　　　　C．声卡、光驱　　　　D．音频、视频

2

项目二
计算机系统知识

计算机系统由硬件系统和软件系统组成。硬件是计算机赖以工作的实体，相当于人的躯体；软件是计算机的精髓，相当于人的思想和灵魂。它们共同协作运行应用程序并处理各种实际问题。本项目将通过 3 个任务，介绍计算机的硬件系统和软件系统，以及计算机系统中鼠标和键盘这两种最为重要的输入设备的基本使用方法。

课堂学习目标

- 认识计算机的硬件系统
- 认识计算机的软件系统
- 熟练使用鼠标和键盘

任务一　认识计算机的硬件系统

任务要求

随着计算机的逐渐普及，使用计算机的人也越来越多，肖磊跟其他大多数使用计算机的人一样，对计算机是如何工作及其内部的硬件结构和软件程序并不了解。

本任务要求认识计算机的基本结构，了解计算机工作的基本原理，并对微型计算机的各组成硬件，如主机及主机内部的硬件，显示器、键盘和鼠标等硬件有一个基本的认识和了解。

任务实现

计算机系统是由硬件系统和软件系统两部分组成的，如图2-1所示。在一台计算机中，硬件和软件两者缺一不可。计算机软硬件之间是一种相互依靠、相辅相成的关系，如果没有软件，计算机便无法正常工作（通常将没有安装任何软件的计算机称为"裸机"）；反之，如果没有硬件的支持，计算机软件便没有运行的环境，再优秀的软件也无法把它的性能体现出来。因此，计算机硬件是计算机软件的物质基础，计算机软件必须建立在计算机硬件的基础上才能运行。

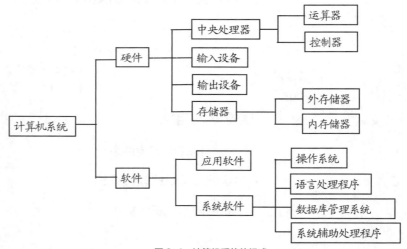

图2-1　计算机系统的组成

（一）认识计算机的基本结构

尽管各种计算机在性能和用途等方面都有所不同，但其基本结构都遵循冯·诺依曼体系，因此人们将符合这种设计的计算机称为冯·诺依曼计算机。

冯·诺依曼体系的计算机主要由运算器、控制器、存储器、输入和输出设备5个部分组成。这5个组成部分的职能和相互关系如图2-2所示。从图中可知，计算机工作的核心是控制器、运算器和存储器3个部分。其中，控制器是计算机的指挥中心，它根据程序执行每一条指令，并向存储器、运算器以及输入/输出设备发出控制信号，控制计算机自动地有条不紊地进行工作；运算器是在控制器的控制下对存储器里所提供的数据进行各种算术运算（加、减、乘、除）、逻辑运算（与、或、非）和其他处理（存数、取数等操作），控制器与运算器构成了中央处理器（简称CPU），被称为"计算机的心脏"；存储器是计算机的记忆装置，它以二进制代码的形式存储程序和数据，可以分为外存储器和内存储器。内存储器是影响计算机运行速度快慢的主要因素之一，外存储器主要有光盘、硬盘、U 盘等，存储器中能够存放的最大信息数量称为存储容量，常见的存储单位有 KB、MB、GB 和 TB 等。

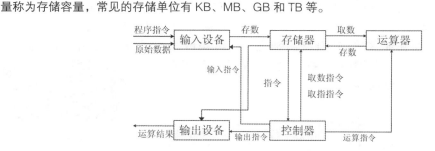

图 2-2 计算机的基本结构

输入设备是计算机中重要的人机接口，用于接收用户输入的命令和程序等信息，负责将命令转换成计算机能够识别的二进制代码，并放入内存中，主要包括键盘、鼠标等。输出设备用于将计算机处理的结果以人们可以识别的信息形式输出，常用的输出设备有显示器和打印机等。

（二）了解计算机的工作原理

根据冯·诺依曼体系，计算机内部应采用二进制的形式来表示和存储指令及数据。要让计算机工作，就必须先把程序编写出来，然后将编写好的程序和原始数据存入存储器中。接下来，计算机在不需要人员干预的情况下，自动逐条读取并执行指令，因此，计算机只能执行指令并被指令所控制。

指令是指挥计算机工作的指示和命令，程序是一系列按一定顺序排列的指令。每条指令通常是由操作码和操作数两部分组成，操作码表示运算性质，操作数指参加运算的数据及其所在的单元地址。执行程序和指令的过程就是计算机的工作过程。

计算机执行一条指令时首先是从存储单元地址中读取指令，并把它存放到 CPU 内部的指令寄存器暂存，然后由指令译码器分析该指令（译码），即根据指令中的操作码确定计算机应进行什么操作。接着是执行指令，即根据指令分析结果，再由控制器发出完成操作所需的一系列控制电位，以便指挥计算机有关部件完成这一操作，同时还为读取下一条指令做好准备。重复执行上述过程，直至执行到指令结束。

（三）认识微型计算机的硬件组成

计算机硬件是指计算机中看得见、摸得着的一些实体设备，从微机外观上看，主要由主机、显示器、鼠标和键盘等部分组成。主机背面有许多插孔和接口，用于接通电源、连接键盘和鼠标等外设，而主机箱内包括光驱、CPU、主板、内存和硬盘等硬件。图 2-3 所示为微机的外观组成及主机内部硬件。

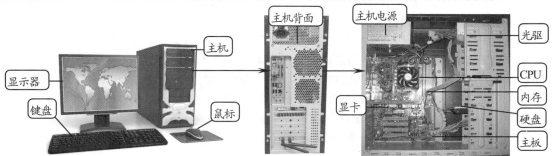

图 2-3 微机的外观组成及主机内部硬件

下面分别对微机的各主要硬件组成部分进行详细介绍。

1. 微处理器

微处理器是由一片或少数几片大规模集成电路组成的中央处理器，这些电路执行控制部件和算术逻辑部件的功能。CPU（Central Processing Unit）是中央处理器的简称，它既是计算机的指令中枢，也是系统的最高执行单位，如图2-4所示。CPU主要负责指令的执行，作为计算机系统的核心组件，在计算机系统中占有举足轻重的地位，也是影响计算机系统运算速度的重要因素。目前，市场上主要的CPU生产厂商是Intel和AMD。

2. 主板

主板（MainBoard）也称为"Mother Board（母板）"或"System Board（系统板）"，它是机箱中最重要的电路板，如图2-5所示。主板上布满了各种电子元器件、插座、插槽和各种外部接口，它可以为计算机的所有部件提供插槽和接口，并通过其中的线路统一协调所有部件的工作。

图2-4　CPU

主板上主要的芯片包括BIOS芯片和南北桥芯片，其中BIOS芯片是一块矩形的存储器，里面存有与该主板搭配的基本输入/输出系统程序，能够让主板识别各种硬件，还可以设置引导系统的设备和调整CPU外频等，如图2-6所示；南北桥芯片通常由南桥芯片和北桥芯片组成，北桥芯片主要负责处理CPU、内存和显卡三者间的数据交流，南桥芯片则负责硬盘等存储设备和PCI总线之间的数据流通。

图2-5　主板

图2-6　主板上的BIOS芯片

> 提示
>
> 主板上的插槽包括内存插槽、CPU插槽和各种扩展插槽，主要用于安装能够进行拔插的配件，如内存条、显卡和声卡等。

3. 总线

总线（Bus）是计算机各种功能部件之间传送信息的公共通信干线，主机的各个部件通过总线相连接，外部设备通过相应的接口电路再与总线相连接，从而形成了计算机硬件系统，因此总线被形象地比喻为"高速公路"。按照计算机所传输的信息类型，总线可以划分为数据总线、地址总线和控制总线，分别用来传输数据、数据地址和控制信号。

- 数据总线。数据总线用于在CPU与RAM（随机存取存储器）之间传送需处理、储存的数据。
- 地址总线。地址总线上传送的是CPU向存储器、I/O接口设备发出的地址信息。
- 控制总线。控制总线用来传送控制信息，这些控制信息包括CPU对内存和输入/输出接口的读写信号，输入/输出接口对CPU提出的中断请求信号，CPU对输入/输出接口的回答与响应信号，输入/输出接口的各种工作状态信号和其他各种功能控制信号。

目前，常见的总线标准有PCI总线、AGP总线。

4. 内存

计算机中的存储器包括内存储器和外存储器两种，其中，内部存储器也叫主存储器，简称内存。内存是计算机中用来临时存放数据的地方，也是CPU处理数据的中转站，内存的容量和存取速度直接影响CPU

处理数据的速度，图 2-7 所示为内存条。内存主要由内存芯片、电路板和金手指等部分组成。

从工作原理上说，内存一般采用半导体存储单元，包括随机存储器（Random Access Memory，RAM）、只读存储器（Read Only Memory，ROM）和高速缓冲存储器（Cache）。人们平常所说的内存通常是指随机存储器，它既可以从中读取数据，也可以写入数据，当计算机电源关闭时，存于其中的数据会丢失；只读存储器的信息只能读出，一般不能写入，即使停电，这些数据也不会丢失，如 BIOS ROM；高速缓冲存储器在计算机中通常指 CPU 的缓存。

图 2-7　内存条

内存按工作性能分类，主要有 DDR SDRAM、DDR2、DDR3 和 DDR4 等几种，目前市场上的主流内存为 DDR3 和 DDR4。一般而言，内存容量越大越有利于系统的运行。

5．外存

外储存器简称外存，是指除计算机内存及 CPU 缓存以外的储存器，此类储存器一般断电后仍然能保存数据，常见的外存储器有硬盘、光盘和可移动存储器（如 U 盘等）。

- 硬盘。硬盘（见图 2-8）是计算机中最大的存储设备，通常用于存放永久性的数据和程序。目前常用的硬盘分为机械硬盘和固态硬盘两种。机械硬盘的内部结构比较复杂，主要由主轴电机、盘片、磁头和传动臂等部件组成，通常将磁性物质附着在盘片上，并将盘片安装在主轴电机上。当硬盘开始工作时，主轴电机将带动盘片一起转动，在盘片表面的磁头将在电路和传动臂的控制下进行移动，并将指定位置的数据读取出来，或将数据存储到指定的位置。固态硬盘是用固态电子存储芯片阵列而制成的硬盘，由控制单元和存储单元（Flash 芯片、DRAM 芯片）组成。硬盘容量是选购硬盘的主要性能指标之一，通常以 GB 为单位，目前主流的硬盘容量从 500GB 到 8TB 不等。

- 光盘。光盘驱动器简称光驱（见图 2-9），光驱中用来存储数据的介质称为光盘，光盘以光信息作为存储的载体，其特点是容量大、成本低和保存时间长。光盘可分为不可擦写光盘（即只读型光盘，如 CD-ROM、DVD-ROM 等）和可擦写光盘（如 CD-RW、DVD-RAM 等）。目前，CD光盘的容量约 700MB，DVD 光盘容量约 4.7GB。

- 可移动存储设备。可移动存储设备包括移动 USB 盘（简称 U 盘）和移动硬盘等，这类设备即插即用，容量也能满足人们的需求，是计算机必不可少的附属配件，图 2-10 所示为 U 盘。

图 2-8　硬盘　　　　　　图 2-9　光驱　　　　　　图 2-10　U 盘

6．输入设备

输入设备是向计算机输入数据和信息的设备，是用户和计算机系统之间进行信息交换的主要装置，用于将数据、文本和图形等转换为计算机能够识别的二进制代码并将其输入计算机，键盘、鼠标、摄像头、扫描仪、光笔、手写输入板、游戏杆和语音输入装置等都属于输入设备。下面介绍常用的 3 种输入设备。

- 鼠标。鼠标是计算机的主要输入设备之一，因为其外形与老鼠类似，所以被称为"鼠标"。根据鼠标按键来分，可以将鼠标分为三键鼠标和两键鼠标；根据鼠标的工作原理可以将其分为机械鼠标和光电鼠标。另外，还包括无线鼠标和轨迹球鼠标。

- 键盘。键盘是计算机的另一种主要输入设备，是用户和计算机进行交流的工具，可以直接向计算机输入各种字符和命令，简化计算机的操作。不同生产厂商所生产出的键盘型号各不相同，目前常用的键盘有 107 个键位。

- 扫描仪。扫描仪是利用光电技术和数字处理技术，以扫描方式将图形或图像信息转换为数字信号的装置，其主要功能是文字和图像的扫描输入。

7. 输出设备

输出设备是计算机硬件系统的终端设备，用于将各种计算结果数据或信息转换成用户能够识别的数字、字符、图像和声音等形式。常见的输出设备有显示器、打印机、绘图仪、影像输出系统、语音输出系统、磁记录设备等。下面介绍常用的 4 种输出设备。

- 显示器。显示器是计算机的主要输出设备，其作用是将显卡输出的信号（模拟信号或数字信号）以肉眼可见的形式表现出来。显示器主要有阴极射线管（Cathode Ray Tube，CRT）显示器、液晶显示器（Liquid Crystal Display，LCD）、发光二极管（Light Emitting Diode，LED）显示器以及等离子显示器（Plasma Display Panel，PDP）等类型，如图 2-11 所示。LCD 显示器是现在市场上的主流显示器，具有无辐射危害、屏幕不会闪烁、工作电压低、功耗小、重量轻和体积小等优点。

- 音箱。在音频设备中的作用类似于显示器，可直接连接到声卡的音频输出接口中，并将声卡传输的音频信号输出为人们可以听到的声音。

图 2-11　显示器

- 打印机。打印机也是计算机常见的一种输出设备，在办公中经常会用到，其主要功能是将文字和图像进行打印输出。

- 耳机。耳机是一种将音频输出为声音的计算机外部设备，一般用于个人用户。

提示

显卡又称显示适配器或图形加速卡，其功能主要是将计算机中的数字信号转换成显示器能够识别的信号（模拟信号或数字信号），再将显示的数据进行处理和输出，可分担 CPU 的图形处理工作；声卡将声音进行数字信号处理并输出到音箱或其他的声音输出设备，目前声卡已经以芯片的形式集成到了主板中。

任务二　认识计算机的软件系统

任务要求

肖磊为了学习需要，购买了一台计算机，负责给他组装计算机的小伙子告诉他，新买的计算机中除了已安装操作系统软件外，其他软件暂时都没有安装，只有在需要使用什么软件时再安装。

本任务要求了解计算机软件的定义和系统软件的分类，并了解有哪些常用的应用软件。

任务实现

（一）了解计算机软件的定义

计算机软件（Computer Software）也称软件，它是指计算机系统中的程序及其文档。程序是计算任务的处理对象和处理规则的描述，是按照一定顺序执行的、能够完成某一任务的指令集合；而文档则是为了便于用户了解程序所需的阐明性资料。

计算机能够按照用户的要求运行，便是通过程序来控制计算机的工作流程，以完成特定的设计任务，在完成任务的过程中，人与计算机之间的沟通就需要使用一种语言，这就是计算机语言，也称为程序设计语言，它是计算机软件的基础。

计算机软件总体分为系统软件和应用软件两大类。

（二）认识系统软件

系统软件是指控制和协调计算机及外部设备，支持应用软件开发和运行的系统，其主要功能是调度、监控和维护计算机系统，同时负责管理计算机系统中各种独立的硬件，使它们可以协调工作。系统软件是软件运行的基础，所有应用软件都是在系统软件上运行。

系统软件主要分为操作系统、语言处理程序、数据库管理系统和系统辅助处理程序等，具体介绍如下。

- 操作系统。操作系统（Operating Systems，OS）是计算机系统的指挥调度中心，它可以为各种程序提供运行环境。常见的操作系统有 DOS、Windows、UNIX 和 Linux 等。本书项目三介绍的 Windows 7 就是一个操作系统。

- 语言处理程序。语言处理程序是为用户设计的编程服务软件，用来编译、解释和处理各种程序所使用的计算机语言，是人与计算机相互交流的一种工具，包括机器语言、汇编语言和高级语言 3 种。计算机只能直接识别和执行机器语言，因此要在计算机上运行高级语言程序就必须配备程序语言翻译程序。翻译程序本身是一组程序，不同的高级语言都有相应的翻译程序。

- 数据库管理系统。数据库管理系统（DataBase Management System，DBMS）是一种操纵和管理数据库的大型软件，它是位于用户和操作系统之间的数据管理软件，也是用于建立、使用和维护数据库的管理软件，把不同性质的数据进行组织，以便用户能够有效地查询、检索和管理这些数据。常用的数据库管理系统有 SQL Server、Oracle 和 Access 等。

- 系统辅助处理程序。系统辅助处理程序也称为软件研制开发工具或支撑软件，主要有编辑程序、调试程序、连接程序及调试程序等。这些程序的作用是维护计算机的正常运行，如 Windows 操作系统中自带的磁盘整理程序等。

（三）认识应用软件

应用软件是指一些具有特定功能的软件，是为解决各种实际问题而编制的程序，其中包括各种程序设计语言，以及用各种程序设计语言编制的应用程序。计算机中的应用软件种类非常繁多，这些软件能够帮助用户完成特定的任务，如要编辑一篇文章可以使用 Word，要制作一份报表可以使用 Excel，这类软件都属于应用软件。表 2-1 列举了一些应用领域的主要应用软件，用户可以结合工作或生活的需要进行选择。

表 2-1　主要应用领域的应用软件

软件种类	举例
办公软件	Microsoft Office、WPS
图形处理与设计	Photoshop、3ds Max 和 AutoCAD

续表

软件种类	举例
程序设计	Python、Java、Visual C++、Visual Studio、Delphi
图文浏览软件	美图看看、ACDSee、Adobe Reader、超星图书阅览器
翻译与学习	有道词典、金山词霸、金山打字通
多媒体播放和处理	暴风影音、Windows Media Player、酷狗音乐、Premiere
网站开发	Dreamweaver、FrontPage
磁盘分区	DiskGenius、PartitionMagic
数据备份与恢复	Ghost、PartitionMagic
网络通信	QQ、Foxmail
上传与下载	CuteFTP、迅雷
计算机病毒防护	金山毒霸、360 杀毒、卡巴斯基

任务三 使用鼠标和键盘

+ 任务要求

小燕找到了一份办公室行政的工作，工作中经常需要整理大量的文件资料，有中文的也有英文的。在录入过程中小燕由于不太熟悉键盘和指法，不仅录入速度很慢，而且还经常输入错误，这严重影响了工作效率。小燕听办公室的同事说要想快速打字，必须用好鼠标和键盘，而且打字时不但要会打，还要实现"盲打"。

本任务要求掌握鼠标的 5 种基本操作，以及键盘的布局和打字的正确方法，并练习实现"盲打"。

+ 任务实现

（一）鼠标的基本操作

操作系统进入图形化时代后，鼠标就成为计算机必不可少的输入设备。启动计算机后，首先使用的便是鼠标操作，因此鼠标操作是初学者必须掌握的基本技能。

1．手握鼠标的方法

鼠标左边的按键称为鼠标左键，右边的按键称为鼠标右键，中间可以滚动的按键称为鼠标中键或鼠标滚轮。手握鼠标的正确方法是：食指和中指自然放置在鼠标的左键和右键上，拇指横向放于鼠标左侧，无名指和小指放在鼠标的右侧，拇指与无名指及小指轻轻握住鼠标，手掌心轻轻贴住鼠标后部，手腕自然垂放在桌面上，其中食指控制鼠标左键，中指控制鼠标右键和滚轮，如图 2-12 所示。当需要使用鼠标滚动页面时，用中指滚动鼠标的滚轮即可。

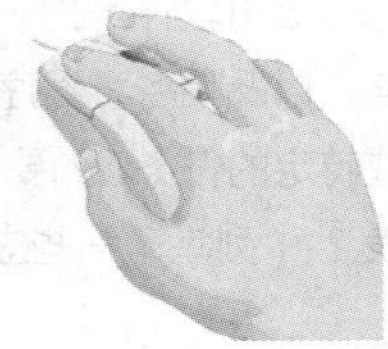

图2-12 握鼠标的方法

2．鼠标的 5 种基本操作

鼠标的基本操作包括移动定位、单击、拖动、右击和双击 5 种，具体操作如下。

- 移动定位。移动定位鼠标的方法是握住鼠标，在光滑的桌面或鼠标垫上随意移动，此时，在显示屏幕上的鼠标指针会同步移动。当将鼠标指针移到桌面上的某一对象上停留片刻，这就是定位操作，被定位的对象通常会出现相应的提示信息。

- 单击。单击俗称点击，方法是先移动鼠标，让鼠标指针指向某个对象，然后用食指按下鼠标左键后快速松开按键，鼠标左键将自动弹起还原。单击操作常用于选择对象，被选择的对象呈高亮显示。
- 拖动。指将鼠标指向某个对象后按住鼠标左键不放，然后移动鼠标把对象从屏幕的一个位置拖动到另一个位置，最后释放鼠标左键即可，这个过程也被称为"拖曳"。拖动操作常用于移动对象。
- 右击。右击就是单击鼠标右键，方法是用中指按一下鼠标右键，松开按键后鼠标右键将自动弹起还原。右击操作常用于打开与对象相关的快捷菜单。
- 双击。双击是指用食指快速、连续地按鼠标左键两次，双击操作常用于启动某个程序、执行任务和打开某个窗口或文件夹。

注 意

在连续两次按下鼠标左键的过程中，不能移动鼠标。另外，在移动鼠标时，鼠标指针可能不会一次就移动到指定位置，当手臂感觉伸展不方便时，可提起鼠标使其离开桌面，再把鼠标放到易于移动的位置上继续移动。这个过程中，鼠标实际上经历了"移动、提起、回位、放下、再移动……"，屏幕上光标的移动路线便是依靠这种动作序列完成的。

（二）键盘的使用

键盘作为计算机中最重要的输入设备。用户必须掌握各个按键的作用和指法，才能达到快速输入的目的。

1．认识键盘的结构

以常用的 107 键键盘为例，键盘按照各键功能的不同可以分成主键盘区、编辑键区、小键盘区、状态指示灯和功能键区 5 个部分，如图 2-13 所示。

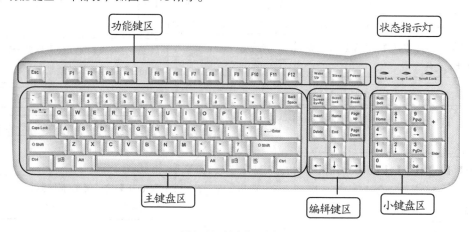

图 2-13　键盘的 5 个部分

（1）主键盘区。主键盘区用于输入文字和符号，包括字母键、数字键、符号键、控制键和 Windows 功能键，共 5 排 61 个键。其中，字母键【A】~【Z】用于输入 26 个英文字母；数字键【0】~【9】用于输入相应的数字和符号。数字键的每个键由上下两种字符组成，又称为双字符键，单独按这些键，将输入下档字符，即数字；如果按住【Shift】键不放再按该键，将输入上档字符，即特殊符号。符号键除了 键位于主键区的左上角外，其余都位于主键盘区的右侧，与数字键一样，每个符号键也由上下两种不同的符号组成。各控制键和 Windows 功能键的作用如表 2-2 所示。

表 2-2　各控制键和 Windows 功能键的作用

按键	作用
【Tab】键	Tab 是英文"Table"的缩写，也称制表定位键。每按一次该键，光标向右移动 8 个字符，常用于文字处理中的对齐操作
【Caps Lock】键	大写字母锁定键，系统默认状态下输入的英文字母为小写，按下该键后输入的字母为大写字母，再次按下该键可以取消大写锁定状态
【Shift】键	主键盘区左右各有一个，功能完全相同，主要用于输入上档字符，以及用于字母键的大写英文字符的输入。例如，按住【Shift】键不放再按【A】键，可以输入大写字母"A"
【Ctrl】键和【Alt】键	在主键盘区左右下角各有一个，常与其他键组合使用，在不同的应用软件中，其作用也各不相同
空格键	空格键位于主键盘区的下方，其上面无刻记符号，每按一次该键，将在插入光标当前位置上产生一个空字符，同时插入光标向右移动一个位置
【Back Space】键	退格键。每按一次该键，可使光标向左移动一个位置，若光标位置左边有字符，将删除该位置上的字符
【Enter】键	回车键。它有两个作用：一是确认并执行输入的命令，二是在输入文字时按此键，插入光标移至下一行行首
Windows 功能键	主键盘区左右各有一个 田 键，该键面上刻有 Windows 窗口图案，称为"开始菜单"键，在 Windows 操作系统中，按下该键后将弹出"开始"菜单；主键盘右下角的 键称为"快捷菜单"键，在 Windows 操作系统中，按该键后会弹出相应的快捷菜单，其功能相当于单击鼠标右键

（2）编辑键区。编辑键区主要用于编辑过程中的光标控制，各键的作用如图 2-14 所示。

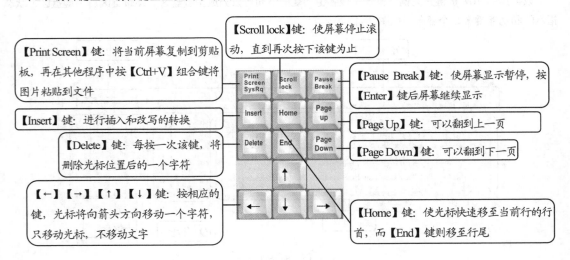

图 2-14　编辑控制键区各键位的作用

（3）小键盘区。小键盘区主要用于快速输入数字及进行光标移动控制。

当要使用小键盘区输入数字时，应先按左上角的【Num Lock】键，此时状态指示灯区第 1 个指示灯亮，表示此时为数字状态，然后进行输入即可。

（4）状态指示灯。主要用来提示小键盘工作状态、大小写状态及滚屏锁定键的状态。

（5）功能键区。功能键区位于键盘的顶端，其中【Esc】键用于把已输入的命令或字符串取消，在一些应用软件中常起到退出的作用；【F1】～【F12】键称为功能键，在不同的软件中，各个键的功能有所不同，一般在程序窗口中按【F1】键可以获取该程序的帮助信息；【Power】键、【Sleep】键和【Wake Up】键分别用来控制电源、转入睡眠状态和唤醒睡眠状态。

2．键盘的操作与指法练习

首先，正确的打字姿势可以提高打字速度，减少疲劳程度，这点对于初学者非常重要。正确的打字姿势为：身体坐正，双手自然放在键盘上，腰部挺直，上身微前倾；双脚的脚尖和脚跟自然地放在地面上，大腿自然平直；坐椅的高度与计算机键盘、显示器的放置高度要适中，一般以双手自然垂放在键盘上时肘关节略高于手腕为宜，显示器的高度则以操作者坐下后，其目光水平线处于屏幕上的 2/3 处为优，如图 2-15 所示。

准备打字时，将左手的食指放在【F】键上，右手的食指放在【J】键上，这两个键下方各有一个突起的小横杠，用于左右手的定位，其他的手指（除拇指外）按顺序分别放置在相邻的 8 个基准键位上，双手的大拇指放在空格键上，8 个基准键位是指主键盘区的第 2 排字母键中的"【A】、【S】、【D】、【F】、【J】、【K】、【L】、【；】"8 个键，如图 2-16 所示。

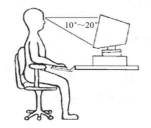

图 2-15　打字姿势

图 2-16　准备打字时手指在键盘上的位置

打字时键盘的指法分区是：除拇指外，其余 8 个手指各有一定的活动范围，把字符键位划分成 8 个区域，每个手指负责该区域字符的输入，如图 2-17 所示。

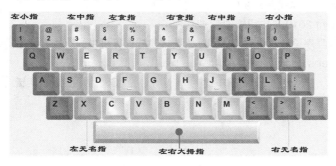

图 2-17　键盘的指法分区

击键的要点及注意事项包括以下几点。

● 手腕要平直，胳膊应尽可能保持不动。
● 要严格按照手指的键位分工进行击键，不能随意击键。
● 击键时以手指指尖垂直向键位使用冲力，并立即反弹，不可用力太大。
● 左手击键时，右手手指应放在基准键位上保持不动；右手击键时，左手手指也应放在基准键位上保持不动。
● 击键后手指要迅速返回相应的基准键位。
● 不要长时间按住一个键不放，同时击键时应尽量不看键盘，以养成盲打的习惯。

课后练习

（1）计算机的硬件系统主要包括运算器、控制器、存储器、输出设备和（　　　）。

　　A. 键盘　　　　　　　B. 鼠标　　　　　　　C. 输入设备　　　　　　D. 显示器

（2）在计算机指令中，参加运算的数据及其所在的单元地址的是（　　　）。

　　A. 地址码　　　　　　B. 源操作数　　　　　C. 操作数　　　　　　　D. 操作码

（3）计算机的系统总线是计算机各部件间传递信息的公共通道，它分为（　　　）。

　　A. 数据总线和控制总线　　　　　　　　　　B. 数据总线、控制总线和地址总线

　　C. 地址总线和数据总线　　　　　　　　　　D. 地址总线和控制总线

（4）能直接与 CPU 交换信息的存储器是（　　　）。

　　A. 硬盘存储器　　　　B. 光盘驱动器　　　　C. 内存储器　　　　　　D. 软盘存储器

（5）英文缩写 ROM 的中文译名是（　　　）。

　　A. 高速缓冲存储器　　B. 只读存储器　　　　C. 随机存取存储器　　　D. 光盘

（6）下列设备组中，全部属于外部设备的一组是（　　　）。

　　A. 打印机、移动硬盘、鼠标　　　　　　　　B. CPU、键盘、显示器

　　C. SRAM 内存条、光盘驱动器、扫描仪　　　D. U 盘、内存储器、硬盘

（7）下列软件中，属于应用软件的是（　　　）。

　　A. Windows 7　　　　B. Excel 2010　　　　C. UNIX　　　　　　　　D. Linux

（8）下列关于软件的叙述中，错误的是（　　　）。

　　A. 计算机软件系统由程序和相应的文档资料组成

　　B. Windows 操作系统是系统软件

　　C. PowerPoint 2010 是应用软件

　　D. 使用高级程序设计语言编写的程序，要转换成计算机中的可执行程序，必须经过编译

（9）键盘上的【Caps Lock】键被称为（　　　）。

　　A. 上档键　　　　　　B. 回车键　　　　　　C. 大小字母锁定键　　　D. 退格键

3 Chapter

项目三
Windows 7 操作系统

Windows 7 是由 Microsoft（微软）公司开发的一款操作系统，也是当前主流的微机操作系统之一，可供家庭及商业工作环境、台式计算机、笔记本电脑和平板电脑等使用，具有操作简单、启动速度快、安全和连接方便等特点，使计算机操作变得更加的简单和快捷。本项目通过 4 个典型任务，介绍了 Windows 7 操作系统的基本操作，包括启动与退出、窗口与菜单操作、对话框操作、系统工作环境定制和使用汉字输入法等内容。

课堂学习目标

- 了解 Windows 7 操作系统

- 熟悉操作窗口、对话框与"开始"菜单

- 掌握定制 Windows 7 工作环境的方法

- 掌握设置汉字输入法的方法

任务一 | 认识 Windows 7 操作系统

任务要求

　　小赵是一名大学毕业生，应聘了一份办公室行政工作，上班第一天发现公司计算机的所有操作系统都安装的是 Windows 7 操作系统，与学校使用的 Windows XP 操作系统在界面外观上有较大差异。为了日后高效工作，小赵决定先熟悉一下 Windows 7 操作系统。

　　本任务要求了解操作系统的概念、功能与种类，了解 Windows 操作系统的发展史，掌握启动与退出 Windows 7 的方法，并熟悉 Windows 7 的桌面组成。

任务实现

（一）了解操作系统的概念、功能与种类

　　在认识 Windows 7 操作系统前，先介绍操作系统的概念、功能与种类。

　　1. 操作系统的概念

　　操作系统（Operating System，OS）是一种系统软件，它管理计算机系统的硬件与软件资源，控制程序的运行，改善人机操作界面，为其他应用软件提供支持等，从而使计算机系统所有资源最大限度地得到发挥应用，并为用户提供了方便的、有效的、友善的服务界面。操作系统是一个庞大的管理控制程序，它直接运行在计算机硬件上，是最基本的系统软件，也是计算机系统软件的核心，同时还是靠近计算机硬件的第一层软件。其所处的地位如图 3-1 所示。

　　2. 操作系统的功能

　　通过前面介绍的操作系统的概念，可以看出操作系统的功能是控制和管理计算机的硬件资源和软件资源，从而提高计算机的利用率，方便用户使用。具体来说，它包括 6 个方面的管理功能。

图 3-1　操作系统的地位

- 进程与处理机管理。通过操作系统处理机管理模块来确定对处理机的分配策略，实施对进程或线程的调度和管理，包括调度（作业调度、进程调度），进程控制，进程同步和进程通信等内容。

- 存储管理。存储管理的实质是对存储"空间"的管理，主要指对内存的管理。操作系统的存储管理负责将内存单元分配给需要内存的程序以便让它执行，在程序执行结束后再将程序占用的内存单元收回以便再使用。此外，还要保证各用户进程之间互不影响，保证用户进程不能破坏系统进程，提供内存保护。

- 设备管理。设备管理指对硬件设备的管理，包括对各种输入/输出设备的分配、启动、完成和回收。

- 文件管理。文件管理又称信息管理，指利用操作系统的文件管理子系统，为用户提供一个方便、快捷、可以共享同时又提供保护的文件的使用环境，包括文件存储空间管理、文件操作、目录管理和读写管理及存取控制。

- 网络管理。随着计算机网络功能的不断加强，网络应用不断深入人们生活的各个角落，因此操作

系统必须提供计算机与网络进行数据传输和网络安全防护的功能。

● 提供良好的用户界面。操作系统是计算机与用户之间的接口，因此，操作系统必须为用户提供一个良好的用户界面。

3．操作系统的分类

操作系统的分类主要有以下 3 种方式。

● 从用户角度分类，操作系统可分为 3 种：单用户、单任务（如 DOS 操作系统）；单用户、多任务（如 Windows 9x 操作系统）；多用户、多任务（如 Windows 7 操作系统）。

● 从硬件的规模角度分类，操作系统可分为微型机操作系统、中小型机操作系统和大型机操作系统 3 种。

● 从系统操作方式的角度分类，操作系统可分为批处理操作系统、分时操作系统、实时操作系统、PC 操作系统、网络操作系统和分布式操作系统 6 种。

目前微机上常见的操作系统有 DOS、OS/2、UNIX、Linux、Windows、Netware 等，虽然操作系统非常多样，但所有的操作系统都具有并发性、共享性、虚拟性和不确定性 4 个基本特征。

多用户就是多个用户在一台计算机上可以建立多个用户，如果一台计算机只能使用一个用户，就称为单用户。如果用户在同一时间可以运行多个应用程序（每个应用程序被称作一个任务），则这样的操作系统被称为多任务操作系统；在同一时间只能运行一个应用程序，则这样的操作系统被称为单任务操作系统。

（二）了解 Windows 操作系统的发展史

微软公司自 1985 年推出 Windows 操作系统以来，其版本从最初运行在 DOS 下的 Windows 1.0，到风靡全球的 Windows XP、Windows 7、Windows 8 和 Windows 10，Windows 操作系统的发展主要经历了以下 10 个阶段。

● Windows 操作系统是由微软在 1985 年 11 月发布的，标志着计算机开始进入了图形用户界面时代。1987 年 11 月，微软正式在市场上推出 Windows 2.0，增强了键盘和鼠标界面。

● 1990 年 5 月，Windows 3.0 发布，它是第一个在家用和办公室市场上取得立足点的版本。

● 1992 年 4 月，Windows 3.1 发布，它只能在保护模式下运行，并且要求至少配置了 1MB 内存的 286 或 386 处理器的 PC。1993 年 7 月发布的 Windows NT 是第一个支持 Intel 386、486 和 Pentium CPU 的 32 位保护模式的版本。

● 1995 年 8 月，Windows 95 发布，具有需要较少硬件资源的优点，是一个完整的、集成化的 32 位操作系统。

● 1998 年 6 月，Windows 98 发布，具有许多加强功能，包括执行效能的提高、更好的硬件支持以及扩大了网络功能。

● 2000 年 2 月发布的 Windows 2000 是由 Windows NT 发展而来的，同时从该版本开始，正式抛弃了 Windows 9X 的内核。

● 2001 年 10 月，Windows XP 发布，它在 Windows 2000 的基础上增强了安全特性，同时加大了验证盗版的技术，Windows XP 是最为易用的操作系统之一。此后，2006 年 Windows Vista 发布，它具有华丽的界面和炫目的特效。

- 2009 年 10 月，Windows 7 发布，该版本吸收了 Windows XP 的优点，已成为当前市场上的主流操作系统之一。
- 2012 年 10 月，Windows 8 发布，该版本采用全新的用户界面，被应用于个人计算机和平板电脑上，且启动速度更快、占用内存更少，并兼容 Windows 7 所支持的软件和硬件。
- Windows 10 是微软于 2015 年发布的 Windows 版本，2014 年 10 月 1 日开始公测。

（三）启动与退出 Windows 7

在计算机上安装 Windows 7 操作系统后，启动计算机便可进入 Windows 7 的操作界面。

1．启动 Windows 7

开启计算机主机箱和显示器的电源开关，Windows 7 将被载入内存，并对计算机的主板和内存等进行检测。Windows 7 系统启动完成后将进入欢迎界面。若系统只有一个用户且没有设置用户密码，则直接进入系统桌面；如果系统存在多个用户且设置了用户密码，则需要选择用户并输入正确的密码才能进入系统。

2．认识 Windows 7 的桌面

启动 Windows 7 后，在屏幕上即可看到 Windows 7 桌面。在默认情况下，Windows 7 的桌面由桌面图标、鼠标指针、任务栏和语言栏 4 个部分组成，如图 3-2 所示。下面分别对这 4 部分进行讲解。

图 3-2　Windows 7 的桌面

- 桌面图标。桌面图标一般是程序或文件的快捷方式，程序或文件的快捷图标左下角有一个小箭头。新软件安装后，桌面上一般会增加相应的快捷图标，如"腾讯 QQ"的快捷图标为 。除此之外，桌面图标还包括"计算机"图标 、"网络"图标 、"回收站"图标 和"个人文件夹"图标 等系统图标。双击桌面上的某个图标可以打开该图标对应的窗口。
- 鼠标指针。在 Windows 7 操作系统中，鼠标指针在不同的状态下有不同的形状，这样可直观地告诉用户当前可进行的操作或系统状态，常见鼠标指针形态及其对应的含义如表 3-1 所示。

表 3-1　鼠标指针形态与含义

鼠标指针形态	含义	鼠标指针形态	含义	鼠标指针形态	含义
⌖	准备状态	↕	调整对象垂直大小	┼	精确调整对象
⌖?	帮助选择	↔	调整对象水平大小	I	文本输入状态
⌖○	后台处理	⬉	等比例调整对象 1	⊘	禁用状态
○	忙碌状态	⬈	等比例调整对象 2	✎	手写状态
✥	移动对象	↑	候选	☝	超链接选择

● 任务栏。任务栏默认情况下位于桌面的最下方，由"开始"按钮 、任务区、通知区域和"显示桌面"按钮（单击可快速显示桌面）4 个部分组成，如图 3-3 所示。

图 3-3　任务栏

● 语言栏。在 Windows 7 中，语言栏一般浮动在桌面上，用于选择系统所用的语言和输入法。单击语言栏右上角的"最小化"按钮 ，将语言栏最小化到任务栏上，且该按钮变为"还原"按钮 。

3．退出 Windows 7

计算机操作结束后需要退出 Windows 7。

【例 3-1】正确退出 Windows 7 并关闭计算机。

（1）保存文件或数据，然后关闭所有打开的应用程序。

（2）单击"开始"按钮 ，在打开的"开始"菜单中单击 按钮即可，如图 3-4 所示。

（3）关闭显示器的电源。

图 3-4　退出 Windows 7

提示

如果计算机出现系统故障，可以尝试重新启动计算机来解决。方法是单击图 3-4 中 按钮右侧的 按钮，在打开的下拉列表中选择"重新启动"选项。

任务二　操作窗口、对话框与"开始"菜单

任务要求

小赵现在使用的计算机是别人之前使用过的，小赵想知道这台计算机中都有哪些文件和软件，于是就打开"计算机"窗口，开始查看各磁盘下的文件，以便进行分类管理。后来小赵双击了桌面上的

几个图标对桌面的软件进行运行，还通过"开始"菜单启动了几个软件，这时小赵准备切换到之前的浏览窗口继续查看其中的文件，发现之前打开的窗口界面怎么也找不到了，此时该怎么办呢？

本任务要求认识操作系统的窗口、对话框和"开始"菜单，掌握窗口的基本操作、熟悉对话框各组成部分的操作，同时掌握利用"开始"菜单启动程序的方法。

相关知识

（一）Windows 7 窗口

在 Windows 7 中，绝大多数的操作都要在窗口中完成，在窗口中的相关操作一般通过鼠标和键盘来进行。例如，双击桌面上的"计算机"图标，将打开"计算机"窗口，如图 3-5 所示。这是一个典型的 Windows 7 窗口，各个组成部分的作用介绍如下。

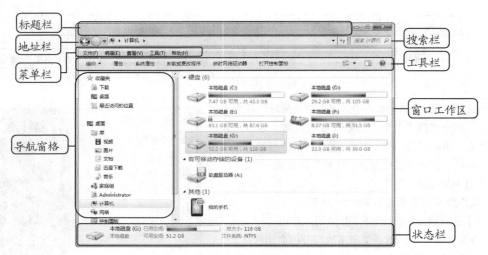

图 3-5 "计算机"窗口的组成

- 标题栏：位于窗口顶部，右侧有控制窗口大小和关闭窗口的按钮。
- 菜单栏：用于存放各种操作命令。要执行菜单上的操作命令，只需单击对应的菜单栏，然后在弹出的菜单中选择某个命令即可执行。在 Windows 7 中，常用的菜单类型主要有子菜单、菜单和快捷菜单（如单击鼠标右键弹出的菜单），如图 3-6 所示。
- 地址栏：显示当前窗口文件在系统中的位置。其左侧包括"返回"按钮和"前进"按钮，用于打开最近浏览过的窗口。
- 搜索栏：用于快速搜索计算机中的文件。
- 工具栏：用于快速管理和操作文件或文件夹。该栏会根据窗口中显示或选择的对象同步进行变化，以便于用户进行快速操作。单击 组织 按钮，可以在打开的下拉列表中选择各种文件管理操作，如复制和删除等。
- 导航窗格：单击可快速切换或打开其他窗口。
- 窗口工作区：用于显示当前窗口中存放的文件和文件夹内容。
- 状态栏：用于显示计算机的配置信息或当前窗口中选择对象的信息。

图 3-6　Windows 7 中的菜单

提示

在菜单中有一些常见的符号标记。其中，字母标记表示该命令的快捷键；✓ 标记表示已将该命令选中并应用了效果，同时其他相关的命令也将同时存在和应用；● 标记表示已将该命令选中并应用，同时其他相关的命令将不再起作用；… 标记表示执行该命令后，将打开一个对话框，可以进行相关的参数设置。

（二）Windows 7 对话框

　　对话框实际上是一种特殊的窗口。执行某些命令后将打开一个用于对该命令或操作对象进行下一步设置的对话框，用户可通过选择选项或输入数据来进行设置。选择不同的命令，所打开的对话框也各不相同，但其中包含的参数类型是类似的。图 3-7 所示为 Windows 7 对话框中各组成元素的名称。

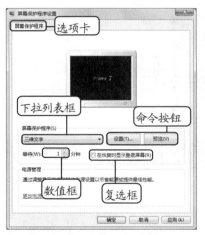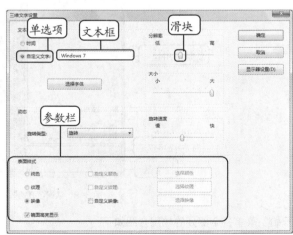

图 3-7　Windows 7 的对话框

- 选项卡：当对话框中有很多内容时，Windows 7 将对话框按类别分成几个选项卡，每个选项卡都有一个名称，并依次排列在一起，单击其中一个选项卡，将会显示其相应的内容。
- 下拉列表框：下拉列表框中包含多个选项，单击下拉列表框右侧的 ▾ 按钮，将打开一个下拉列表，从中可以选择所需的选项。
- 命令按钮：命令按钮用来执行某一操作，如 设置(T)... 、 预览(V) 和 应用 (A) 等都是命令按钮。单击某一命令按钮将执行与其名称相应的操作。一般单击对话框中的 确定 按钮，表示关闭对话框，并保存所做的全部更改；单击 取消 按钮表示关闭对话框，但不保存任何更改；单击 应用(A) 按钮表示保存所有更改，但不关闭对话框。

- 数值框：数值框用来输入具体数值。图 3-7 左图所示的"等待"数值框用于输入屏幕保护激活的时间。用户可以直接在数值框中输入具体数值，也可以单击数值框右侧的"调整"按钮 调整数值。 按钮是按固定步长增加数值， 按钮是按固定步长减少数值。
- 复选框：复选框是一个小的方框，用来表示是否选择该选项，可同时选择选项组中的多个选项。当复选框没有被选中时外观为 ，被选中时外观为 。若要选中或撤销选中某个复选框，只需单击该复选框即可。
- 单选项：单选项是一个小圆圈，用来表示是否选择该选项，只能选择选项组中的一个选项。当单选项没有被选中时外观为 ，被选中时外观为 。若要选中或撤销选中某个单选项，只需单击该单选项即可。
- 文本框：文本框在对话框中为一个空白方框，主要用于输入文字。
- 滑块：有些选项是通过左右或上下拉动滑块来设置相应数值。
- 参数栏：参数栏主要是将当前选项卡中用于设置某一效果的参数放在一个区域，以方便用户使用。

（三）"开始"菜单

单击桌面任务栏左下角的"开始"按钮 ，即可打开"开始"菜单，计算机中绝大多数的应用都可在"开始"菜单中执行。"开始"菜单是操作计算机的重要门户，即使桌面上没有显示的文件或程序，通过"开始"菜单也能轻松找到相应的程序。"开始"菜单主要组成部分如图 3-8 所示。

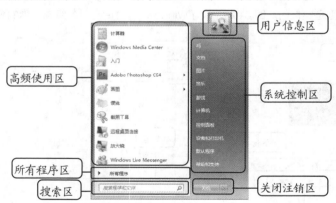

图 3-8 认识"开始"菜单

"开始"菜单各个部分的作用介绍如下。

- 高频使用区：根据用户使用程序的频率，Windows 会自动将使用频率较高的程序显示在该区域中，以便用户能快速地启动所需程序。
- 所有程序区：选择"所有程序"命令，高频使用区将显示计算机中已安装的所有程序的启动图标或程序文件夹，选择某个选项可启动相应的程序，此时"所有程序"命令也会变为"返回"命令。
- 搜索区：在"搜索区"的文本框中输入关键字后，系统将搜索计算机中所有与关键字相关的文件和程序等信息，搜索结果将显示在上方的区域中，单击即可打开相应的内容。
- 用户信息区：显示当前用户的图标和用户名，单击图标可以打开"用户账户"窗口，通过该窗口可更改用户账户信息，单击用户名将打开当前用户的用户文件夹。

● 系统控制区：显示"计算机""网络"和"控制面板"等系统选项，单击相应的选项可以快速打开或运行程序，便于用户管理计算机中的资源。

● 关闭注销区：用于关闭、重启和注销计算机或进行用户切换、锁定计算机以及使计算机进入睡眠状态等操作，单击 关机 按钮时将直接关闭计算机，单击右侧的 ▷ 按钮，在打开的下拉列表中选择所需选项，即可执行对应操作。

任务实现

（一）管理窗口

下面将举例讲解打开窗口及其中的对象、最小化/最大化窗口、移动窗口、缩放窗口、多窗口的重叠和关闭窗口的操作。

1. 打开窗口及窗口中的对象

在 Windows 7 中，每当用户启动一个程序、打开一个文件或文件夹时都将打开一个窗口，而一个窗口中包括多个对象，打开某个对象又将打开相应的窗口，该窗口中可能又包括其他不同的对象。

【例3-2】打开"计算机"窗口中"本地磁盘(C:)"下的 Windows 目录。

（1）双击桌面上的"计算机"图标 ，或在"计算机"图标 上单击鼠标右键，在弹出的快捷菜单中选择"打开"命令，将打开"计算机"窗口。

（2）双击"计算机"窗口中的"本地磁盘(C:)"图标，或选择本地磁盘(C:)"图标后按【Enter】键，打开"本地磁盘(C:)"窗口，如图3-9所示。

（3）双击"本地磁盘(C:)"窗口中的"Windows 文件夹"图标，即可进入 Windows 目录查看。

（4）单击地址栏左侧的"返回"按钮 ，将返回上一级"本地磁盘(C:)"窗口。

图3-9 打开窗口及窗口中的对象

2. 最大化或最小化窗口

最大化窗口可以将当前窗口放大到整个屏幕显示，这样可以显示更多的窗口内容，而最小化后的窗口将以标题按钮形式缩放到任务栏的程序按钮区。

【例3-3】打开"计算机"窗口中"本地磁盘(C:)"下的 Windows 目录，然后将窗口最大化，再最小化显示，最后还原窗口。

（1）打开"计算机"窗口，再依次双击打开"本地磁盘(C:)"下的 Windows 目录。

（2）单击窗口标题栏右侧的"最大化"按钮，此时窗口将铺满整个显示屏幕，同时"最大化"按钮将变成"还原"按钮，单击"还原"按钮即可将最大化窗口还原成原始大小。

（3）单击窗口右上角的"最小化"按钮，此时该窗口将隐藏显示，并在任务栏的程序区域中显示一个图标，单击该图标，窗口将还原到屏幕显示状态。

 提 示

双击窗口的标题栏也可最大化窗口，再次双击可从最大化窗口恢复到原始窗口大小。

3．移动和调整窗口大小

打开窗口后，有些窗口会遮盖屏幕上的其他窗口内容，为了查看到被遮盖的部分，需要适当移动窗口的位置或调整窗口大小。

【例3-4】将桌面上的当前窗口移至桌面的左侧位置，呈半屏显示，再调整窗口的大小。

（1）打开"计算机"窗口，再打开"本地磁盘(C:)"下的"Windows目录"窗口。

（2）在窗口标题栏上按住鼠标左键不放，拖动窗口，当拖动到目标位置后释放鼠标即可移动窗口位置。其中将窗口向屏幕最上方拖动到顶部时，窗口会最大化显示；向屏幕最左侧拖动时，窗口会半屏显示在桌面左侧；向屏幕最右侧拖动时，窗口会半屏显示在桌面右侧。图3-10所示为将窗口拖至桌面左侧变成半屏显示的效果。

图3-10 将窗口移至桌面左侧变成半屏显示

（3）将鼠标指针移至窗口的外边框上，当其变为或形状时，按住鼠标左键不放拖动到窗口变为需要的大小时释放鼠标即可调整窗口大小。

（4）将鼠标指针移至窗口的4个角上，当其变为或形状时，按住鼠标左键不放拖动到窗口变为需要的大小时释放鼠标，可使窗口的长宽大小按比例缩放。

 注 意

最大化后的窗口不能进行窗口的位置移动和大小调整操作。

4．排列窗口

在使用计算机的过程中常常需要打开多个窗口，如既要用Word编辑文档，又要打开IE浏览器查询资料等。当打开多个窗口后，为了使桌面更加整洁，可以将打开的窗口进行层叠、堆叠和并排等操作。

【例3-5】将打开的所有窗口进行层叠排列显示，然后撤销层叠排列。

（1）在任务栏空白处单击鼠标右键，弹出图 3-11 所示的快捷菜单，选择"层叠窗口"命令，即可以层叠的方式排列窗口，层叠的效果如图 3-12 所示。

图 3-11　快捷菜单　　　　　　　　　　　　　　图 3-12　层叠窗口

（2）层叠窗口后拖动某一个窗口的标题栏可以将该窗口拖至其他位置，并切换为当前窗口。

（3）在任务栏空白处单击鼠标右键，在弹出的快捷菜单中选择"撤销层叠"命令，恢复至原来的显示状态。

5．切换窗口

无论打开多少个窗口，当前窗口只有一个，且所有的操作都是针对当前窗口进行的。除了可以通过单击窗口进行窗口的切换，在 Windows 7 中还提供了以下 3 种切换窗口的方法。

● 通过任务栏中的按钮切换。将鼠标指针移至任务左侧按钮区中的某个任务图标上，此时将展开所有打开的该类型文件的缩略图，单击某个缩略图即可切换到该窗口，在切换时其他同时打开的窗口将自动变为透明效果，如图 3-13 所示。

● 按【Alt+Tab】组合键切换。按【Alt+Tab】组合键后，屏幕上将出现任务切换栏，系统当前打开的窗口都以缩略图的形式在任务切换栏中排列出来，如图 3-14 所示，此时按住【Alt】键不放，再反复按【Tab】键，将显示一个蓝色方框，并在所有图标之间轮流切换。当方框移动到需要的窗口图标上后释放【Alt】键，即可切换到该窗口。

图 3-13　通过任务栏中的按钮切换　　　　　　　　图 3-14　按【Alt+Tab】组合键切换

- 按【Win+Tab】组合键切换。按【Win+Tab】组合键后，按住【Win】键不放，再反复按【Tab】键可利用 Windows 7 特有的 3D 切换界面切换打开的窗口，如图 3-15 所示。

6. 关闭窗口

窗口的操作结束后，要关闭窗口。关闭窗口有以下 5 种方法。

图 3-15　按【Win+Tab】组合键切换

- 单击窗口标题栏右上角的"关闭"按钮 ![关闭按钮]。
- 在窗口的标题栏上单击鼠标右键，在弹出的快捷菜单中选择"关闭"命令。
- 将鼠标指针指向某个任务缩略图后单击右上角的 ![X] 按钮。
- 将鼠标指针移动到任务栏中需要关闭窗口的任务图标上，单击鼠标右键，在弹出的快捷菜单中选择"关闭窗口"命令或"关闭所有窗口"命令。
- 按【Alt+F4】组合键。

（二）利用"开始"菜单启动程序

启动应用程序有多种方法，比较常用的是在桌面上双击应用程序的快捷方式图标和在"开始"菜单中选择启动的程序。下面介绍从"开始"菜单中启动应用程序。

【例 3-6】通过"开始"菜单启动"腾讯 QQ"程序。

（1）单击 ![开始按钮] 按钮，打开"开始"菜单，如图 3-16 所示，此时可以先在"开始"菜单左侧的高频使用区查看是否有"腾讯 QQ"程序选项，如果有则选择该程序选项启动。

（2）如果高频使用区中没有要启动的程序，则选择"所有程序"选项，在显示的列表中依次单击展开程序所在文件夹，再选择"腾讯 QQ"程序选项启动程序，如图 3-17 所示。

图 3-16　打开"开始"菜单

图 3-17　启动应用程序

任务三　定制 Windows 7 工作环境

任务要求

小赵使用计算机进行办公自动化有一段时间了，为了提高资源使用效率和操作的方便，小赵准备对操作系统的工作环境进行个性化定制。具体要求如下。

- 在桌面上显示"计算机"和"控制面板"图标，然后将"计算机"图标样式更改为 样式。
- 查找系统提供的应用程序"calc.exe"，并在桌面上建立快捷方式，快捷方式名为"My计算器"。
- 在桌面上添加"日历"和"时钟"桌面小工具。
- 将系统自带的"建筑"Aero主题作为桌面背景，设置图片每隔1小时更换一次，图片位置为"拉伸"。
- 设置屏幕保护程序的等待时间为"60"min，屏幕保护程序为"彩带"。
- 设置任务栏属性，实现自动隐藏任务栏，再设置"开始"菜单属性，将"电源按钮操作"设置为"切换用户"，同时设置"开始"菜单中显示的最近打开的程序的数目为5个。
- 将"图片库"中的"小狗"图片设置为账户图像，再创建一个名为"公用"的账户。

图3-18 个性化桌面效果

图3-18所示为进行上述设置后的新的桌面效果。

相关知识

（一）创建快捷方式的几种方法

前面介绍了使用"开始"菜单启动程序的方法，在Windows 7操作系统中还可以通过创建桌面快捷方式和将常用程序锁定到任务栏两种方法，来快速启动某个程序。

1. 桌面快捷方式

桌面快捷方式是指图片左下角带有 符号的桌面图标。单击这类图标可以快速访问或打开某个程序。因此，创建桌面快捷方式可以提高办公效率。用户可以根据需要在桌面上添加应用程序、文件或文件夹的快捷方式，其方法有如下3种。

- 在"开始"菜单中找到程序启动项的位置，单击鼠标右键，在弹出的快捷菜单中选择"发送到"子菜单下的"桌面快捷方式"命令。
- 在"计算机"窗口中找到文件或文件夹后，单击鼠标右键，在弹出的快捷菜单中选择"发送到"子菜单下的"桌面快捷方式"命令。
- 在桌面空白区域或打开"计算机"窗口中的目标位置，单击鼠标右键，在弹出的快捷菜单中选择"新建"子菜单下的"快捷方式"命令，打开图3-19所示的"创建快捷方式"对话框，单击 浏览(R)... 按钮，选择要创建快捷方式的程序文件，然后单击 下一步(N) 按钮，输入快捷方式的名称，单击 完成(F) 按钮，完成创建。

2. 将常用程序锁定到任务栏

将常用程序锁定到任务栏的方法有以下两种。

- 在桌面上或"开始"菜单中的程序启动快捷方式上单击鼠标右键，在弹出的快捷菜单中选择"锁定到任务栏"命令，或直接将该快捷方式拖动至任务栏左侧的程序区中。
- 如果要将已打开的程序锁定到任务栏，可在任务栏的程序图标上单击鼠标右键，在弹出的快捷菜单中选择"将此程序锁定到任务栏"命令即可，如图 3-20 所示。

如果要将任务中不再使用的程序图标解锁（即取消显示），可在要解锁的程序图标上单击鼠标右键，在弹出的快捷菜单中选择"将此程序从任务栏解锁"命令。

图 3-19 "创建快捷方式"对话框

图 3-20 将程序锁定到任务栏

提示

图 3-20 所示的快捷菜单又称为"跳转列表"，它是 Windows 7 的新增功能之一，即在该菜单上方列出了用户最近使用过的程序或文件，以方便用户快速打开。另外，在"开始"菜单中指向程序右侧的箭头，也可以弹出相对应的"跳转列表"。

（二）认识"个性化"设置窗口

在桌面上的空白区域单击鼠标右键，在弹出的快捷菜单中选择"个性化"命令，将打开图 3-21 所示的"个性化"窗口，可以对 Windows 7 操作系统进行个性化设置。其主要功能及参数设置介绍如下。

图 3-21 "个性化"窗口

- 更改桌面图标。在"个性化"窗口中单击"更改桌面图标"超链接，在打开的"桌面图标设置"对话框中的"桌面图标"栏中可以单击选中或撤销选中要在桌面上显示的系统图标，并可对图标的样式进行更改。

- 更改账户图片。在"个性化"窗口中单击"更改账户图片"超链接，在打开的"更改图片"窗口中可以选择新的账户图标样式，选择后将在启动时的欢迎界面和"开始"菜单的用户账户区域中进行显示。

- 设置任务栏和"开始"菜单。在"个性化"窗口中单击"任务栏和「开始」菜单"超链接，在打开的"任务栏和「开始」菜单"对话框中分别单击各个选项卡进行设置。其中，在"任务栏"选项卡中可以设置锁定任务栏（即任务栏的位置不能移动）、自动隐藏任务栏（当鼠标指向任务栏区域时才会显示）、使用小图标以及任务栏的位置和是否启用 Aero Peek 预览桌面功能等；在"开始菜单"选项卡中主要可以设置"开始"菜单中电源按钮的操作用途等。

- 应用 Aero 主题。Aero 主题决定着整个桌面的显示风格，Windows 7 中有多个主题供用户选择。其选择方法是：在"个性化"窗口的中间列表框中选择一种喜欢的主题，单击即可应用。应用主题后，其声音、背景、窗口颜色等都会随之改变。

- 设置桌面背景。单击"个性化"窗口下方的"桌面背景"超链接，在打开的"桌面背景"窗口中间的图片列表中可选择一张或多张图片，选择多张图片时需按住【Ctrl】键进行选择，如需设置计算机中的其他图片作为桌面背景，可以单击"图片位置"下拉列表框后的 浏览(B)... 按钮来选择计算机中存放图片的文件夹。选择图片后，还可设置背景图片在桌面上的位置和更改图片时间间隔（选择多张背景图片时才需设置）。

- 设置窗口颜色。在"个性化"窗口中单击"窗口颜色"超链接，将打开"窗口颜色和外观"窗口，单击某种颜色可快速更改窗口边框、"开始"菜单和任务栏的颜色，并且可设置是否启用透明效果和设置颜色浓度等。

- 设置声音。在"个性化"窗口中单击"声音"超链接，打开"声音"对话框，在"声音方案"下拉列表框中选择一种 Windows 声音方案，或选择某个程序事件后对其单独设置其关联的声音。

- 设置屏幕保护程序。在"个性化"窗口中单击"屏幕保护程序"超链接，打开"屏幕保护程序设置"对话框，在"屏幕保护程序"下拉列表框中选择一个程序选项，然后在"等待"数值框中输入屏幕保护等待的时间，若单击选中"在恢复时显示登录屏幕"复选框，则表示当需要从屏幕保护程序恢复正常显示时，将显示登录 Windows 屏幕，如果用户账户设置了密码，则需要输入正确的密码才能进入桌面。

任务实现

（一）添加和更改桌面系统图标

安装好 Windows 7 后第一次进入操作系统界面时，桌面上只显示"回收站"图标，此时可以通过设置来添加和更改桌面系统图标。

【例 3-7】在桌面上显示"控制面板"图标，显示并更改"计算机"图标。

（1）在桌面上单击鼠标右键，在弹出的快捷菜单中选择"个性化"命令，打开"个性化"窗口。

（2）单击"更改桌面图标"超链接，在打开的"桌面图标设置"对话框中的"桌面图标"栏中选中要在桌面显示的系统图标复选框，若撤销选中某图标则表示取消显示。这里单击选中"计算机"和"控制面板"复选框，并撤销选中"允许主题更改桌面图标"复选框，其作用是应用其他主题后，图标样式仍然不变，如图 3-22 所示。

（3）在中间列表框中选择"计算机"图标，单击 [更改图标(00)...] 按钮，在打开的"更改图标"对话框中选择 图标样式，如图 3-23 所示。

（4）依次单击 [确定] 按钮，应用设置。

图 3-22　选择要显示的桌面图标

图 3-23　更改桌面图标样式

 提 示

在桌面空白区域单击鼠标右键，在弹出的快捷菜单中的"排序方式"子菜单中选择相应的命令，可以按照名称、大小、项目类型或修改日期 4 种方式自动排列桌面图标位置。

（二）创建桌面快捷方式

创建的桌面快捷方式只是一个快速启动图标，所以它并没有改变文件原有的位置，因此若删除桌面快捷方式时，不会删除原文件。

【例 3-8】为系统自带的计算器应用程序"calc.exe"创建桌面快捷方式。

（1）单击"开始"按钮 ，打开"开始"菜单，在"搜索程序和文件"框中输入"calc.exe"。

（2）在搜索结果中的"calc.exe"程序项上单击鼠标右键，在弹出的快捷菜单中选择"发送到"/"桌面快捷方式"命令，如图 3-24 所示。

（3）在桌面上创建的 图标上单击鼠标右键，在弹出的快捷菜单中选择"重命名"命令，输入"My 计算器"，按【Enter】键，完成创建，效果如图 3-25 所示。

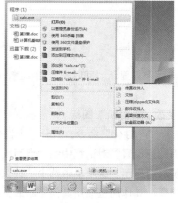

图 3-24　选择"桌面快捷方式"命令

图 3-25　完成创建

（三）添加桌面小工具

Windows 7 为用户提供了一些桌面小工具程序，显示在桌面上既美观又实用。

【例3-9】添加时钟和日历桌面小工具。

（1）在桌面上单击鼠标右键，在弹出的快捷菜单中选择"小工具"命令，打开"小工具库"对话框。

（2）在其列表框中选择需要在桌面显示的小工具程序，这里分别双击"日历"和"时钟"小工具，即可在桌面右上角显示出这两个小工具，如图3-26所示。

图3-26 添加桌面小工具

（3）显示桌面小工具后，使用鼠标拖动小工具将其调整到所需的位置，将鼠标放到工具上面，其右边会出现一个控制框，通过单击控制框中相应的按钮可以设置或关闭小工具。

（四）应用主题并设置桌面背景

在 Windows 中可通过为桌面背景应用主题，让其更加美观。

【例3-10】应用系统自带的"建筑"Aero 主题，并对背景图片的参数进行相应设置。

（1）在"个性化"窗口中的"Aero 主题"列表框中单击并应用"建筑"主题，此时背景和窗口颜色等都会发生相应的改变。

（2）在"个性化"窗口下方单击"桌面背景"超链接，打开"选择桌面背景"窗口，此时列表框中的图片即为"建筑"系列，单击"图片位置"下方的▼按钮，在打开的下拉列表中选择"拉伸"选项。

（3）单击"更改图片时间间隔"下方的▼按钮，在打开的下拉列表中选择"1 小时"选项，如图3-27所示。若单击选中"无序播放"复选框，将按设置的间隔随机切换，这里保持默认设置，即按列表中图片的排序切换。

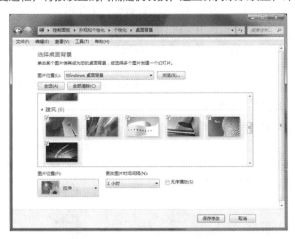

图3-27 应用主题后设置桌面背景

（4）单击 保存修改 按钮，应用设置，并返回"个性化"窗口。

（五）设置屏幕保护程序

【例3-11】设置"彩带"样式的屏幕保护程序。

（1）在"个性化"窗口中单击"屏幕保护程序"超链接，打开"屏幕保护程序设置"对话框。

（2）在"屏幕保护程序"下拉列表框中选择保护程序的样式，这里选择"彩带"选项，在"等待"数值框中输入屏幕保护等待的时间，这里设置为"60"分钟，单击选中"在恢复时显示登录屏幕"复选框，如图3-28所示。

（3）单击 确定 按钮，关闭对话框。

图 3-28　设置"彩带"屏幕保护程序

（六）自定义任务栏和"开始"菜单

【例3-12】设置自动隐藏任务栏并定义"开始"菜单的功能。

（1）在"个性化"窗口中单击"任务栏和「开始」菜单"超链接，或在任务栏的空白区域单击鼠标右键，在弹出的快捷菜单中选择"属性"命令，打开"任务栏和「开始」菜单属性"对话框。

（2）单击"任务栏"选项卡，单击选中"自动隐藏任务栏"复选框。

（3）单击"「开始」菜单"选项卡，单击"电源按钮操作"下拉列表框右侧的下拉按钮，在打开的下拉列表中选择"切换用户"选项，如图3-29所示。

（4）单击 自定义(C)... 按钮，打开"自定义「开始」菜单"对话框，在"要显示的最近打开过的程序的数目"数值框中输入"5"，如图3-30所示。

（5）依次单击 确定 按钮，应用设置。

图 3-29　设置电源按钮操作功能

图 3-30　设置要显示的最近打开过的程序的数目

提示

在图 3-29 中的"任务栏"选项卡中单击 自定义(C)... 按钮，在打开的窗口中可以设置显示在任务栏通知区域中的图标的显示行为，如设置隐藏或显示，或者调整通知区域的视觉效果。

（七）设置 Windows 7 用户账户

在 Windows 7 中可以多个用户使用同一台计算机，只需为每个用户建立一个独立的账户，每个用户用自己的账号登录 Windows 7，并且多个用户之间的 Windows 7 设置是相对独立的，且互不影响。

【例 3-13】设置账户的图像样式并创建一个新账户。

（1）在"个性化"窗口中单击"更改账户图片"超链接，打开"更改图片"窗口，选择"小狗"图片样式，然后单击 更改图片 按钮，如图 3-31 所示。

（2）在返回的"个性化"窗口中单击"控制面板主页"超链接，打开"控制面板"窗口，单击"添加或删除用户账户"超链接，如图 3-32 所示。

图 3-31　设置用户账户图片

图 3-32　"控制面板"窗口

（3）在打开的"管理账户"窗口中单击"创建一个新账户"超链接，如图 3-33 所示。

（4）在打开的窗口中输入账户名称"公用"，然后单击 创建账户 按钮，如图 3-34 所示，完成账户的创建，同时完成本任务的所有设置操作。

图 3-33　单击"创建一个新账户"超链接

图 3-34　设置用户账户名称

提 示

在图 3-33 中单击某一账户图标，在打开的"更改账户"窗口中单击相应的超链接，也可以更改账户的图片样式，或是更改账户名称、创建或修改密码等。

任务四 设置汉字输入法

任务要求

小赵准备使用计算机中的记事本程序制作一个备忘录，用于记录最近几天要做的工作，以便随时进行查看。在制作之前小赵还需要对计算机中的输入法进行相关的管理和设置，具体要求如下。

● 添加"微软拼音-简捷 2010"输入法，然后删除"微软拼音输入法 2003"输入法。
● 为"微软拼音-简捷 2010"输入法设置切换快捷键为【Ctrl+Shift+1】。
● 将桌面上的"汉仪楷体简"字体安装到计算机中并进行查看。

在桌面上创建"备忘录"记事本文档，内容如下。

● 3 月 15 日上午　　　接待蓝宇公司客户
● 3 月 16 日下午　　　给李主管准备出差携带的资料▲
● 3 月 16-17 日　　　准备市场调查报告

图 3-35 所示为进行管理后的输入法列表以及创建的"备忘录"记事本文档效果。

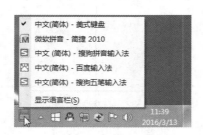

图 3-35　管理输入法列表并创建"备忘录"记事本文档

相关知识

（一）汉字输入法的分类

在计算机中要输入汉字，需要使用汉字输入法才能进行输入。汉字输入法是指输入汉字的方式，常用的汉字输入法有微软拼音输入法、搜狗拼音输入法和五笔字型输入法等。这些输入法按编码的不同可以分为音码、形码和音形码 3 类。

● 音码：指利用汉字的读音特征进行编码，通过输入拼音字母来输入汉字，例如，"计算机"一词的拼音编码为"jisuanji"。这类输入法包括微软拼音输入法和搜狗拼音输入法等，它们都具有简单、易学以及会拼音即会汉字输入的特点。
● 形码：指利用汉字的字形特征进行编码，例如，"计算机"一词的五笔编码为"ytsm"。这类输入法的输入速度较快、重码少，且不受方言限制，但需记忆大量编码，如五笔输入法。

- 音形码：指既可以利用汉字的读音特征，又可利用字形特征进行编码，如智能 ABC 输入法等。音码与形码相互结合，取长补短，既降低了重码，又无须大量记忆编码。

 提示

有时汉字的编码和汉字并非是完全对应的，如在拼音输入法状态下输入"da"，此时便会出现"大""打""答"等多个具有相同读音的汉字，这些具有相同编码的汉字或词组就是重码，我们称为同码字。出现重码时需要用户自己选择需要的汉字，因此，选择重码较少的输入法可以提高输入速度。

（二）认识语言栏

在 Windows 7 操作系统中，输入法在语言栏 中进行管理，在语言栏中可以进行以下 4 种操作。

- 当鼠标指针移动到语言栏最左侧的 图标上时，其形状变成 时可以在桌面上任意移动语言栏。
- 单击语言栏中的"输入法"按钮 ，可以选择需切换的输入法，选择后该图标将变成选择的输入法的徽标。
- 单击语言栏中的"帮助"按钮 ，则打开语言栏帮助信息。
- 单击语言栏右下角的"选项"按钮 ，打开"选项"下拉列表，可以对语言栏进行设置。

（三）认识汉字输入法的状态条

在输入汉字必须先切换至汉字输入法，其方法是：单击语言栏中的"输入法"按钮 ，再选择所需的汉字输入法，或者按住【Ctrl】键不放再依次按【Shift】键在不同的输入法之间切换。切换至某一种汉字输入法后，将弹出其对应的汉字输入法状态条。图 3-36 所示为微软拼音输入法的状态条，各图标的作用介绍如下。

- 输入法图标：用来显示当前输入法徽标，单击可以切换至其他输入法。
- 中英文切换图标：单击该图标，可以在中文输入法与英文输入法间进行切换。当图标为 时表示中文输入状态，当图标为 时表示英文输入状态。按【Ctrl+Space】组合键也可在中文输入法和英文输入法之间快速切换。
- 全/半角切换图标：单击该图标可以在全角 和半角 间切换。在全角状态下输入的字母、字符和数字均占一个汉字（两个字节）的位置；而在半角状态，输入的字母、字符和数字只占半个汉字（一个字节）的位置。图 3-37 所示分别为全角和半角状态下输入的效果。

图 3-36　输入法状态条　　　　　图 3-37　全/半角输入效果对比

- 中英文标点切换图标：默认状态下的 图标用于输入中文标点符号。单击该图标，变为 图标，此时可输入英文标点符号。
- 软键盘图标：通过软键盘可以输入特殊符号、标点符号和数字序号等多种字符。其方法是：单击软键盘图标 ，在弹出的列表中选择一种符号的类型，此时将打开相应的软键盘，直接单击软键盘中相应的按钮或按键盘上对应的按键，都可以输入对应的特殊符号。需要注意的是，若要输入的特殊符号是上档字符时，只需按住【Shift】键不放，在键盘上的相应键位处按键即可输入该特殊符号。输入完成后要单击右上角的✕按钮退出软键盘，否则会影响用户的正确输入。

- 开/关输入板图标：单击🖉图标，将打开"输入板–手写识别"对话框，单击左侧的🔼图标，可以通过部首笔画来检索汉字，单击左侧的🔼图标，可以通过手写方式来输入汉字，如图3-38所示。
- 功能菜单图标：不同的输入法自带不同的输入选项设置功能，单击🔼图标，便可对该输入法的输入选项和功能进行相应设置。

图3-38　"输入板–手写识别"对话框

（四）拼音输入法的输入方式

使用拼音输入法时，直接输入汉字的拼音编码，然后输入汉字前的数字或直接用鼠标单击需要的汉字便可输入。当输入的汉字编码的重码字较多时，便不能在状态条中全部显示出来，此时可通过按【＋】键向后翻页，按【－】键向前翻页，通过查找的方式来选择需要输入的汉字。

为了提高用户的输入速度，目前的各种拼音输入法都提供了全拼输入、简拼输入和混拼输入等多种输入方式，各种输入方式介绍如下。

- 全拼输入。全拼词组输入是按照汉语拼音进行输入，和书写汉语拼音一致。例如，要输入"文件"，只需一次输入"wenjian"，然后按【Space】键在弹出的汉字状态条中选择即可。
- 简拼输入。简拼输入是取各个汉字的第一个拼音字母，对于包含复合声母，如 zh、ch、sh 的音节，也可以取前两个拼音字母组成。例如，要输入"掌握"，只需输入"zhw"，然后按【Space】键，在弹出汉字的状态条中选择即可。
- 混拼输入。混拼输入综合了全拼输入和简拼输入，即在输入的拼音中既有全拼也有简拼。使用的规则是：对两个音节以上的词语，一部分用全拼，一部分用简拼。如要输入"电脑"，只需输入"diann"，然后按【Space】键在弹出的汉字状态条中选择即可。

➕ 任务实现

（一）添加和删除输入法

Windows 7 操作系统中集成了多种汉字输入法，但不是所有的汉字输入法都显示在语言栏的输入法列表中，此时可以通过添加管理输入法将适合自己的输入法显示出来。

【例3-14】在 Windows 7 中，语言栏的输入法列表中添加"微软拼音–简捷 2010"，删除"微软拼音输入法 2003"。

（1）在语言栏中的▦按钮上单击鼠标右键，在弹出的快捷菜单中选择"设置"命令，打开"文本服务和输入语言"对话框，如图3-39所示。

（2）单击 添加(D)... 按钮，打开"添加输入语言"对话框，在"使用下面的复选框选择要添加的语言"列表框中单击"键盘"选项前的 ⊞ 按钮，在打开的子列表中单击选中"微软拼音–简捷 2010"复选框，撤销选中"微软拼音输入法 2003"复选框，如图3-40所示。

（3）单击 确定 按钮，返回"文本服务和输入语言"对话框，在"已安装的服务"列表框中将显示已添加的输入法，单击 确定 按钮完成添加。

图 3-39　"文本服务和输入语言"对话框

图 3-40　添加和删除输入法

（4）单击语言栏中的███按钮，查看添加和删除输入法后的效果。

 注意

通过上面的方法删除的输入法并不会真正从操作系统中删除，而是取消其在输入法列表中的显示，所以删除后还可通过添加的方式将其重新添加到输入法列表中使用。

（二）设置输入法切换快捷键

为了便于快速切换至所需输入法，可以为输入法设置切换快捷键。

【例 3-15】设置"中文（简体，中国）-微软拼音-简捷 2010"的快捷键。

（1）在语言栏中的███按钮上单击鼠标右键，在弹出的快捷菜单中选择"设置"命令，打开"文本服务和输入语言"对话框。

（2）单击"高级键设置"选项卡，在列表框中选择要设置切换快捷键的输入法选项，这里选择图 3-41 所示的输入法选项，然后单击下方的 █更改按键顺序(C)...█ 按钮。

（3）打开"更改按键顺序"对话框，单击选中"启用按键顺序"复选框，然后在下方的两个列表框中选择所需的快捷键，这里设置【Ctrl+Shift+1】组合键，如图 3-42 所示。

图 3-41　"文本服务和输入语言"对话框

图 3-42　设置输入法切换快捷键

（4）依次单击 █确定█ 按钮，应用设置。

（三）安装与卸载字体

Windows 7 操作系统中自带了一些字体，其安装文件夹为系统盘（一般为 C 盘）下的 Windows 文件夹下的 Fonts 子文件夹中。用户也可根据需要安装和卸载字体文件。

【例 3-16】安装"汉仪楷体简"字体，并卸载不需要再使用的字体。

（1）在桌面上的"汉仪楷体简"字体文件上单击鼠标右键，在弹出的快捷菜单中选择"安装"命令，如图 3-43 所示。

（2）此时将打开"正在安装字体"提示对话框，安装结束后将自动关闭该提示对话框，同时结束字体的安装。

（3）打开"计算机"窗口，双击打开 C 盘，再依次双击打开的 Windows 文件夹和 Fonts 子文件夹，在打开的 Fonts 文件夹窗口中可以查看系统中已安装的所有字体，选择不需要再使用的字体文件后，单击鼠标右键，在弹出的快捷菜单中选择"删除"命令，即可将该字体文件从系统中卸载，如图 3-44 所示。

图 3-43　安装字体

图 3-44　查看和卸载字体文件

（四）使用微软拼音输入法输入汉字

当输入法添加完成，即可进行汉字的输入，这里将以微软拼音输入法为例，对输入方法进行介绍。

【例 3-17】启动记事本程序，创建一个"备忘录"文档并使用微软拼音输入法输入前面要求的内容。

（1）在桌面上的空白区域单击鼠标右键，在弹出的快捷菜单中选择"新建"/"文本文件"命令，此时将在桌面上新建一个名为"新建文本文档.txt"的文件，且文件名呈可编辑状态。

（2）单击语言栏中的"输入法"按钮，选择"微软拼音–简捷 2010"输入法，然后输入编码"beiwanglu"，此时在汉字状态条中将显示出所需的"备忘录"文本，如图 3-45 所示。

（3）单击状态条中的"备忘录"或直接按【Space】键输入文本，再次按【Enter】键完成输入。

（4）双击桌面上新建的"备忘录"记事本文件，启动记事本程序，在编辑区单击出现一个插入点，按数字键【3】输入数字"3"，按【Ctrl+Shift+1】组合键切换至"微软拼音–简捷 2010"输入法，输入编码"yue"，单击状态条中的"月"或按【Space】键输入文本"月"。

（5）继续输入数字"15"，再输入编码"ri"，按【Space】键输入"日"字，再输入简拼编码"shwu"，单击或按【Space】键输入词组"上午"，如图 3-46 所示。

（6）连续按多次【Space】键，输入空字符串，接着继续使用微软拼音输入法输入后面的内容，输入过程中按【Enter】键可分段换行。

图 3-45 输入"备忘录"

图 3-46 输入词组"上午"

（7）在"资料"文本右侧单击定位文本插入点，单击微软拼音输入法状态条上的 ▦ 图标，在打开的列表中选择"特殊符号"选项，在打开的软键盘中选择"▲"特殊符号，如图 3-47 所示。

（8）单击软键盘右上角的 ✕ 按钮关闭软键盘，在记事本程序中选择"文件"/"保存"命令，保存文档内容，如图 3-48 所示。关闭记事本程序，完成操作。

图 3-47 输入特殊符号

图 3-48 保存文档

 课后练习

1. 选择题

（1）Windows 是一种（   ）。

　　A. 操作系统　　　　　　B. 文字处理系统　　　C. 电子应用系统　　　D. 应用软件

（2）Windows 7 桌面上，任务栏中最左侧的第一个按钮是（   ）。

　　A. "打开"按钮　　　B. "程序"按钮　　　C. "开始"按钮　　　D. "时间"按钮

（3）在 Windows 7 桌面上，任务栏（   ）。

　　A. 只能在屏幕的底部　　　　　　　　　　B. 可以在屏幕的右边

　　C. 可以在屏幕的左边　　　　　　　　　　D. 可以在屏幕的四周

（4）在 Windows 中，有关"还原"按钮的说法正确的是（   ）。

　　A. 单击"还原"按钮 可以将最大化后的窗口还原

　　B. 单击"还原"按钮 可以将最小化后的窗口还原

　　C. 双击"还原"按钮 可以将最大化后的窗口还原

　　D. 双击"还原"按钮 可以将最小化后的窗口还原

（5）单击"开始"按钮后，将打开"开始"菜单，其中的"所有程序"用于（   ）。

　　A. 显示计算机可运行的程序　　　　　　B. 表示要开始编写的程序

　　C. 表示开始执行的程序　　　　　　　　D. 表示打开的所有程序

（6）在 Windows 中，活动窗口和非活动窗口是根据（   ）的颜色变化来区分的。

　　A. 标题栏　　　　　　B. 信息栏　　　　　　C. 菜单栏　　　　　　D. 工具栏

（7）在 Windows 中，改变窗口的排列方式应执行的操作是（　　）。

    A．在任务栏空白处单击鼠标右键，在弹出的快捷菜单中选择要排列的方式

    B．在桌面空白处单击鼠标右键，在弹出的快捷菜单中选择要排列的方式

    C．在"计算机"窗口的空白处单击鼠标右键，在弹出的快捷菜单中选择"查看"/"排列方式"菜单命令中的子命令

    D．打开"计算机"窗口，选择"查看"/"排列方式"命令中的子命令

（8）在打开的窗口之间进行切换的快捷键为（　　）。

    A．【Ctrl+Tab】组合键　　　　　　　　　B．【Alt+Tab】组合键

    C．【Alt+Esc】组合键　　　　　　　　　　D．【Ctrl+Esc】组合键

（9）在 Windows 操作系统中，可以按（　　）打开"开始"菜单。

    A．【Ctrl+Tab】组合键　　　　　　　　　B．【Alt+Tab】组合键

    C．【Alt+Esc】组合键　　　　　　　　　　D．【Ctrl+Esc】组合键

（10）当前窗口处于最大化状态，双击该窗口标题栏，则相当于单击（　　）。

    A．最小化按钮　　　　B．关闭按钮　　　　C．还原按钮　　　　D．系统控制按钮

（11）在 Windows 中，当一个应用程序窗口被最小化后，该应用程序（　　）。

    A．被转入后台执行　　　　　　　　　　B．被暂停执行

    C．被终止执行　　　　　　　　　　　　D．继续在前台执行

（12）在 Windows 7 中，关于移动窗口位置的方法正确的是（　　）。

    A．用鼠标拖动窗口的菜单栏　　　　　　B．用鼠标拖动窗口的标题栏

    C．用鼠标拖动窗口的边框　　　　　　　D．用鼠标拖动窗口的空白处

（13）在 Windows 的窗口中，单击"最小化"按钮后（　　）。

    A．当前窗口将被关闭　　　　　　　　　B．当前窗口将缩小显示

    C．当前窗口缩小为任务栏的图标　　　　D．当前窗口一直在桌面底层

（14）在 Windows 7 中，任务栏的作用是（　　）。

    A．显示系统的所有功能　　　　　　　　B．只显示当前活动窗口名

    C．只显示正在后台工作的窗口名　　　　D．实现窗口之间的切换

（15）正确关闭 Windows 7 操作系统的方法是（　　）。

    A．单击"开始"按钮后再操作　　　　　　B．关闭电源

    C．单击"Reset"按钮　　　　　　　　　　D．按【Ctrl+Alt+Del】组合键

（16）在 Windows 7 中，打开一个窗口后，通常在其顶部是一个（　　）。

    A．标题栏　　　　　B．任务栏　　　　　C．状态栏　　　　　D．工具栏

（17）中文 Windows 7 的"桌面"指的是（　　）。

    A．显示器屏幕　　　B．当前窗口　　　　C．全部窗口　　　　D．活动窗口

（18）下列不能关闭应用程序的方法是（　　）。

    A．单击"任务栏"上的"关闭窗口"按钮　　B．利用【Alt+F4】组合键

    C．双击窗口左上角的控制图标　　　　　D．选择"文件"/"退出"菜单命令

（19）在 Windows 7 窗口标题栏右侧的"最大化""最小化""还原"和"关闭"按钮中，不可能同时出现的两个按钮分别是（　　）。

    A．"最大化"和"最小化"　　　　　　　B．"最小化"和"还原"

    C．"最大化"和"还原"　　　　　　　　D．"最小化"和"关闭"

（20）在 Windows 中，按住鼠标左键拖曳（　　　），可缩放窗口大小。

　　A．标题栏　　　　　　B．对话框　　　　　　C．滚动框　　　　　　D．边框

（21）应用程序窗口被最小化后，要重新运行该应用程序可以（　　　）。

　　A．单击应用程序图标　　　　　　　　B．双击应用程序图标

　　C．拖动应用程序图标　　　　　　　　D．指向应用程序图标

（22）在对话框中，复选框是指在所列的选项中（　　　）。

　　A．只能选一项　　　　　　　　　　　B．可以选多项

　　C．必须选多项　　　　　　　　　　　D．必须选全部项

（23）在 Windows 7 中，改变"任务栏"位置的方法是（　　　）。

　　A．在"任务栏和「开始」菜单属性"对话框中进行设置

　　B．在"任务栏"空白处按住鼠标左键不放并拖放

　　C．在"任务栏"空白处按住鼠标右键不放并拖放

　　D．在"任务栏"的任意一个图标上按住鼠标左键并拖放

（24）在 Windows 7 中，排列桌面图标的首步操作为（　　　）。

　　A．用鼠标右键单击任务栏空白区　　　B．用鼠标右键单击桌面空白区

　　C．用鼠标左键单击桌面空白区　　　　D．用鼠标左键单击任务栏空白区

（25）在 Windows 7 中，当任务栏在桌面屏幕的底部时，其右端的按钮用于显示（　　　）。

　　A．桌面　　　　　　　B．输入法　　　　　　C．快速启动工具栏　　D．时间日期

（26）在 Windows 7 中，对桌面背景的设置可以通过（　　　）来实现。

　　A．右键单击"计算机"图标，在弹出的快捷菜单中选择"属性"命令

　　B．右键单击"开始"菜单

　　C．右键单击桌面空白区，在弹出的快捷菜单中选择"个性化"命令

　　D．右键单击任务栏空白区，在弹出的快捷菜单中选择"属性"命令

（27）Windows 7 中，"显示桌面"按钮位于桌面的（　　　）。

　　A．左下方　　　　　　B．右下方　　　　　　C．左上方　　　　　　D．右上方

（28）下列操作中，不能将常用程序锁定到任务栏的是（　　　）。

　　A．在"开始"菜单中选择常用程序，拖动到任务栏

　　B．在"开始"菜单的常用程序上单击鼠标右键，在弹出的快捷菜单中选择"锁定到任务栏"命令

　　C．在桌面的常用程序快捷方式上单击鼠标右键，在弹出的快捷菜单中将其发送至任务栏

　　D．用鼠标右键单击任务栏中的程序图标，在弹出的快捷菜单中选择"将此程序锁定到任务栏"命令

（29）在 Windows 7 操作系统中，将打开的窗口拖动到屏幕顶端，窗口会（　　　）。

　　A．关闭　　　　　　　B．消失　　　　　　　C．最大化　　　　　　D．最小化

（30）在 Windows 中，当任务栏显示在桌面的底部时，其右端的"通知区域"显示的是（　　　）。

　　A．快速启动工具栏　　　　　　　　　B．用于多个应用程序之间切换的图标

　　C．"开始"按钮　　　　　　　　　　　D．输入法和时钟等

（31）利用窗口左上角的控制菜单图标不能实现的窗口操作是（　　　）。

　　A．最大化窗口　　　　B．打开窗口　　　　　C．最小化窗口　　　　D．移动窗口

（32）如果删除了桌面上的一个快捷方式图标，则其对应的应用程序将（　　　）。

　　A．一起被删除　　　B．只能打开不能编辑　　C．不能打开　　　　　D．无任何变化

（33）关于 Windows 7 操作系统窗口，下列描述正确的是（　　）。

    A．都有水平滚动条　　　　　　　　　　　　B．都有垂直滚动条

    C．可能出现水平或垂直滚动条　　　　　　　D．都有水平和垂直滚动条

（34）下面关于任务栏的说法，正确的是（　　）。

    A．任务栏的位置大小均可以改变　　　　　　B．任务栏可以根据需要进行隐藏

    C．任务栏显示了所有打开窗口的图标　　　　D．任务栏的尾端不能添加图标

（35）当鼠标位于窗口的左右边界，鼠标指针变为　形状时，拖动鼠标可以（　　）。

    A．改变窗口的高度　　　　　　　　　　　　B．改变窗口的宽度

    C．改变窗口的大小　　　　　　　　　　　　D．改变窗口的位置

（36）当运行多个应用程序时，默认情况下屏幕上显示的是（　　）。

    A．第一个程序窗口　　　　　　　　　　　　B．系统的当前窗口

    C．最后一个程序窗口　　　　　　　　　　　D．多个窗口的叠加

（37）在 Windows 7 中，下列说法正确的是（　　）。

    A．利用鼠标拖动对话框的边框可以改变对话框的大小

    B．利用鼠标拖动窗口边框可以移动窗口

    C．一个窗口最小化之后不能还原

    D．一个窗口最大化之后不能再移动

（38）下列操作可以恢复最小化窗口的是（　　）。

    A．单击最小化窗口图标　　　　　　　　　　B．双击最小化窗口图标

    C．使用"还原"命令　　　　　　　　　　　　D．使用"放大"命令

（39）下列有关快捷方式的叙述，错误的是（　　）。

    A．快捷方式不会改变程序或文档在磁盘上的存放位置

    B．快捷方式提供了对常用程序或文档的访问捷径

    C．快捷方式图标的左下角有一个小箭头

    D．删除快捷方式会影响源程序或文档的完整性

（40）当窗口不能将所有的信息行显示在当前工作区内时，窗口中一定会出现（　　）。

    A．滚动条　　　　　　B．状态栏　　　　　　C．提示窗口　　　　　D．信息窗口

（41）打开快捷菜单的操作为（　　）。

    A．单击　　　　　　　B．右击　　　　　　　C．双击　　　　　　　D．三击

（42）在 Windows 7 操作系统中，正确关闭计算机的操作是（　　）。

    A．在文件未保存的情况下，单击"开始"按钮，在打开的"开始"菜单中单击"关机"按钮

    B．在保存文件并关闭所有运行的程序后，单击"开始"按钮，在打开的"开始"菜单中单击"关机"按钮

    C．直接按主机面板上的电源按钮

    D．直接拔掉电源关闭计算机

（43）不可能显示在任务栏上的内容为（　　）。

    A．对话框窗口的图标　　　　　　　　　　　B．正在执行的应用程序窗口图标

    C．已打开文档窗口的图标　　　　　　　　　D．语言栏对应图标

（44）多用户使用一台计算机的情况经常出现，这时可设置（　　）。

    A．共享用户　　　　　B．多个用户账户　　　C．局域网　　　　　　D．使用时段

（45）在"小工具库"对话框中添加桌面小工具的方法是（　　　）。

　　A. 双击　　　　　　　　B. 单击　　　　　　　　C. 右击　　　　　　　　D. 三击

（46）在 Windows 7 操作系统中，显示桌面的快捷键为（　　　）。

　　A.【Win+D】组合键　　　　　　　　　　　　B.【Win+P】组合键

　　C.【Win+Tab】组合键　　　　　　　　　　　D.【Alt+Tab】组合键

（47）在 Windows 7 默认环境中，用于中英文输入方式切换的是（　　　）。

　　A.【Alt+Tab】组合键　　　　　　　　　　　B.【Shift+空格】组合键

　　C.【Shift+Enter】组合键　　　　　　　　　　D.【Ctrl+空格】组合键

（48）在中文 Windows 中，使用软键盘输入特殊符号，（　　　）可撤销弹出的软键盘。

　　A. 左键单击软键盘上的【Esc】键

　　B. 右键单击软键盘上的【Esc】键

　　C. 右键单击中文输入法状态窗口中的"开启/关闭软键盘"按钮

　　D. 左键单击中文输入法状态窗口中的"开启/关闭软键盘"按钮

（49）在 Windows 7 中，切换中文输入方式到英文方式，使用的快捷键为（　　　）。

　　A.【Alt+Tab】组合键　　　　　　　　　　　B.【Shift+ Ctrl】组合键

　　C.【Shift】键　　　　　　　　　　　　　　D.【Ctrl+空格】组合键

（50）在 Windows 中，切换不同的汉字输入法，应按（　　　）。

　　A.【Ctrl+Shift】组合键　　　　　　　　　　B.【Ctrl+Alt】组合键

　　C.【Ctrl+空格】组合键　　　　　　　　　　D.【Ctrl+Tab】组合键

2. 操作题

（1）设置桌面背景，图片位置为"填充"。

（2）设置使用 Aero Peek 预览桌面。

（3）设置屏幕保护程序的等待时间为"60"分钟。

（4）设置屏幕保护程序为"气泡"。

（5）设置"开始"菜单属性，将"电源按钮操作"设置为"关机"，设置"隐私"为"存储并显示最近在'开始'菜单中打开的程序"。

（6）在桌面上建立 C 盘的快捷方式，快捷方式名为"C 盘"。

（7）将输入法切换为微软拼音输入法，并在打开的记事本中输入"今天是我的生日"。

Chapter

4

项目四
管理计算机中的资源

在使用计算机的过程中，文件、文件夹、程序和硬件等资源的管理是非常重要的操作。本项目将通过两个任务，介绍在 Windows 7 中如何利用资源管理器来管理计算机中的文件和文件夹，包括对文件和文件夹进行新建、移动、复制、重命名及删除等操作，并介绍如何安装程序和打印机硬件，以及计算器、画图程序等附件程序的使用。

课堂学习目标

● 掌握管理文件和文件夹资源的方法

● 掌握管理程序和硬件资源的方法

任务一 管理文件和文件夹资源

任务要求

　　赵刚是某公司人力资源部的员工，主要负责人员招聘以及日常办公室管理。为了管理上的需要，赵刚经常会在计算机中存放一些工作中的日常文档，同时为了方便使用，还需要对相关的文件进行新建、重命名、移动、复制、删除、搜索和设置文件属性等操作。具体要求如下。

● 　在 G 盘根目录下新建"办公"文件夹和"公司简介.txt""公司员工名单.xlsx"两个文件，再在新建的"办公"文件夹中创建"文档"和"表格"两个子文件夹。

● 　将前面新建的"公司员工名单.xlsx"文件移动到"表格"子文件夹中，将"公司简介.txt"文件复制到"文档"文件夹中并修改文件名为"招聘信息.txt"。

● 　删除 G 盘根目录下的"公司简介.txt"文件，然后通过回收站查看后再进行还原。

● 　搜索 E 盘下的所有 JPG 格式的图片文件。

● 　将"公司员工名单.xlsx"文件的属性修改为只读。

● 　新建一个"办公"库，将"表格"文件夹添加到"办公"库中。

相关知识

（一）文件管理的相关概念

在管理文件过程中，会涉及以下几个概念。

● 　硬盘分区与盘符。硬盘分区是指将硬盘划分为几个独立的区域，这样可以更加方便地存储和管理数据，格式化可使分区划分成可以用来存储数据的单位，一般在安装系统时会对硬盘进行分区。盘符是 Windows 系统对于磁盘存储设备的标识符，一般使用 26 个英文字符加上一个冒号":"来标识，如"本地磁盘(C:)"，"C"就是该盘的盘符。

● 　文件。文件是指保存在计算机中的各种信息和数据，计算机中的文件包括的类型很多，如文档、表格、图片、音乐和应用程序等。在默认情况下，文件在计算机中是以图标形式显示的。它由文件图标、文件名称和文件扩展名 3 部分组成，如 作息时间表.docx 代表一个 Word 文件，其扩展名为.docx。

● 　文件夹。用于保存和管理计算机中的文件，其本身没有任何内容，却可放置多个文件和子文件夹，让用户能够快速地找到需要的文件。文件夹一般由文件夹图标和文件夹名称两部分组成。

● 　文件路径。在对文件进行操作时，除了要知道文件名外，还需要指出文件所在的盘符和文件夹，即文件在计算机中的位置，称为文件路径。文件路径包括相对路径和绝对路径两种。其中，相对路径是以"."（表示当前文件夹）、".."（表示上级文件夹）或文件夹名称（表示当前文件夹中的子文件名）开头；绝对路径是指文件或目录在硬盘上存放的绝对位置，如"D:\图片\标志.jpg"绝对路径即表示"标志.jpg"文件是在 D 盘的"图片"目录中。在 Windows 7 系统中单击地址栏的空白处，即可查看打开的文件夹的路径。

● 　资源管理器。资源管理器是指"计算机"窗口左侧的导航窗格，它将计算机资源分为收藏夹、库、家庭组、计算机和网络等类别，可以方便用户更好、更快地组织、管理及应用资源。打开资源管理器的方法为：双击桌面上的"计算机"图标或单击任务栏上的"Windows 资源管理器"按钮。打开"资源管理器"对话框，单击导航窗格中各类别图标左侧的 ◢ 图标，便可依次按层级展开文件夹，选择某需要的文件夹后，其右侧将显示相应的文件内容，如图 4-1 所示。

图 4-1　资源管理器

提 示

为了便于查看和管理文件，用户可根据当前窗口中文件和文件夹的多少、文件的类型来更改当前窗口中文件和文件夹的视图方式。其方法是：在打开的文件夹窗口中单击工具栏右侧的按钮，在打开的下拉列表中，可选择大图标、中等图标、小图标和列表等视图显示方式。

（二）选择文件的几种方式

对文件或文件夹进行复制和移动等操作前，要先选择文件或文件夹，选择的方法主要有以下 5 种。

- 选择单个文件或文件夹。使用鼠标直接单击文件或文件夹图标即可将其选中，被选中的文件或文件夹的周围将呈蓝色透明状显示。
- 选择多个相邻的文件和文件夹。可在窗口空白处按住鼠标左键不放，并拖动鼠标框选需要选择的多个对象，然后释放鼠标即可。
- 选择多个连续的文件和文件夹。用鼠标选择第一个选择对象，按住【Shift】键不放，再单击最后一个选择对象，可选择两个对象中间的所有对象。
- 选择多个不连续的文件和文件夹。按住【Ctrl】键不放，再依次单击所要选择的文件或文件夹，可选择多个不连续的文件和文件夹。
- 选择所有文件和文件夹。直接按【Ctrl+A】组合键，或选择"编辑"/"全选"命令，可以选择当前窗口中的所有文件或文件夹。

任务实现

（一）文件和文件夹的基本操作

文件和文件夹的基本操作包括新建、移动、复制、删除和查找等，下面将结合前面的任务要求对操作方法进行讲解。

1．新建文件或文件夹

新建文件是指根据计算机中已安装的程序类别，新建一个相应类型的空白文件，新建后可以双击打开进行文件内容编辑。如果需要将一些文件分类整理在一个文件夹中以便日后管理，此时就需要新建文件夹。

【例 4-1】新建文本文档、Excel 文档与文件夹。

（1）双击桌面上的"计算机"图标 ，打开"计算机"窗口，双击 G 盘图标，打开 G:\目录窗口。

（2）选择"文件"/"新建"/"文本文档"命令，或在窗口的空白处单击鼠标右键，在弹出的快捷菜单中选择"新建"/"文本文档"命令，如图 4-2 所示。

（3）系统将在文件夹中默认新建一个名为"新建文本文档"的文件，且文件名呈可编辑状态，切换到汉字输入法输入"公司简介"，然后单击窗口的空白处或按【Enter】键，新建的文档效果如图 4-3 所示。

图 4-2　选择新建命令　　　　　　　　　　　　　　　图 4-3　命名文件

（4）选择"文件"/"新建"/"新建 Microsoft Excel 工作表"命令，或在窗口的空白处单击鼠标右键，在弹出的快捷菜单中选择"新建"/"新建 Microsoft Excel 工作表"命令，此时将新建一个 Excel 文档，输入文件名"公司员工名单"，按【Enter】键，效果如图 4-4 所示。

（5）选择"文件"/"新建"/"文件夹"命令，或在右侧文件显示区中的空白处单击鼠标右键，在弹出的快捷菜单中选择"新建"/"文件夹"命令，或直接单击工具栏中的 新建文件夹 按钮，双击文件夹名称使其呈可编辑状态，并在文本框中输入"办公"，然后按【Enter】键，完成新文件夹的创建，如图 4-5 所示。

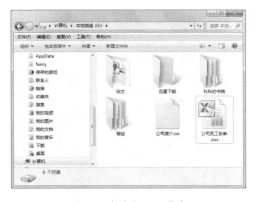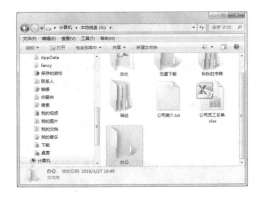

图 4-4　新建 Excel 工作表　　　　　　　　　　　　图 4-5　新建文件夹

（6）双击新建的"办公"文件夹，在打开的目录窗口中单击工具栏中的 新建文件夹 按钮，输入子文件夹名称"表格"后按【Enter】键，然后再新建一个名为"文档"的子文件夹，如图4-6所示。

（7）单击地址栏左侧的按钮，返回上一级窗口。

图4-6　新建的子文件夹

注　意

文件重命名时不要修改文件的扩展名部分，一旦修改将可能导致无法正常打开该文件，若不慎修改了扩展名，可将扩展名重新修改为正确模式便可打开。此外，文件名可以包含字母、数字和空格等，但不能有?、＊、/、\、<、>、：等。

2．移动、复制、重命名文件或文件夹

移动是指将文件或文件夹移动到另一个文件夹中以便于管理，复制相当于为文件或文件夹做一个备份，即原文件夹下的文件或文件夹仍然存在，重命名即为文件或文件夹更换一个新的名称。

【例4-2】对"公司员工名单.xlsx"文件进行移动，对"公司简介.txt"文件进行复制，并重命名复制的文件为"招聘信息"。

（1）在导航窗格中单击展开"计算机"图标，然后在右侧窗口中选择"本地磁盘(G:)"图标。

（2）在右侧窗口中单击选择"公司员工名单.xlsx"文件，在其上单击鼠标右键，在弹出的快捷菜单中选择"剪切"命令，或选择"编辑"/"剪切"命令（可直接按【Ctrl+X】组合键），如图4-7所示，将选择的文件剪切到剪贴板中，此时文件呈灰色透明显示效果。

（3）在导航窗格中单击展开"办公"文件夹，再选择下面的"表格"子文件夹选项，在右侧打开的"表格"窗口中单击鼠标右键，在弹出的快捷菜单中选择"粘贴"命令，或选择"编辑"/"粘贴"命令（可直接按【Ctrl+V】组合键），如图4-8所示，即可将剪切到剪贴板中的"公司员工名单.xlsx"文件粘贴到"表格"窗口中，完成文件夹的移动，效果如图4-9所示。

（4）单击地址栏左侧的按钮，返回上一级窗口，即可看到窗口中已没有"公司员工名单.xlsx"文件。

（5）选择"公司简介.txt"文件，在其上单击鼠标右

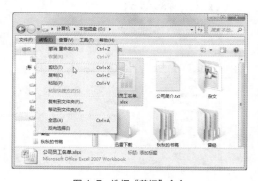

图4-7　选择"剪切"命令

键，在弹出的快捷菜单中选择"复制"命令，或选择"编辑"/"复制"命令（可直接按【Ctrl+C】组合键），如图4-10所示，将选择的文件复制到剪贴板中，此时窗口中的文件不会发生任何变化。

图 4-8 执行"粘贴"命令　　　　　图 4-9 移动文件后的效果

（6）在导航窗格中选择"文档"文件夹选项，在右侧打开的"文档"窗口中单击鼠标右键，在弹出的快捷菜单中选择"粘贴"命令，或选择"编辑"/"粘贴"命令（可直接按【Ctrl+V】组合键），即可将"公司简介.txt"文件粘贴到该窗口中，完成文件夹的复制，效果如图 4-11 所示。

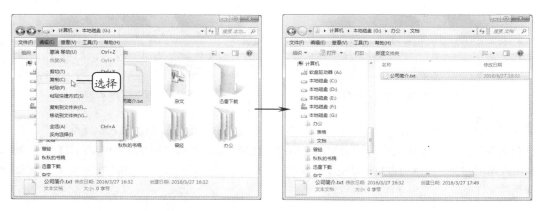

图 4-10 选择"复制"命令　　　　　图 4-11 复制文件后的效果

（7）选择复制后的"公司简介.txt"文件，在其上单击鼠标右键，在弹出的快捷菜单中选择"重命名"命令，此时要重命名的文件名称部分呈可编辑状态，在其中输入新的名称"招聘信息"后按【Enter】键即可。

（8）在导航窗格中选择"本地磁盘（G:）"选项，即可看到该磁盘根目录下的"公司简介.txt"文件仍然存在。

 提示

将选择的文件或文件夹用鼠标直接拖动到同一磁盘分区下的其他文件夹中或拖动到左侧导航空格中的某个文件夹选项上，可以移动文件或文件夹，在拖动过程中按住【Ctrl】键不放，则可实现复制文件或文件夹的操作。

3．删除和还原文件或文件夹

删除一些没有用的文件或文件夹，可以减少磁盘上的垃圾文件，释放磁盘空间，同时也便于管理。删除的文件或文件夹实际上是移动到"回收站"中，若误删除文件，还可以通过还原操作找回来。

【例4-3】删除并还原删除的"公司简介.txt"文件。

（1）在导航窗格中选择"本地磁盘（G：）"选项，然后在右侧窗口中选择"公司简介.txt"文件。

（2）在选择的文件图标上单击鼠标右键，在弹出的快捷菜单中选择"删除"命令，或按【Delete】键，此时系统会打开图4-12所示的对话框，提示用户是否确定要把该文件放入回收站。

（3）单击 是(Y) 按钮，即可删除选择的"公司简介.txt"文件。

（4）单击任务栏最右侧的"显示桌面"区域，切换至桌面，双击"回收站"图标，在打开的窗口中将看到最近删除的文件和文件夹，在要还原的"公司简介.txt"文件上单击鼠标右键，并在弹出的快捷菜单中选择"还原"命令，如图4-13所示，即可将其还原到被删除前的位置。

图4-12 "删除文件"对话框

图4-13 还原被删除的文件

 提示

选择文件后，按【Shift+Delete】组合键将不通过回收站，直接将文件从计算机中删除。此外，删除至回收站中的文件仍然会占用磁盘空间，在"回收站"窗口中单击工具栏中的 清空回收站 按钮才能彻底删除文件。

4．搜索文件或文件夹

如果用户不知道文件或文件夹在磁盘中的位置，可以使用Windows 7的搜索功能来查找。搜索时如果不记得文件的名称，可以使用模糊搜索功能，其方法是：用通配符"*"来代替任意数量的任意字符，使用"?"来代表某一位置上的任意字母或数字，如"*.mp3"表示搜索当前位置下所有类型为MP3格式的图片文件，而"pin?.mp3"则表示搜索当前位置下前3个字母为"pin"、第4位是任意字符的MP3格式的文件。

【例4-4】搜索E盘中的JPG图片。

（1）用户只需在资源管理器中打开要搜索的位置，如在所有磁盘中查找，则打开"计算机"窗口，如在某个磁盘分区或文件夹中查找，则打开具体的磁盘分区或文件夹窗口，这里打开E盘窗口。

（2）在窗口地址栏后面的搜索框中输入要搜索的文件信息，如这里输入"*.jpg"，Windows会自动在搜索范围内搜索所有符合文件信息的对象，并在文件显示区中显示搜索结果，如图4-14所示。

（3）根据需要，可以在"添加搜索筛选器"中选择"修改日期"或"大小"选项来设置搜索条件，以缩小搜索范围。

图 4-14　搜索 E 盘中的 JPG 格式文件

（二）设置文件和文件夹属性

　　文件属性主要包括隐藏属性、只读属性和归档属性 3 种。隐藏属性是指在查看磁盘文件的名称时，系统一般不会显示具有隐藏属性的文件名，具有隐藏属性的文件不能被删除、复制和更名，以起到保护作用；对于具有只读属性的文件，可以查看和复制，不会影响它的正常使用，但不能修改和删除文件，以避免意外删除和修改；文件被创建之后，系统会自动将其设置成归档属性，即可以随时进行查看、编辑和保存。

　　【例 4-5】更改"公司员工名单.xlsx"文件的属性。

　　（1）打开"计算机"窗口，再打开"G:\办公\表格"目录，在"公司员工名单.xlsx"文件上单击鼠标右键，在弹出的快捷菜单中选择"属性"命令，打开文件"属性"对话框。

　　（2）在"常规"选项卡下的"属性"栏中选中"只读"复选框，如图 4-15 所示。

　　（3）单击 应用(A) 按钮，再单击 确定 按钮，完成文件属性设置。如果是修改文件夹的属性，应用设置后还将打开图 4-16 所示的"确认属性更改"对话框，根据需要选择应用方式后单击 确定 按钮，即可设置相应的文件夹属性。

图 4-15　文件属性设置对话框

图 4-16　选择文件夹属性应用方式

 提示

　　在图 4-15 中单击 高级(D)... 按钮可以打开"高级属性"对话框，在其中可以设置文件或文件夹的存档和加密属性。

（三）使用库

库是 Windows 7 操作系统中的一个新概念，其功能类似于文件夹，但它只是提供管理文件的索引，即用户可以通过库来直接访问，而不需要通过保存文件的位置去查找，所以文件并没有真正地被存放在库中。Windows 7 系统中自带了视频、图片、音乐和文档 4 个库，以便于将这类常用文件资源添加到库中，根据需要也可以新建库文件夹。

【例 4-6】新建"办公"库，将"表格"文件夹添加到库中。

（1）打开"计算机"窗口，在导航窗格中单击"库"图标📁，打开库文件夹，此时在右侧窗口中将显示所有库，双击各个库文件夹便可将之打开进行查看。

（2）单击工具栏中的 新建库 按钮或选择"文件"/"新建"/"库"命令，输入库的名称"办公"，然后按【Enter】键，即可新建一个库，如图 4-17 所示。

（3）在导航窗格中选择"G:\办公"文件夹，选中要添加到库中的"表格"文件夹，然后选择"文件"/"包含到库中"/"办公"命令，即可将选择的文件夹中的文件添加到前面新建的"办公"库文件夹中，以后就可以通过"办公"库来查看文件了，效果如图 4-18 所示。用同样的方法还可将计算机中其他位置下的相关文件分别添加到库中。

图 4-17　新建库

图 4-18　将文件添加到库

 提示

当不再需要使用库中的文件时，可以将其删除，其删除方法是：在要删除的库文件夹上单击鼠标右键，在弹出的快捷菜单中选择"从库中删除位置"命令即可。

任务二　管理程序和硬件资源

任务要求

张燕成功应聘上了一家单位的前台接待工作，该公司是新成立的，所有办公设施和办公用品都是新采购不久的，给人耳目一新的感觉。这天，张燕准备制作和打印一份客户接待登记表，同事给了她一份电子文件，但张燕把文件复制到计算机后发现无法打开，后来才发现这台计算机中没有安装 Office 软件，而且也没有安装打印机等硬件设备。最后，张燕只能自己动手来管理这台计算机中的程序和硬件等资源。

本任务要求掌握安装和卸载软件的方法，了解如何打开和关闭 Windows 功能的方法，掌握安装打印机驱动程序的方法，设置鼠标和键盘的方法，以及使用 Windows 自带的画图、计算器和写字板等附件程序的方法。

相关知识

（一）认识控制面板

控制面板中包含了不同的设置工具，用户可以通过控制面板对 Windows 7 系统进行设置，包括管理安装程序和打印机等硬件资源。

在"计算机"窗口中的工具栏中单击  按钮或选择"开始"/"控制面板"命令即可启动控制面板，其默认以"类别"方式显示，如图 4-19 所示。在"控制面板"窗口中单击不同的超链接即可以进入相应的子分类设置窗口或打开参数设置对话框。单击"查看方式"后面的 类别▼ 按钮，在打开的下拉列表中选择"大图标"选项，查看设置类别后的效果，图 4-20 所示为"大图标"的视图显示方式。

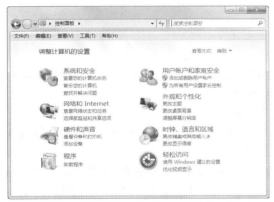

图 4-19 "控制面板"窗口

图 4-20 "大图标"查看方式

（二）计算机软件的安装

要安装软件，首先应获取软件的安装程序，获取软件有以下几种途径。

● 从软件销售商处购买安装光盘。光盘是存储软件和文件最常用的媒体之一，用户可以从软件销售商处购买所需的软件安装光盘。

● 从网上下载安装程序。目前，许多的共享软件和免费软件都将其安装程序放置在网络上，通过网络，用户可以将所需的软件程序下载下来进行使用。

● 购买软件书时赠送。一些软件方面的杂志或书籍也常会以光盘等形式为读者提供一些小的软件程序，这些软件大都是免费的。

做好软件的安装准备工作后，即可开始安装软件。安装软件的一般方法及注意事项如下。

● 将安装光盘放入光驱，然后双击其中的"setup.exe"或"install.exe"文件（某些软件也可能是软件本身的名称），打开"安装向导"对话框，根据提示信息进行安装。某些安装光盘提供了智能化功能，只需将安装光盘放入光驱后，系统就会自动运行安装。

● 如果安装程序是从网上下载并存放在硬盘中，则可在资源管理器中找到该安装程序的存放位置，双击其中的"setup.exe"或"install.exe"文件安装可执行文件，再根据提示进行操作。

- 软件一般安装在除系统盘之外的其他磁盘分区中，最好是专门用一个磁盘分区来放置安装程序。杀毒软件和驱动程序等软件可安装在系统盘中。
- 很多软件在安装时要注意取消其开机启动选项，否则它们会默认设置为开机启动软件，不但影响计算机启动的速度，还会占用系统资源。
- 为确保安全，在网上下载的软件应事先进行查毒处理，然后再运行安装。

（三）计算机硬件的安装

硬件设备通常可分为即插即用型和非即插即用型两种。通常将可以直接连接到计算机中使用的硬件设备称为即插即用型硬件，如 U 盘和移动硬盘等可移动存储设备，该类硬件不需要手动安装驱动程序，与计算机接口相连后系统可以自动识别，从而可以在系统中直接运行。

非即插即用硬件是指连接到计算机后，需要用户自行安装驱动程序的计算机硬件设备，如打印机、扫描仪和摄像头等。要安装这类硬件，还需要准备与之配套的驱动程序。厂商一般会在用户购买硬件设备时提供安装程序和驱动程序。

任务实现

（一）安装和卸载应用程序

获取或准备好软件的安装程序后便可以开始安装软件，安装后的软件将会显示在"开始"菜单中的"所有程序"列表中，部分软件还会自动在桌面上创建快捷启动图标。

【例 4-7】安装 Office 2010，并卸载计算机中不需要的软件。

（1）将安装光盘放入光驱中，当光盘成功被读取后进入光盘中，找到并双击"setup.exe"文件，如图 4-21 所示。

（2）打开"输入您的产品密钥"对话框，在光盘包装盒中找到由 25 位字符组成的产品密钥（产品密钥也称安装序列号，免费或试用软件不需要输入），并将密钥输入文本框中，单击 继续(C) 按钮，如图 4-22 所示。

图 4-21 双击安装文件

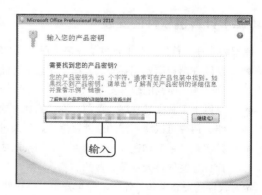

图 4-22 输入产品密钥

（3）打开"许可条款"对话框，对其中条款内容进行认真阅读，选中"我接受此协议的条款"复选框，单击 继续(C) 按钮，如图 4-23 所示。

（4）打开"选择所需的安装"对话框，单击 自定义(U) 按钮，如图 4-24 所示。若单击 立即安装(I) 按钮，可按默认设置快速安装软件。

图 4-23 "许可条款"对话框　　　　　　　　　　　图 4-24 选择安装模式

（5）在打开的安装向导对话框中单击"安装选项"选项卡，单击任意组件名称前的 按钮，在打开的下拉列表中便可以选择是否要安装此组件，如图 4-25 所示。

（6）单击"文件位置"选项卡，单击 浏览(B)... 按钮，在打开的"浏览文件夹"对话框中选择安装 Office 2010 的目标位置，单击 确定 按钮，如图 4-26 所示。

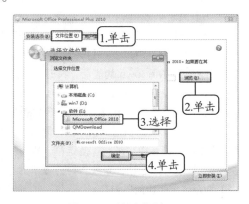

图 4-25 选择安装组件　　　　　　　　　　　图 4-26 选择安装路径

（7）返回对话框，单击"用户信息"选项卡，在文本框中输入用户名和公司名称等信息，最后单击 立即安装(I) 按钮进入"安装进度"界面中，静待数分钟后系统便会提示已安装完成。

（8）打开"控制面板"窗口，在分类视图下单击"程序"超链接，在打开的"程序"窗口中单击"程序和功能"超链接，在打开窗口的"卸载或更改程序"列表框中即可查看当前计算机中已安装的所有程序，如图 4-27 所示。

（9）在列表中选择要卸载的程序选项，然后单击工具栏中的 卸载 按钮，将打开确认是否卸载程序的提示对话框，单击 是(Y) 按钮即可确认并开始卸载程序。

提示

有些软件自身提供了卸载功能，通过"开始"菜单即可卸载这类软件，其方法是：选择"开始"/"所有程序"命令，在"所有程序"列表中展开程序文件夹，然后选择"卸载"等相关命令（若没有类似命令则通过控制面板进行卸载），再根据提示进行操作便可完成软件的卸载，有些软件在卸载后还会要求重启计算机以彻底删除该软件的安装文件。

图 4-27 "程序和功能"窗口

（二）打开和关闭 Windows 功能

Windows 7 操作系统自带了一些组件程序及功能，包括 IE 浏览器、媒体功能、游戏和打印服务等，用户可根据需要通过打开和关闭操作来决定是否启用这些功能。

【例 4-8】关闭 Windows 7 的"纸牌"游戏功能。

（1）选择"开始"/"控制面板"命令，打开"控制面板"窗口，在分类视图下单击"程序"超链接，在打开的"程序"窗口中单击"打开或关闭 Windows 功能"超链接。

（2）系统检测 Windows 功能后，打开图 4-28 所示的"Windows 功能"窗口，在该窗口的列表框中显示了所有的 Windows 功能选项，如选项前的复选框显示为 ■，表示该功能中的某些子功能被打开；如选项前的复选框显示为 ✓，则表示该功能中的所有子功能都被打开。

（3）单击某个功能选项前的 ⊞ 标记，即可展开列表显示出该功能中的所有子功能选项，这里展开"游戏"功能选项，撤销选中"纸牌"复选框，则可关闭该系统功能，如图 4-29 所示。

（4）单击 确定 按钮，系统将打开提示对话框显示该项功能的配置进度，完成后系统将自动关闭该对话框和"Windows 功能"窗口。

图 4-28 "Windows 功能"窗口

图 4-29 关闭"纸牌"游戏功能

（三）安装打印机硬件驱动程序

在安装打印机前应先将设备与计算机主机相连接，然后安装打印机的驱动程序。当安装其他外部计算机设备时也可参考与打印机类似的方法来进行安装。

【例4-9】连接打印机,然后安装打印机的驱动程序。

（1）不同的打印机有不同类型的端口,常见的有USB、LPT和COM端口,可参见打印机的使用说明书,将数据线的一端插入机箱后面相应的插口中,再将另一端与打印机接口相连,如图4-30所示,然后接通打印机的电源。

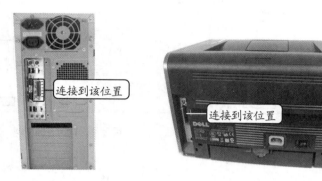

图4-30　连接打印机

（2）选择"开始"/"控制面板"命令,打开"控制面板"窗口,单击"硬件和声音"下的"查看设备和打印机"超链接,打开"设备和打印机"窗口,在其中单击 添加打印机 按钮,如图4-31所示。

（3）在打开的"添加打印机"对话框中选择"添加本地打印机"选项,如图4-32所示。

图4-31　"设备和打印机"窗口

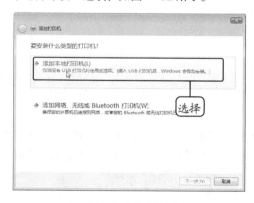

图4-32　添加本地打印机

（4）在打开的"选择打印机端口"对话框中单击选中"使用现有的端口"单选项,在其后面的下拉列表框中选择打印机连接的端口(一般使用默认端口设置),然后单击 下一步(N) 按钮,如图4-33所示。

（5）在打开的"安装打印机驱动程序"对话框的"厂商"列表框中选择打印机的生产厂商,在"打印机"列表框中选择安装打印机的型号,单击 下一步(N) 按钮,如图4-34所示。

（6）打开"键入打印机名称"对话框,在"打印机名称"文本框中输入名称,这里使用默认名称,单击 下一步(N) 按钮,如图4-35所示。

（7）系统开始安装驱动程序,安装完成后打开"打印机共享"对话框,如果不需要共享打印机则单击选中"不共享这台打印机"单选项,单击 下一步(N) 按钮,如图4-36所示。

（8）在打开的对话框中单击选中"设置为默认打印机"复选框即可设置其为默认的打印机,单击完成(F) 按钮完成打印机的添加，如图 4-37 所示。

图 4-33 选择打印机端口

图 4-34 选择打印机型号

图 4-35 输入打印机名称

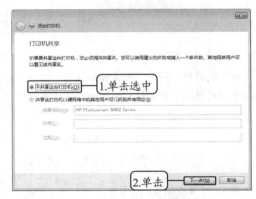

图 4-36 共享设置

（9）打印机安装完成后，在"控制面板"窗口中单击"查看设备和打印机"超链接，在打开的窗口中双击安装的打印机图标，即可根据打开的窗口查看打印机状态，包括查看当前打印内容、设置打印属性和调整打印选项等，如图 4-38 所示。

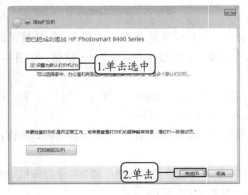

图 4-37 完成添加

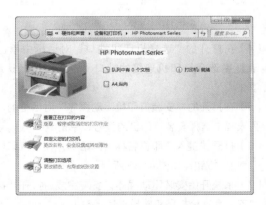

图 4-38 查看安装的打印机

提 示

如果要安装网络打印机，可在图 4-32 所示的对话框中选择"添加网络、无线或 Bluetooth 打印机"选项，系统将自动搜索与本机联网的所有打印机设备，选择打印机型号后将自动安装驱动程序。

（四）设置鼠标和键盘

鼠标和键盘是计算机中重要的输入设备，用户可以根据需要对其参数进行设置。

1．设置鼠标

设置鼠标主要包括调整双击鼠标的速度、更换鼠标指针样式以及设置鼠标指针选项等。

【例 4-10】设置鼠标指针样式方案为"Windows 黑色（系统方案）"，调节鼠标的双击速度和移动速度，并设置移动鼠标指针时会产生"移动轨迹"效果。

（1）选择"开始"/"控制面板"命令，打开"控制面板"窗口，单击"硬件和声音"超链接，在打开的窗口中单击"鼠标"超链接，如图 4-39 所示。

（2）在打开的"鼠标 属性"对话框中单击"鼠标键"选项卡，在"双击速度"栏中拖动"速度"滑动条中的滑动块可以调节鼠标双击速度，如图 4-40 所示。

（3）单击"指针"选项卡，然后单击"方案"栏中的下拉按钮，在打开的下拉列表中选择鼠标样式方案，这里选择"Windows 黑色（系统方案）"选项，如图 4-41 所示。

（4）单击 应用(A) 按钮，此时鼠标指针样式变为设置后的样式。如果要自定义某个鼠标状态下的指针样式，则在"自定义"列表框中选择需单独更改样式的鼠标状态选项，然后单击 浏览(B)... 按钮进行选择。

图 4-39 单击"鼠标"超链接

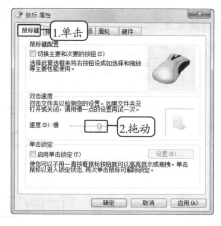

图 4-40 设置鼠标双击速度

图 4-41 选择鼠标指针样式

（5）单击"指针选项"选项卡，在"移动"栏中拖动滑动块可以调整鼠标指针的移动速度，单击选中"显示指针轨迹"复选框，移动鼠标指针时会产生"移动轨迹"效果，如图 4-42 所示。

图 4-42　设置指针选项

（6）单击 确定 按钮，完成对鼠标的设置。

提 示

习惯用左手进行操作的用户，可以在"鼠标属性"对话框的"鼠标键"选项卡中单击选中"切换主要和次要的按钮"复选框，在其中设置交换鼠标左右键的功能，从而方便用户使用左手进行操作。

2. 设置键盘

在 Windows 7 中，设置键盘主要是调整键盘的响应速度以及光标的闪烁速度。

【例 4-11】通过设置降低键盘重复输入一个字符的延迟时间，使重复输入字符的速度最快，并适当调整光标的闪烁速度。

（1）选择"开始"/"控制面板"命令，打开"控制面板"窗口，在窗口右上角的"查看方式"下拉列表框中选择"小图标"选项，如图 4-43 所示，切换至"小图标"视图模式。

（2）单击"键盘"超链接，打开图 4-44 所示的"键盘 属性"对话框，单击"速度"选项卡，向右拖动"字符重复"栏中的"重复延迟"滑块，降低键盘重复输入一个字符的延迟时间，如向左拖动，则增加延迟时间；向右拖动"重复速度"滑块，改变重复输入字符的速度。

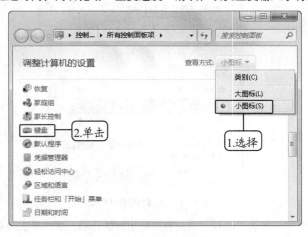

图 4-43　设置控制面板显示视图

图 4-44　设置键盘属性

（3）在"光标闪烁速度"栏中拖动滑块改变在文本编辑软件（如记事本）中插入点在编辑位置的闪烁速度，如向左拖动滑块设置为中等速度。

（4）单击 确定 按钮，完成设置。

（五）使用附件程序

Windows 7 系统提供了一系列的实用工具程序，包括媒体播放器、计算器和画图程序等。下面简单介绍它们的使用方法。

1. 使用 Windows Media Player

Windows Media Player 是 Windows 7 操作系统自带的一款多媒体播放器，使用它可以播放各种格式的音频文件和视频文件，还可以播放 VCD 和 DVD 电影。只需选择"开始"/"所有程序"/"Windows Media Player"命令，即可启动媒体播放器，其界面如图 4-45 所示。

图 4-45　Windows Media Player 窗口界面

播放音乐或视频文件的方法主要有以下几种。

● 在工具栏上单击鼠标右键，在弹出的快捷菜单中选择"文件"/"打开"命令或按【Ctrl+O】组合键，在打开的"打开"对话框中选择需要播放的音乐或视频文件，然后单击 打开(O) ▼ 按钮，即可在 Windows Media Player 中播放这些文件，如图 4-46 所示。

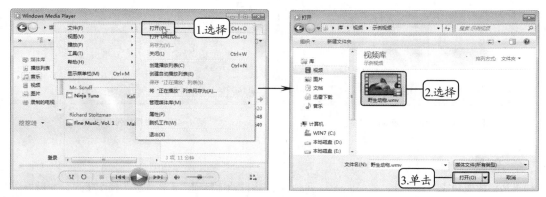

图 4-46　在默认的库视图下打开媒体文件

● 在窗口工具栏中单击鼠标右键，在弹出的快捷菜单中选择"视图"/"外观"命令，将播放器切换到"外观"模式，然后选择"文件"/"打开"命令，即可打开并播放计算机中的媒体文件，如图 4-47 所示。

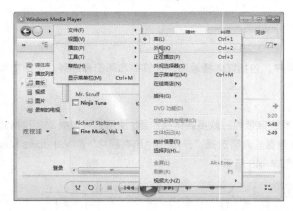

图 4-47　从外观模式打开媒体文件

● Windows Media Player 可以直接播放光盘中的多媒体文件，其方法是：将光盘放入光驱中，然后在 Windows Media Player 窗口的工具栏上单击鼠标右键，在弹出的快捷菜单中选择"播放"/"播放/DVD、VCD 或 CD 音频"命令，即可播放光盘中的多媒体文件。

● 使用媒体库可以将存放在计算机中不同位置的媒体文件统一集合在一起，通过媒体库，用户可以快速找到并播放相应的多媒体文件。其方法是：单击工具栏中的 创建播放列表(C) 按钮，在导航窗格的"播放列表"下将新建一个播放列表，输入播放列表名称后按【Enter】键确认创建，创建后选择导航窗格中的"音乐"选项，在显示区的"所有音乐"列表中拖动需要的音乐到新建的播放列表中，如图 4-48 所示，添加后双击该列表项即可播放列表中的所有音乐，如图 4-49 所示。

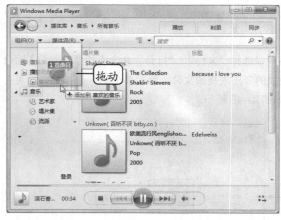

图 4-48　将音乐添加到播放列表　　　　图 4-49　播放播放列表中的音乐

注意

如果是播放视频或图片文件，Windows Media Player 将自动切换到"正在播放"视图模式，如果再切换到"媒体库"模式，将只能听见声音而无法显示视频和图片。

2．使用画图程序

选择"开始"/"所有程序"/"附件"/"画图"命令，启动画图程序，画图程序的操作界面如图4-50所示。

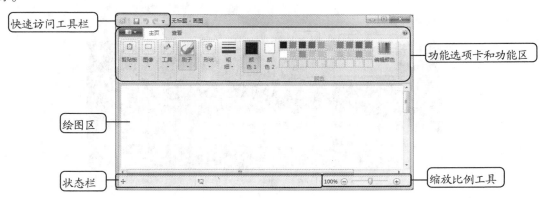

图4-50 画图程序操作界面

画图程序中所有绘制工具及编辑命令都集成在功能选项卡和功能区的"主页"选项卡中，因此，画图所需的大部分操作都可以在功能区中完成。利用画图程序可以绘制各种简单形状的图形，也可以打开计算机中已有的图像文件进行编辑，其方法分别如下。

● 绘制图形。单击"形状"工具栏中的各个按钮，然后在"颜色"工具栏中单击选择一种颜色，移动鼠标指针到绘图区，按住鼠标左键不放并拖动鼠标，便可以绘制出相应形状的图形，绘制图形后单击"工具"工具栏中的"用颜色填充"按钮 ，然后在"颜色"工具栏中选择一种颜色，单击绘制的图形，即可填充图形，如图4-51所示。

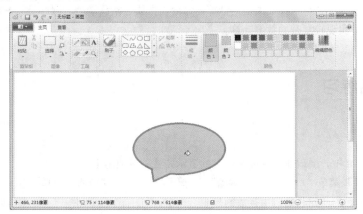

图4-51 绘制和填充图形

● 打开和编辑图像文件。启动画图程序后单击 按钮，在打开的下拉列表中选择"打开"选项或按【Ctrl+O】组合键，在打开的"打开"对话框中找到并选择图像，单击 按钮打开图像。打开图像后单击"图像"工具栏中的 按钮，在打开的下拉列表框中选择需要旋转的方向和角度，可以旋转图像，如图4-52所示；单击"图像"工具栏中的 按钮，在打开的下拉列表框中选择"矩形选择"选项，在图像中按住鼠标左键不放并拖动鼠标即可选择局部图像区域，选择图像后按住鼠标左键不放进行拖动可以移动图像的位置，若单击"图像"工具栏中的 按钮按钮，将自动裁剪掉多余的部分，留下被框选部分的图像。

图 4-52　打开并旋转图像

3. 使用计算器

当需要计算大量数据，而周围又没有合适的计算工具时，可以使用 Windows 7 自带的"计算器"程序。它除了有适合大多数人使用的标准计算模式以外，还有适合特殊情况的科学型、程序员和统计信息等模式。

选择"开始"/"所有程序"/"附件"/"计算器"命令，默认将启动标准型计算器，如图 4-53 所示。计算机中计算器的使用与普通计算器的使用方法基本相同，只需使用鼠标单击操作界面中相应的按钮即可进行计算。标准型模式不能完成的计算任务可以选择"查看"菜单下其他类型的计算器命令，主要包括科学型、程序员和统计信息等几种，实现较复杂的数值计算。

图 4-53　标准型计算器

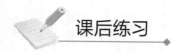

课后练习

1. 选择题

（1）在 Windows 中，要改变文件或文件夹的显示方式，应使用（　　　）。

　　A. "文件"菜单　　　　　B. "编辑"菜单　　　　　C. "查看"菜单　　　　D. "帮助"菜单

（2）在 Windows 的"回收站"中存放的是（　　　）。

　　A. 硬盘上被删除的文件或文件夹

　　B. 移动硬盘上被删除的文件或文件夹

　　C. 硬盘或移动硬盘上被删除的文件或文件夹

　　D. 所有外存储器中被删除的文件或文件夹

（3）在 Windows "开始"菜单下的"文档"选项中存放的是（　　　）。

　　A. 最近建立的文档　　　　　　　　　　　　　B. 最近打开过的文档

　　C. 最近打开过的文件夹　　　　　　　　　　　D. 最近运行过的程序

（4）在 Windows 7 中，选择多个连续的文件或文件夹，应首先选择第一个文件或文件夹，然后按住（　　　）键，然后单击最后一个文件或文件夹。

    A.【Tab】   B.【Alt】   C.【Shift】   D.【Ctrl】

（5）在 Windows 7 中，选择多个不连续的文件或文件夹，应首先选择一个文件或文件夹，然后按住
（　　　）键依次单击需要选择的文件或文件夹。

    A.【Tab】   B.【Esc】   C.【Shift】   D.【Ctrl】

（6）在 Windows 7 中已经选择了若干文件和文件夹，若需取消选择的某个文件或文件夹，应按住
（　　　）键，然后单击该文件或文件夹。

    A.【Esc】   B.【Alt】   C.【Shift】   D.【Ctrl】

（7）选择文件或文件夹后，按【Shift+Delete】组合键可（　　　）。

    A. 删除选择的对象并将其放入回收站   B. 不会删除选择的对象

    C. 选择的对象不被放入回收站而直接被删除   D. 为选择的对象创建副本

（8）在 Windows 7 中，获得联机帮助的热键是（　　　）。

    A.【F1】键   B.【F2】键   C.【F3】键   D.【F4】键

（9）利用 Windows 7 的"搜索"功能查找文件时，说法正确的是（　　　）。

    A. 要求被查找的文件必须是文本文件

    B. 根据日期查找时，必须输入文件的最后修改日期

    C. 根据文件名查找时，至少需要输入文件名的一部分或通配符

    D. 被用户设置为隐藏的文件，只要符合查找条件，在任何情况下都将被找出来

（10）利用"控制面板"的"程序和功能"，（　　　）。

    A. 可以删除 Windows 组件   B. 可以删除 Windows 硬件驱动程序

    C. 可以删除 Word 文档模板   D. 可以删除程序的快捷方式

（11）双击某个文件夹图标，将（　　　）。

    A. 删除该文件夹   B. 打开该文件夹

    C. 删除该文件夹文件   D. 复制该文件夹文件

（12）在 Windows 资源管理器中，选择"编辑"/"剪切"命令（　　　）。

    A. 只能剪切文件夹   B. 只能剪切文件

    C. 可以剪切文件或文件夹   D. 不能剪切系统文件

（13）在 Windows 窗口中，创建新的子目录，应选择（　　　）菜单项中"新建"下的"文件夹"命令。

    A."文件"   B."编辑"   C."工具"   D."查看"

（14）在 Windows 窗口中，按（　　　）可删除文件。

    A.【F7】键   B.【F8】键   C.【Backspace】键   D.【Delete】键

（15）在 Windows 窗口中，选择某一文件夹，执行"文件"/"删除"命令，则（　　　）。

    A. 只删除文件夹而不删除其包含的程序项   B. 删除文件夹内的某一程序项

    C. 删除文件夹内的所有程序项而不删除文件夹   D. 删除文件夹及其所有程序项

（16）在搜索文件或文件夹时，若用户输入"*.*"，则将搜索（　　　）。

    A. 所有文件名中含有*的文件   B. 所有扩展名中含有*的文件

    C. 所有文件   D. 所有文字中含有*的文件

（17）在 Windows 的回收站中，可以恢复（　　　）。

    A. 从硬盘中删除的文件或文件夹   B. 从移动硬盘中删除的文件或文件夹

    C. 剪切掉的文档   D. 从光盘中删除的文件或文件夹

（18）打开一个子目录后，全部选中其中内容的快捷键是（　　）。

    A.【Ctrl+C】   B.【Ctrl+V】

    C.【Ctrl+X】   D.【Ctrl+A】

（19）在 Windows 中，按（　　）键并拖曳某一文件夹到另一文件夹中，可完成对该程序项的复制操作。

    A.【Alt】   B.【Shift】   C. 空格   D.【Ctrl】

（20）在 Windows 中，用户建立的文件默认具有的属性是（　　）。

    A. 隐藏   B. 只读   C. 存档   D. 系统

（21）在 Windows 中，【Alt+Tab】组合键的作用是（　　）。

    A. 关闭应用程序   B. 打开应用程序的控制菜单

    C. 应用程序之间相互切换   D. 打开"开始"菜单

（22）下列选项中，不属于 Windows 7 系统中自带的库的是（　　）。

    A. 视频   B. 音乐   C. 文件   D. 图片

（23）在 Windows 中，若要恢复回收站中的文件，在选择待恢复的文件后应选择（　　）命令。

    A. "恢复此选项"   B. "撤销此选项"   C. "还原此选项"   D. "后退此选项"

（24）在 Windows 窗口中，选择（　　）查看方式可显示文件的"大小"与"修改时间"。

    A. "大图标"   B. "小图标"   C. "列表"   D. "详细资料"

（25）在 Windows 窗口左侧窗格中单击某个磁盘，则（　　）。

    A. 在左窗口中展开该磁盘内容   B. 在左窗口中显示其内容

    C. 在右窗口中仅显示该磁盘中的文件夹   D. 在右窗口中显示该磁盘中的文件夹或文件

（26）在 Windows 的窗口中，"剪切"一个文件后，该文件被（　　）。

    A. 隐藏   B. 临时放到桌面上

    C. 临时存放在"剪贴板"上   D. 放到"回收站"

（27）要按文件字节的大小顺序显示文件夹中的文件，应在"查看"/"排列图标"命令中选择（　　）命令。

    A. "按名称"   B. "按修改时间"   C. "按项目"   D. "按大小"

（28）在 Windows 中，当一个文件被更名后，文件的内容（　　）。

    A. 完全消失   B. 完全不变   C. 发生损害   D. 不会改变

（29）查看一个图标所表示的文件类型、位置和大小等，可使用右键菜单中的（　　）命令。

    A. "打开"   B. "发送到"   C. "重命名"   D. "属性"

（30）文件路径包括相对路径和（　　）两种。

    A. 绝对路径   B. 直接路径   C. 间接路径   D. 任意路径

（31）文件的扩展名主要是用于（　　）。

    A. 区别不同的文件   B. 标识文件的类型

    C. 方便浏览   D. 标识文件的属性

（32）下面关于 Windows 文件名的叙述中错误的是（　　）。

    A. 文件名中允许使用汉字   B. 文件名中允许使用多个圆点分隔符

    C. 文件名中允许使用空格   D. 文件名中允许使用竖线"|"

（33）一个文件的扩展名通常表示（　　）。

    A. 文件大小   B. 常见文件的日期   C. 文件版本   D. 文件类型

（34）在 Windows 中，将某一个程序项移动到一个打开的文件夹中，应（　　）。

    A. 单击鼠标左键   B. 双击鼠标左键

    C. 拖曳程序项到目标文件夹中   D. 单击或双击鼠标右键

（35）在 Windows 中，在"键盘属性"对话框的"速度"选项卡中可以进行的设置为（　　）。

    A. 重复延迟、重复率、光标闪烁频率

    B. 重复延迟、重复率、光标闪烁频率、击键频率

    C. 重复的延迟时间、重复速度、光标闪烁速度

    D. 延迟时间、重复率、光标闪烁频率

（36）在"控制面板"窗口中，"程序和功能"超链接可用于（　　）。

    A. 设置字体   B. 设置键盘与鼠标

    C. 安装未知新设备   D. 卸装/安装程序

2. 操作题

（1）管理文件和文件夹，具体要求如下。

① 在计算机 D 盘下新建 FENG、WARM 和 SEED 三个文件夹，再在 FENG 文件夹下新建 WANG 子文件夹，在该子文件夹中新建一个 JIM.txt 文件。

② 将 WANG 子文件夹下的 JIM.txt 文件复制到 WARM 文件夹中。

③ 将 WARM 文件夹中的 JIM.txt 文件设置为隐藏和只读属性。

④ 将 WARM 文件夹下"JIM.txt"文件删除。

（2）利用计算器计算"(355+544−45)/2"的结果。

（3）利用画图程序绘制一个粉红色的心形图形，最后以"心形"为名保存到桌面。

（4）从网上下载搜狗拼音输入法的安装程序，然后安装到计算机中。

Chapter

5

项目五
Word 2010 基本操作

Word 是 Microsoft 公司推出的 Office 办公软件的核心组件之一，它是一个功能强大的文字处理软件。使用它不仅可以进行简单的文字处理，还能制作出图文并茂的文档，以及进行长文档的排版和特殊版式编排。本项目将通过 3 个典型任务，介绍 Word 2010 的基本操作，包括启动与退出、工作界面、基本操作、格式设置和图文混排等内容。

课堂学习目标

● 输入与编辑"学习计划"文档

● 编辑"招聘启事"文档

● 编辑"公司简介"文档

任务一 输入和编辑“学习计划”文档

任务要求

小赵是一名大学生，开学第一天，辅导老师要求大家针对本学期的学习制定一份电子学习计划，以提高自身的学习效率。接到任务后，小赵先思考了一下大致计划，形成大纲，然后利用 Word 2010 相关功能完成学习计划文档的编辑，完成后参考效果如图 5-1 右侧所示。辅导老师对学习计划的要求如下。

- 新建一个空白文档，并将其以“学习计划”为名称进行保存。
- 在文档中通过空格或即点即输方法输入图 5-1 左侧所示的文本。
- 将“2016 年 3 月”文本移动到文档末尾右下角。
- 查找全文中的“自已”并替换为“自己”。
- 将文档标题“学习计划”修改为“计划”。
- 撤销并恢复所做的操作，然后保存文档。

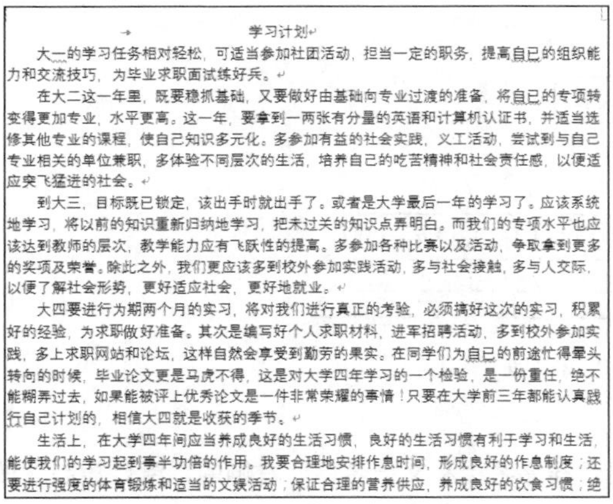
学习计划

大一的学习任务相对轻松，可适当参加社团活动，担当一定的职务，提高自已的组织能力和交流技巧，为毕业求职面试练好兵。

在大二这一年里，既要稳抓基础，又要做好由基础向专业过渡的准备，将自已的专项转变得更加专业，水平更高。这一年，要拿到一两张有分量的英语和计算机认证书，并适当选修其他专业的课程，使自己知识多元化。多参加有益的社会实践，义工活动，尝试到与自己专业相关的单位兼职，多体验不同层次的生活，培养自己的吃苦精神和社会责任感，以便适应突飞猛进的社会。

到大三，目标既已锁定，该出手时就出手了。或者是大学最后一年的学习了。应该系统地学习，将以前的知识重新归纳地学习，把未过关的知识点弄明白。而我们的专项水平也应该达到教师的层次，教学能力应有飞跃性的提高。多参加各种比赛以及活动，争取拿到更多的奖项及荣誉。除此之外，我们更应该多到校外参加实践活动，多与社会接触，多与人交际，以便了解社会形势，更好适应社会，更好地就业。

大四要进行为期两个月的实习，将对我们进行真正的考验，必须搞好这次的实习，积累好的经验，为求职做好准备。其次是编写好个人求职材料，进军招聘活动，多到校外参加实践，多上求职网站和论坛，这样自然会享受到勤劳的果实。在同学们为自已的前途忙得晕头转向的时候，毕业论文更是马虎不得，这是对大学四年学习的一个检验，是一份重任，绝不能糊弄过去，如果能被评上优秀论文是一件非常荣耀的事情！只要在大学前三年都能认真践行自己计划的，相信大四就是收获的季节。

生活上，在大学四年间应当养成良好的生活习惯，良好的生活习惯有利于学习和生活，能使我们的学习起到事半功倍的作用。我要合理地安排作息时间，形成良好的作息制度；还要进行强度的体育锻炼和适当的文娱活动；保证合理的营养供应，养成良好的饮食习惯；绝

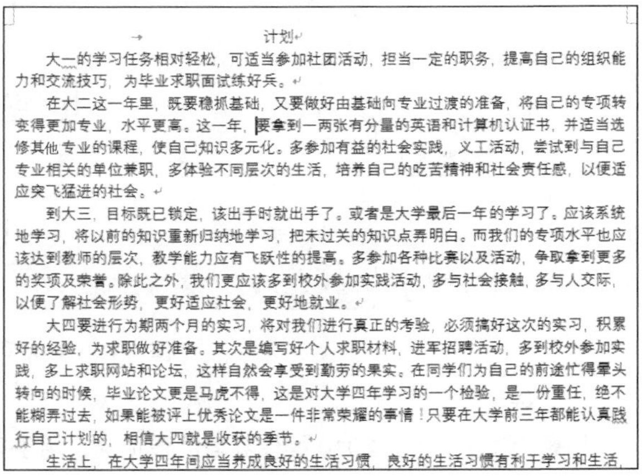
计划

大一的学习任务相对轻松，可适当参加社团活动，担当一定的职务，提高自己的组织能力和交流技巧，为毕业求职面试练好兵。

在大二这一年里，既要稳抓基础，又要做好由基础向专业过渡的准备，将自己的专项转变得更加专业，水平更高。这一年，要拿到一两张有分量的英语和计算机认证书，并适当选修其他专业的课程，使自己知识多元化。多参加有益的社会实践，义工活动，尝试到与自己专业相关的单位兼职，多体验不同层次的生活，培养自己的吃苦精神和社会责任感，以便适应突飞猛进的社会。

到大三，目标既已锁定，该出手时就出手了。或者是大学最后一年的学习了。应该系统地学习，将以前的知识重新归纳地学习，把未过关的知识点弄明白。而我们的专项水平也应该达到教师的层次，教学能力应有飞跃性的提高。多参加各种比赛以及活动，争取拿到更多的奖项及荣誉。除此之外，我们更应该多到校外参加实践活动，多与社会接触，多与人交际，以便了解社会形势，更好适应社会，更好地就业。

大四要进行为期两个月的实习，将对我们进行真正的考验，必须搞好这次的实习，积累好的经验，为求职做好准备。其次是编写好个人求职材料，进军招聘活动，多到校外参加实践，多上求职网站和论坛，这样自然会享受到勤劳的果实。在同学们为自己的前途忙得晕头转向的时候，毕业论文更是马虎不得，这是对大学四年学习的一个检验，是一份重任，绝不能糊弄过去，如果能被评上优秀论文是一件非常荣耀的事情！只要在大学前三年都能认真践行自己计划的，相信大四就是收获的季节。

生活上，在大学四年间应当养成良好的生活习惯，良好的生活习惯有利于学习和生活，

图 5-1 “学习计划”文档效果

相关知识

（一）启动和退出 Word 2010

在计算机中安装 Office 2010 后便可启动相应的组件，包括 Word 2010、Excel 2010、PowerPoint 2010，其中各个组件的启动方法相同。下面以启动 Word 2010 为例进行讲解。

1. 启动 Word 2010

Word 的启动很简单，与其他常见应用软件的启动方法相似，主要有以下 3 种。

- 选择“开始”/“所有程序”/“Microsoft Office”/“Microsoft Word 2010”命令。
- 创建了 Word 2010 的桌面快捷方式后，双击桌面上的快捷方式图标 。
- 在任务栏中的“快速启动区”单击 Word 2010 图标 。

2．退出 Word 2010

退出 Word 主要有以下 4 种方法。

● 选择"文件"/"退出"命令。

● 单击 Word 2010 窗口右上角的"关闭"按钮 ✕ 。

● 按【Alt+F4】组合键。

● 单击 Word 窗口左上角的控制菜单图标 W，在打开的下拉列表中选择"关闭"选项。

（二）熟悉 Word 2010 工作界面

启动 Word 2010 后将进入其操作界面，如图 5-2 所示，下面对 Word 2010 操作界面中的主要组成部分进行介绍。

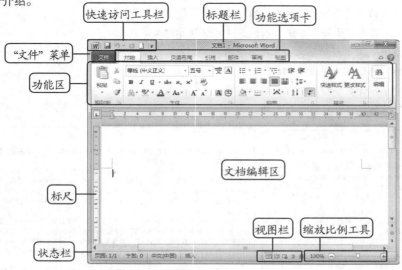

图 5-2　Word 2010 工作界面

1．标题栏

标题栏位于 Word 2010 操作界面的最顶端，用于显示程序名称和文档名称，右侧的"窗口控制"按钮组（包含"最小化"按钮 ─ 、"最大化"按钮 □ 和"关闭"按钮 ✕ ），可以最大化、最小化和关闭窗口。

2．快速访问工具栏

快速访问工具栏中显示了一些常用的工具按钮，默认按钮有"保存"按钮 💾 、"撤销"按钮 ↺、"恢复"按钮 ↻。用户还可自定义按钮，只需单击该工具栏右侧的"下拉"按钮 ▾，在打开的下拉列表中选择相应选项即可。

3．"文件"菜单

该菜单中的内容与 Office 其他版本中的"文件"菜单类似，主要用于执行与该组件相关文档的新建、打开、保存等基本命令，菜单右侧列出了用户经常使用的文档名称，菜单最下方的"选项"命令可打开"选项"对话框，在其中可对 Word 组件进行常规、显示、校对等多项设置。

4．功能选项卡

Word 2010 默认包含了 7 个功能选项卡，单击任意选项卡可打开对应的功能区，单击其他选项卡可分别切换到相应的选项卡，每个选项卡中分别包含了相应的功能组集合。

5．标尺

标尺主要用于对文档内容进行定位，位于文档编辑区上侧的称为水平标尺，左侧的称为垂直标尺，通过水平标尺中的缩进按钮 可快速调节段落的缩进和文档的边距。

6．文档编辑区

文档编辑区指输入与编辑文本的区域，对文本进行的各种操作结果都显示在该区域中。新建一篇空白文档后，在文档编辑区的左上角将显示一个闪烁的光标，称为插入点，该光标所在位置便是文本的起始输入位置。

7．状态栏

状态栏位于操作界面的最底端，主要用于显示当前文档的工作状态。包括当前页数、字数、输入状态等，右侧依次显示视图栏和缩放比例工具。

> **提示**
>
> 单击"视图"选项卡，在"显示比例"组中单击"显示比例"按钮 ，可打开"显示比例"对话框调整显示比例；单击"100%"按钮 ，可使文档的显示比例缩放到 100%。

（三）自定义 Word 2010 工作界面

由于 Word 工作界面大部分是默认的，用户可根据使用习惯和操作需要，定义一个适合自己的工作界面，其中包括自定义快速访问工具栏、自定义功能区和显示或隐藏文档中的元素等。

1．自定义快速访问工具栏

为了操作方便，用户可以在快速访问工具栏中添加常用的命令按钮或删除不需要的命令按钮，也可改变快速访问工具栏的位置。

- 添加常用命令按钮。在快速访问工具栏右侧单击 按钮，在打开的下拉列表中选择常用的选项，如选择"打开"选项，可将该命令按钮添加到快速访问工具栏中。
- 删除不需要的命令按钮。在快速访问工具栏的命令按钮上单击鼠标右键，在弹出的快捷菜单中选择"从快速访问工具栏删除"命令可将相应的命令按钮从快速访问工具栏中删除。
- 改变快速访问工具栏的位置。在快速访问工具栏右侧单击 按钮，在打开的下拉列表中选择"在功能区下方显示"选项可将快速访问工具栏显示到功能区下方；再次在下拉列表中选择"在功能区上方显示"选项可将快速访问工具栏还原到默认位置。

> **提示**
>
> 在 Word 2010 工作界面中选择"文件"/"选项"命令，在打开的"Word 选项"对话框中单击"快速访问工具栏"选项卡，在其中也可根据需要自定义快速访问工具栏。

2．自定义功能区

在 Word 2010 工作界面中，用户可选择"文件"/"选项"命令，在打开的"Word 选项"对话框中单击"自定义功能区"选项卡，在其中可根据需要显示或隐藏相应的功能选项卡、创建新的选项卡、在选项卡中创建组和命令等，如图 5-3 所示。

- 显示或隐藏主选项卡。在"Word 选项"对话框的"自定义功能区"选项卡的"自定义功能区"列表框中单击选中或撤销选中相应的主选项卡对应的复选框，即可在功能区中显示或隐藏对应的主选项卡。

图 5-3　自定义功能区

- 创建新的选项卡。在"自定义功能区"选项卡中单击 新建选项卡(W) 按钮，在"主选项卡"列表框中可创建"新建选项卡（自定义）"复选框，然后选择创建的复选框，再单击 重命名(M)... 按钮，在打开的"重命名"对话框的"显示名称"文本框中输入名称，单击 确定 按钮，将为新建的选项卡重命名。

- 在功能区中创建组。选择新建的选项卡，在"自定义功能区"选项卡中单击 新建组(N) 按钮，在选项卡下创建组，然后单击选择创建的组，再单击 重命名(M)... 按钮，在打开的"重命名"对话框的"符号"列表框中选择一个图标，并在"显示名称"文本框中输入名称，单击 确定 按钮，为新建的组重命名。

- 在组中添加命令。选择新建的组，在"自定义功能区"选项卡的"从下列位置选择命令"列表框中选择需要的命令选项，然后单击 添加(A) >> 按钮即可将命令添加到组中。

- 删除自定义的功能区。在"自定义功能区"选项卡的"自定义功能区"列表框中单击选中相应的主选项卡的复选框，然后单击 << 删除(R) 按钮即可将自定义的选项卡或组删除。若要一次性删除所有自定义的功能区，可单击 重置(E) ▼ 按钮，在打开的下拉列表中选择"重置所有自定义项"选项，在打开的提示对话框中单击 是(Y) 按钮，将所有自定义项删除，恢复 Word 2010 默认的功能区效果。

 提示

双击某个功能选项卡，或单击功能选项卡右端的"功能区最小化"按钮 ⌒，可将功能区最小化显示；再次双击某个功能选项卡，或单击功能选项卡右端的"展开功能区"按钮 ♡，可将其显示为默认状态。

3．显示或隐藏文档中的元素

Word 的文本编辑区中包含多个元素，如标尺、网格线、导航窗格、滚动条等，编辑文本时可根据操作需要隐藏一些不需要的元素或将隐藏的元素显示出来，其显示或隐藏的方法有两种。

- 在"视图"/"显示"组中单击选中或撤销选中标尺、网格线和导航窗格元素对应的复选框即可在文档中显示或隐藏相应的元素，如图 5-4 所示。

- 在"Word 选项"对话框中单击"高级"选项卡，向下拖曳对话框右侧的滚动条，在"显示"栏中单击选中或撤销选中"显示水平滚动条""显示垂直滚动条"或"在页面视图中显示垂直标尺"元素对应的复选框，也可在文档中显示或隐藏相应的元素，如图 5-5 所示。

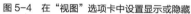

图 5-4 在"视图"选项卡中设置显示或隐藏　　　　　图 5-5 在"Word 选项"对话框中设置显示或隐藏

任务实现

（一）创建"学习计划"文档

启动 Word 2010 后将自动创建一个空白文档，为便于在以后的制作过程中能快速保存文档，创建文档后可立即将文档保存到适当位置，其具体操作如下。

（1）选择"开始"/"所有程序"/"Microsoft Office"/"Microsoft Word 2010"命令，启动 Word 2010。

（2）选择"文件"/"新建"命令，在打开的面板中选择"空白文档"选项，在面板右侧单击"创建"按钮，或在打开的任意文档中按【Ctrl+N】组合键也可新建文档，如图 5-6 所示。

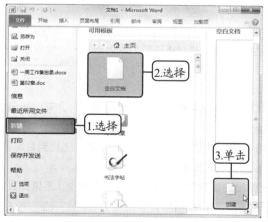
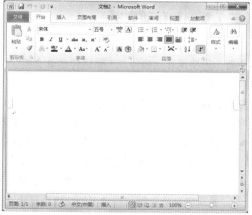

图 5-6 新建文档

 提示

在窗口中间的"可用模板"列表框中还可选择更多的模板样式，如选择"样本模板"选项，在展开的列表框中选择所需的模板，并在右侧单击选中"模板"单选项，然后单击"创建"按钮，可新建名为"模板 1"的模板文档。系统将下载该模板并新建文档，用户可根据提示在相应的位置单击并输入新的文档内容。

（二）输入文档文本

创建文档后在文本中的编辑区域会出现闪烁的光标，表明了当前文档的输入位置，可在此输入文本内容。而运用 Word 的即点即输功能可轻松在文档中的不同位置输入需要的文本，其具体操作如下。

（1）将鼠标指针移至文档上方的中间位置，当鼠标指针变成 I= 形状时双击鼠标，将插入点定位到此处。

（2）将输入法切换至中文输入法，输入文档标题"学习计划"文本。

（3）将鼠标指针移至文档标题下方左侧需要输入文本的位置处，此时鼠标指针变成 I= 形状，双击鼠标将插入点定位到此处，如图 5-7 所示。

（4）输入正文文本，按【Enter】键换行，完成学习计划文档的输入，效果如图 5-8 所示。

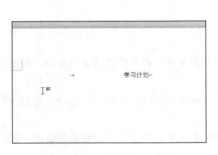

图 5-7　定位插入点

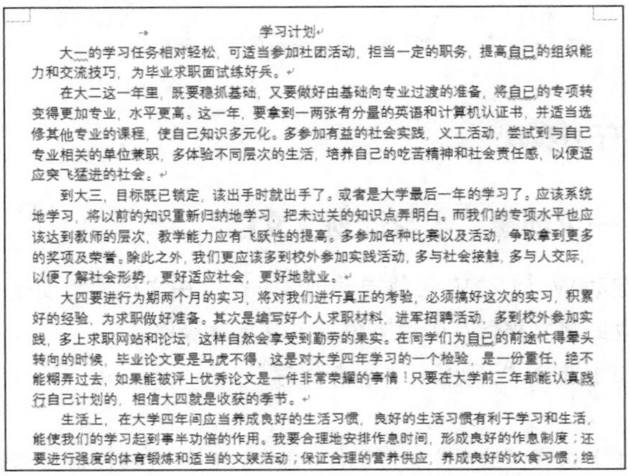

图 5-8　输入正文部分

（三）复制和移动文本

若要输入与文档中已有内容相同的文本，可使用复制操作；若要将所需文本内容从一个位置移动到另一个位置，可使用移动操作。下面进行具体介绍。

1．复制文本

复制文本是简化文档输入的有效方式之一，当编辑文档过程中有与上文相同的部分时，可以使用复制功能来避免重复的编辑工作，以节省时间。复制文本的方法有多种，下面分别进行介绍。

- 选择所需文本后，在"开始"/"剪贴板"组中单击"复制"按钮 📋 复制文本，定位到目标位置，在"开始"/"剪贴板"组中单击"粘贴"按钮 📋 粘贴文本。
- 选择所需文本后，在其上单击鼠标右键，在弹出的快捷菜单中选择"复制"命令，定位到目标位置单击鼠标右键，在弹出的快捷菜单中选择"粘贴"命令粘贴文本。
- 选择所需文本后，按【Ctrl+C】组合键复制文本，定位到目标位置按【Ctrl+V】组合键粘贴文本。
- 选择所需文本后，按住【Ctrl】键不放，将其拖动到目标位置即可。

2．移动文本

移动文本是指将文本从原来的位置移动到文档中的其他位置，其具体操作如下。

（1）选择正文最后一段末的文本"2016 年 3 月"，在"开始"/"剪贴板"组中单击"剪切"按钮 ✂ 剪切或按【Ctrl+X】组合键，如图 5-9 所示。

（2）在文档右下角双击定位插入点，在"开始"/"剪贴板"组中单击"粘贴"按钮，或按【Ctrl+V】组合键，如图 5-10 所示，即可移动文本。

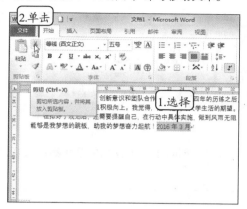

图 5-9 剪切文本

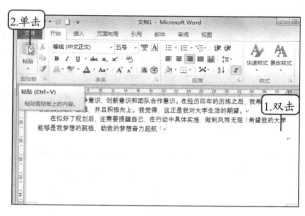

图 5-10 粘贴文本

  提示

选择所需文本，将鼠标指针移至选择的文本上，直接将其拖动到目标位置，释放鼠标后，可将选择的文本移至该处。

（四）查找和替换文本

当文档中出现某个多次使用的文字或短句错误时，可使用查找与替换功能来检查和修改错误部分，以节省时间并避免遗漏，其具体操作如下。

（1）将插入点定位到文档开始处，在"开始"/"编辑"组中单击 替换 按钮，或按【Ctrl+H】组合键，如图 5-11 所示。

（2）打开"查找和替换"对话框，分别在"查找内容"和"替换为"文本框中输入"自已"和"自己"。

（3）单击 查找下一处(F) 按钮，即可看到文档中所查找到的第一个"自已"文本呈选中状态显示，如图 5-12 所示。

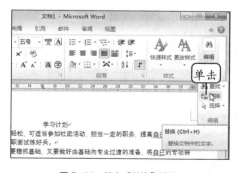

图 5-11 单击"替换"按钮

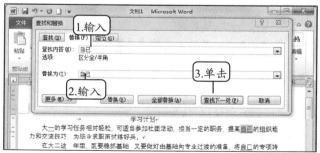

图 5-12 "查找和替换"对话框

（4）继续单击 查找下一处(F) 按钮，直至出现对话框提示已完成文档的搜索，单击 确定 按钮，返回"查找和替换"对话框，单击 全部替换(A) 按钮，如图 5-13 所示。

（5）弹出提示对话框，提示完成替换的次数，直接单击 ▢确定 按钮即可完成替换，如图 5-14 所示。

图 5-13　提示完成文档的搜索　　　　　　　　图 5-14　提示完成替换

（6）单击 ▢关闭 按钮，关闭"查找与替换"对话框，如图 5-15 所示，此时在文档中即可看到"自已"已全部替换为"自己"文本，如图 5-16 所示。

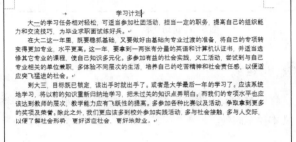

图 5-15　关闭对话框　　　　　　　　图 5-16　查看替换文本效果

（五）撤销与恢复操作

Word 2010 有自动记录功能，在编辑文档时执行了错误操作，可进行撤销，同时也可恢复被撤销的操作，其具体操作如下。

（1）将文档标题"学习计划"修改为"计划"。

（2）单击快速访问工具栏中的"撤销"按钮 ，或按【Ctrl+Z】组合键，如图 5-17 所示，即可恢复到将"学习计划"修改为"计划"前的文档效果。

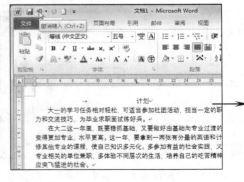

图 5-17　撤销操作

（3）单击"恢复"按钮 ，或按【Ctrl+Y】组合键，如图 5-18 所示，便可以恢复到"撤销"操作前的文档效果。

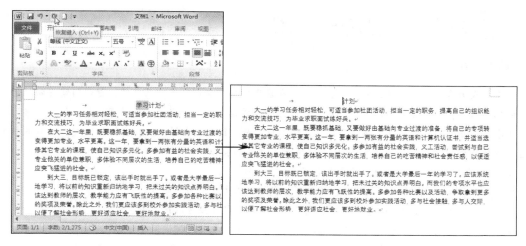

图 5-18 恢复操作

 提示

单击 按钮右侧的下拉按钮 ，在打开的下拉列表中选择与撤销步骤对应的选项，系统将根据选择的选项自动将文档还原为该步骤之前的状态。

（六）保存"学习计划"文档

完成文档的各种编辑操作后，必须将其保存在计算机中。具体操作如下。

（1）选择"文件"/"保存"命令，打开"另存为"对话框。

（2）在该对话框的地址栏的列表框中选择文档的保存路径，在"文件名"文本框中设置文件的保存名称，完成后单击 保存(S) 按钮即可，如图 5-19 所示。

图 5-19 保存文档

 提示

再次打开文档并编辑后，只需按【Ctrl+S】组合键，或单击快速访问工具栏上的"保存"按钮 ，或选择"文件"/"保存"命令，即可直接保存更改后的文档。

任务二 编辑“招聘启事”文档

任务要求

小李在人力资源部门工作，最近，公司因业务发展需要，新成立了销售部门，该部门需要向社会招聘相关的销售人才，上级要求小李制作一份美观大方的招聘启事，便于在人才市场现场招聘使用，接到任务后，小李找到相关负责人确认了招聘岗位和招聘人数，并进行了初步制作，最后利用 Word 2010 的相关功能进行设计制作，完成后参考效果如图 5-20 所示。相关要求如下。

- 选择“文件”/“打开”命令打开素材文档。
- 设置标题格式为“华文琥珀、二号、加宽”，正文字号为“四号”。
- 二级标题格式为“四号、加粗、红色”，并为“数字业务”设置着重号。
- 设置标题居中对齐，最后三行文本右对齐，正文需要首行缩进两个字符。
- 设置标题段前和段后间距为“1 行”，设置二级标题的行间距为“多倍行距、3”。
- 为二级标题统一设置项目符号“✧”。
- 为“岗位职责：”与“职位要求：”之间的文本内容添加“1.2.3.…”样式的编号。
- 为邮寄地址和电子邮件地址设置字符边框。
- 为标题文本应用“深红”底纹。
- 为“岗位职责：”与“职位要求：”文本之间的段落应用“方框”边框样式，边框样式为双线样式，并设置底纹应用“白色，背景 1，深色 15%”。
- 设置完成后使用相同的方法为其他段落设置边框与底纹样式。
- 打开“加密文档”对话框，为文档加密，其密码为“123456”。

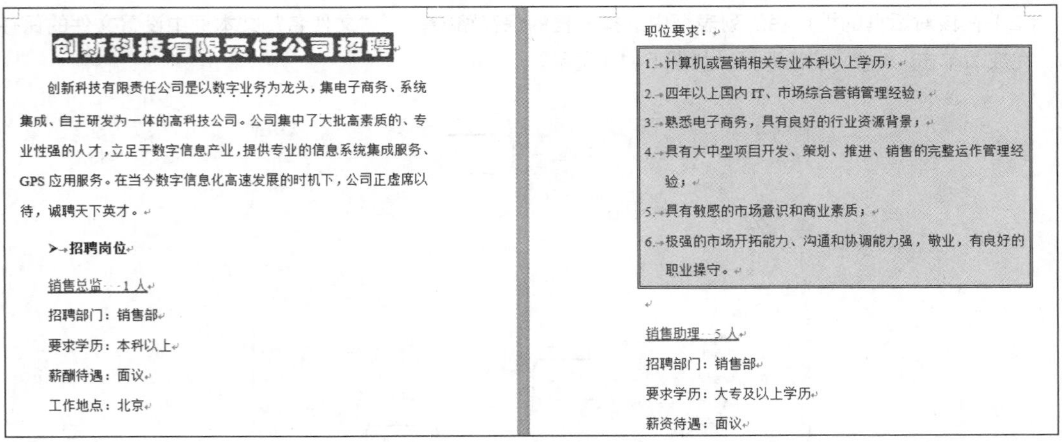
创新科技有限责任公司招聘

创新科技有限责任公司是以数字业务为龙头，集电子商务、系统集成、自主研发为一体的高科技公司。公司集中了大批高素质的、专业性强的人才，立足于数字信息产业，提供专业的信息系统集成服务、GPS 应用服务。在当今数字信息化高速发展的时机下，公司正虚席以待，诚聘天下英才。

➢ 招聘岗位

销售总监 1人

招聘部门：销售部

要求学历：本科以上

薪酬待遇：面议

工作地点：北京

职位要求：

1. 计算机或营销相关专业本科以上学历；
2. 四年以上国内 IT、市场综合营销管理经验；
3. 熟悉电子商务，具有良好的行业资源背景；
4. 具有大中型项目开发、策划、推进、销售的完整运作管理经验；
5. 具有敏感的市场意识和商业素质；
6. 极强的市场开拓能力、沟通和协调能力强，敬业，有良好的职业操守。

销售助理 5人

招聘部门：销售部

要求学历：大专及以上学历

薪资待遇：面议

图 5-20 “招聘启事”文档效果

相关知识

（一）认识字符格式

字符和段落格式主要通过“字体”和“段落”组，以及“字体”和“段落”对话框进行设置。选择相应的字符或段落文本，然后在“字体”或“段落”组中单击相应按钮，便可快速设置常用字符或段落格式，如图 5-21 所示。

　　其中，"字体"组和"段落"组右下角都有一个"对话框启动器"按钮 ，单击该按钮将打开对应的对话框，在其中可进行更为详细的设置。

图 5-21　"字体"和"段落"组

（二）自定义编号起始值

　　在使用自定义段落编号过程中，有时需要重新定义编号的起始值。此时，可先选择应用了编号的段落，在其上单击鼠标右键，在打开的快捷菜单中选择"设置编号"命令，即可在打开的对话框中输入新编号列表的起始值或选择继续编号，如图 5-22 所示。

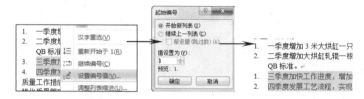

图 5-22　设置编号起始值

（三）自定义项目符号样式

　　Word 中默认提供了一些项目符号样式，若要使用其他符号或计算机中的图片文件作为项目符号，可在"开始"/"段落"组中单击"项目符号"按钮 ≣ 右侧的 ▾ 按钮，在打开的下拉列表中选择"定义新项目符号"选项，然后在打开的对话框中单击 符号(S)… 按钮，打开"符号"对话框，选择需要的符号进行设置即可；在"定义新项目符号"对话框中单击 图片(P)… 按钮，在打开的对话框中选择计算机中的图片文件，单击 导入(I)… 按钮，则可选择计算机中的图片文件作为项目符号，如图 5-23 所示。

图 5-23　设置项目符号样式

任务实现

（一）打开文档

　　要查看或编辑保存在计算机中的文档，必须先打开该文档。下面打开"招聘启事"文档，其具体操作如下。

　　（1）选择"文件"/"打开"命令，或按【Ctrl+O】组合键。

　　（2）在打开的"打开"对话框的"地址栏"列表框中选择文件路径，在窗口工作区中选择"招聘启事"文档，单击 打开(O) ▾ 按钮打开该文档，如图 5-24 所示。

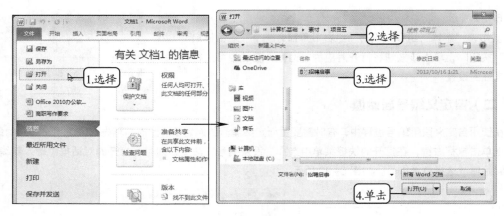

图 5-24　打开文档

（二）设置字体格式

在 Word 文档中，文本内容包括汉字、字母、数字和符号等。设置字体格式则包括更改文字的字体、字号和颜色等，通过这些设置可以使文字更加突出，文档更加美观。

1．使用浮动工具栏设置

在 Word 中选择文本时，将出现一个半透明的工具栏，即浮动工具栏，在浮动工具栏中可快速设置字体、字号、字形、对齐方式、文本颜色和缩进级别等格式，其具体操作如下。

（1）打开"招聘启事.docx"文档，选择标题文本，将鼠标指针移动到浮动工具栏上，在"字体"下拉列表框中选择"华文琥珀"选项，如图 5-25 所示。

（2）在"字号"下拉列表框中选择"二号"选项，如图 5-26 所示。

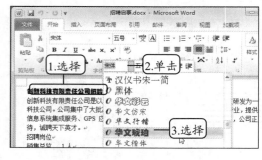

图 5-25　设置字体

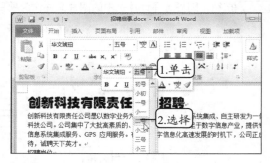

图 5-26　设置字号

2．使用"字体"组设置

"字体"组的使用方法与浮动工具栏相似，都是选择文本后在其中单击相应的按钮，或在相应的下拉列表框中选择所需的选项进行字体设置，其具体操作如下。

（1）选择除标题文本外的文本内容，在"开始"/"字体"组的"字号"下拉列表框中选择"四号"选项，如图 5-27 所示。

（2）选择"招聘岗位"文本，在按住【Ctrl】键的同时选择"应聘方式"文本，在"开始"/"字体"组中单击"加粗"按钮 **B**，如图 5-28 所示。

（3）选择"销售总监 1 人"文本，在按住【Ctrl】键的同时选择"销售助理 5 人"文本，在"字体"组中单击"下划线"按钮 U 右侧的下拉按钮，在打开的下拉列表中选择"粗线"选项，如图 5-29 所示。

图 5-27 设置字号

图 5-28 设置字形

 提示

在"字体"组中单击"删除线"按钮 abc 可为选择的文字添加删除线效果；单击"下标"按钮 ×₂ 或"上标"按钮 ×² 可将选择的文字设置为下标或上标；单击"增大字体"按钮 A 或"缩小字体"按钮 A 可将选择的文字字号增大或缩小。

（4）在"字体"组中单击"字体颜色"按钮 A 右侧的下拉按钮 ，在打开的下拉列表中选择"深红"选项，如图 5-30 所示。

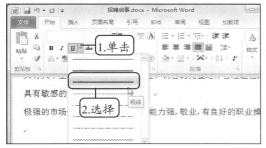

图 5-29 设置下划线

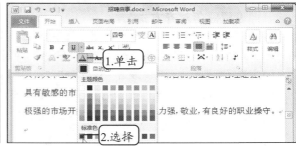

图 5-30 设置字体颜色

3．使用"字体"对话框设置

在"字体"组的右下角有一个小图标，即"对话框启动器"图标 ，单击该图标可打开"字体"对话框，在其中提供了与该组相关的更多选项，如设置间距和添加着重号的操作等更多特殊的格式设置，其具体操作如下。

（1）选择标题文本，在"字体"组右下角单击"对话框启动器"图标 。

（2）在打开的"字体"对话框中单击"高级"选项卡，在"缩放"下拉列表框中输入数据"120%"，在"间距"下拉列表框中选择"加宽"选项，其后的"磅值"数值框将自动显示"1 磅"，如图 5-31 所示，完成后单击 确定 按钮。

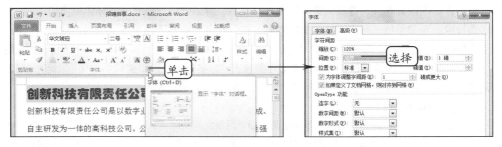

图 5-31 设置字符间距

（3）选择"数字业务"文本，在"字体"组右下角单击"对话框启动器"图标 ，在打开的"字体"对话框中单击"字体"选项卡，在"着重号"下拉列表框中选择"."选项，完成后单击 确定 按钮，如图5-32所示。

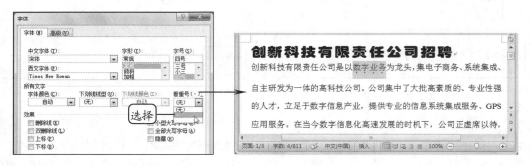

图5-32　设置着重号

（三）设置段落格式

段落是文字、图形、其他对象的集合。回车符" ↵ "是段落的结束标记。通过设置段落格式，如设置段落对齐方式、缩进、行间距和段间距等，可以使文档的结构更清晰、层次更分明。

1．设置段落对齐方式

Word中的段落对齐方式包括左对齐、居中对齐、右对齐、两端对齐（默认对齐方式）和分散对齐5种，在浮动工具栏和"段落"组中单击相应的对齐按钮，可设置不同的段落对齐方式，其具体操作如下。

（1）选择标题文本，在"段落"组中单击"居中"按钮 ，如图5-33所示。

（2）选择最后三行文本，在"段落"组中单击"右对齐"按钮 ，如图5-34所示。

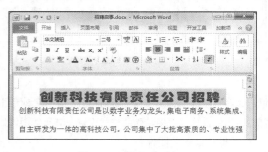

图5-33　设置居中对齐

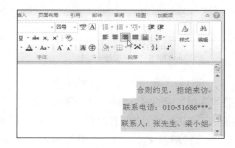

图5-34　设置右对齐

2．设置段落缩进

段落缩进是指段落左右两边文字与页边距之间的距离，包括左缩进、右缩进、首行缩进和悬挂缩进。为了更精确和详细地设置各种缩进量的值，可通过"段落"对话框进行设置，其具体操作如下。

（1）选择除标题和最后三行文本外的文本内容，在"段落"组右下角单击"对话框启动器"图标 。

（2）在打开的"段落"对话框中单击"缩进和间距"选项卡，在"特殊格式"下拉列表框中选择"首行缩进"选项，其后的"磅值"数值框中自动显示数值为"2字符"，设置完成后单击 确定 按钮，返回文档，设置首行缩进后的效果如图5-35所示。

3．设置行间距和段间距

行间距是指行与行之间的距离，而段间距是指两个相邻段落之间的距离，包括段前和段后的距离。Word默认的行间距是单倍行距，用户可根据实际需要在"段落"对话框中设置1.5倍行距或2倍行距等，其具体操作如下。

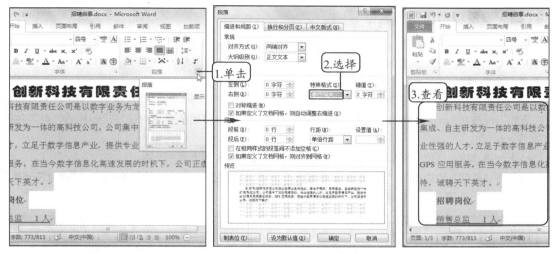

图 5-35 在"段落"对话框设置首行缩进

（1）选择标题文本，在"段落"组右下角单击"对话框启动器"图标 🔄，打开"段落"对话框，单击"缩进和间距"选项卡，在"间距"栏的"段前"和"段后"数值框中分别输入"1 行"，完成后单击 确定 按钮，如图 5-36 所示。

（2）选择"招聘岗位"文本，在按住【Ctrl】键的同时选择"应聘方式"文本，在"段落"组右下角单击"对话框启动器"图标 🔄，打开"段落"对话框，单击"缩进和间距"选项卡，在"行距"下拉列表框中选择"多倍行距"选项，其后的"设置值"数值框中自动显示数值为"3"，完成后单击 确定 按钮，如图 5-37 所示。

图 5-36 设置段间距   图 5-37 设置行间距

（3）返回文档中，可看到设置行间距和段间距后的效果。

提示

在"段落"对话框的"缩进和间距"选项卡中可对段落的对齐方式、左右边距缩进量和段落间距进行设置；单击"换行和分页"选项卡，可对分页、行号和断字等进行设置；单击"中文版式"选项卡，可对中文文稿的特殊版式进行设置，如按中文习惯控制首尾字符、允许标点溢出边界等。

（四）设置项目符号和编号

使用项目符号与编号功能，可为属于并列关系的段落添加●、★和◆等项目符号，也可添加"1.2.3."或"A.B.C."等编号，还可组成多级列表，使文档层次分明、条理清晰。

1．设置项目符号

在"段落"组中单击"项目符号"按钮，可添加默认样式的项目符号；若单击"项目符号"按钮右侧的下拉按钮，在打开的下拉列表的"项目符号库"栏中可选择更多的项目符号样式，其具体操作如下。

（1）选择"招聘岗位"文本，按住【Ctrl】键的同时选择"应聘方式"文本。

（2）在"段落"组中单击"项目符号"按钮右侧的下拉按钮，在打开的下拉列表的"项目符号库"栏中选择"◇"选项，返回文档，设置项目符号后的效果如图5-38所示。

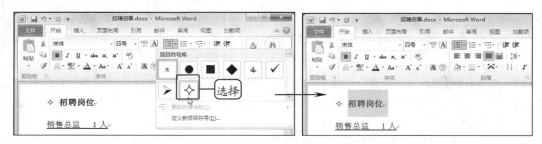

图5-38　设置项目符号

 提示

添加项目符号后，"项目符号库"栏下的"更改列表级别"选项将呈可编辑状态，在其子菜单中可调整当前项目符号的级别。

2．设置编号

编号主要用于设置一些按一定顺序排列的项目，如操作步骤或合同条款等。设置编号的方法与设置项目符号相似，即在"段落"组中单击"编号"按钮或单击该按钮右侧的下拉按钮，在打开的下拉列表中选择所需的编号样式，其具体操作如下。

（1）选择第一个"岗位职责："与"职位要求："之间的文本内容，在"段落"组中单击"编号"按钮右侧的下拉按钮，在打开的下拉列表的"编号库"栏中选择"1.2.3."选项。

（2）使用相同的方法在文档中依次设置其他位置的编号样式，其效果如图5-39所示。

图5-39　设置编号

提示

多级列表在展示同级文档内容时，还可显示下一级文档内容。它常用于长文档中。设置多级列表的方法为：选择要应用多级列表的文本，在"段落"组中单击"多级列表"按钮，在打开的下拉菜单的"列表库"栏中选择多级列表样式。

（五）设置边框与底纹

在 Word 文档中不仅可以为字符设置默认的边框与底纹，还可以为段落设置边框与底纹。

1. 为字符设置边框与底纹

在"字体"组中单击"字符边框"按钮A或"字符底纹"按钮A，可为字符设置相应的边框与底纹效果，其具体操作如下。

（1）同时选择邮寄地址和电子邮件地址，然后在"字体"组中单击"字符边框"按钮A设置字符边框，如图 5-40 所示。

（2）继续在"字体"组中单击"字符底纹"按钮A设置字符底纹，如图 5-41 所示。

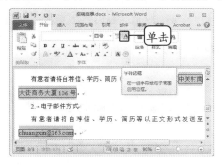

图 5-40　为字符设置边框　　　　　　　　　　　图 5-41　为字符设置底纹

2. 为段落设置边框与底纹

在"段落"组中单击"底纹"按钮右侧的下拉按钮，在打开的下拉列表中可设置不同颜色的底纹样式；单击"下框线"按钮右侧的下拉按钮，在打开的下拉列表中可设置不同类型的框线，若选择"边框与底纹"选项，可在打开的"边框和底纹"对话框中详细设置边框与底纹样式，其具体操作如下。

（1）选择标题行，在"段落"组中单击"底纹"按钮右侧的下拉按钮，在打开的下拉列表中选择"深红"选项，如图 5-42 所示。

（2）选择第一个"岗位职责："与"职位要求："文本之间的段落，在"段落"组中单击"下框线"按钮右侧的下拉按钮，在打开的下拉列表中选择"边框和底纹"选项，如图 5-43 所示。

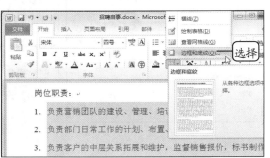

图 5-42　在"段落"组中设置底纹　　　　　　　　图 5-43　选择"边框和底纹"选项

（3）在打开的"边框和底纹"对话框中单击"边框"选项卡，在"设置"栏中选择"方框"选项，在"样式"列表框中选择" ———— "选项。

（4）单击"底纹"选项卡，在"填充"下拉列表框中选择"白色，背景1，深色15%"选项，单击 确定 按钮，在文档中设置边框与底纹后的效果如图 5-44 所示，完成后用相同的方法为其他段落设置边框与底纹样式。

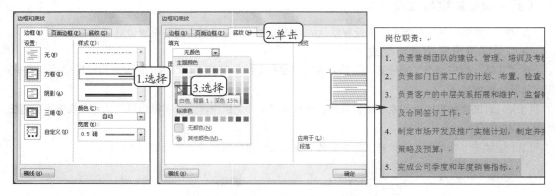

图 5-44 通过对话框设置边框与底纹

（六）保护文档

在 Word 文档中为了防止他人随意查看文档信息，可通过对文档进行加密来保护整个文档，其具体操作如下。

（1）选择"文件"/"信息"命令，在窗口中间位置单击"保护文档"按钮，在打开的下拉列表中选择"用密码进行加密"选项。

（2）在打开的"加密文档"对话框的文本框中输入密码"123456"，然后单击 确定 按钮，在打开的"确认密码"对话框的文本框中重复输入密码"123456"，然后单击 确定 按钮，完成后的效果如图 5-45 所示。

（3）单击任意选项卡返回工作界面，在快速访问工具栏中单击"保存"按钮保存设置。关闭该文档，再次打开该文档时将打开"密码"对话框，在文本框中输入密码，然后单击 确定 按钮即可打开。

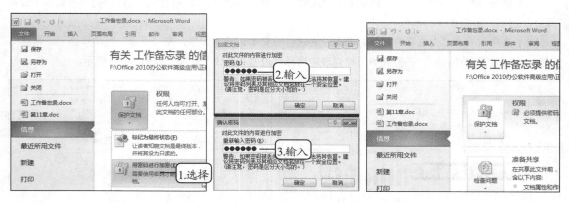

图 5-45 加密文档

任务三 编辑"公司简介"文档

任务要求

小李是公司行政部门的工作人员，张总让小李整理一份公司简介，作为公司内部刊物使用，要求通过简介能使员工了解公司的企业理念、结构组织和经营项目等。接到任务后，小李查阅相关资料写了一份公司简介草稿，并利用 Word 2010 的相关功能进行设计制作，完成后的参考效果如图 5-46 所示，相关要求如下。

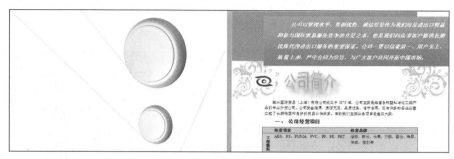

图 5-46 "公司简介"最终效果

- 打开"公司简介.docx"文档，在文档右上角插入"瓷砖型提要栏"文本框，然后在其中输入文本，并将文本格式设置为"宋体、小三、白色"。
- 将插入点定位到标题左侧，插入提供的公司标志素材图片，设置图片的显示方式为"四周型环绕"，然后将其移动到"公司简介"左侧，最后为其应用"影印"艺术效果。
- 在标题两侧插入"花边"剪贴画，并将其位置设置为"衬于文字下方"，删除标题文本"公司简介"，然后插入艺术字，输入"公司简介"。
- 设置形状效果为"预设 4"，文字效果为"停止"。
- 在"二、公司组织结构"下第 2 行插入一个组织结构图，并在对应的位置输入文本。
- 更改组织结构图的布局类型为"标准"，然后更改颜色为"橘黄"和"蓝色"，并将形状的"宽度"设置为"2.5 厘米"。
- 插入一个"现代型"封面，然后在"键入文档标题"处输入"公司简介"文本，在"键入文档副标题"处输入"瀚兴国际贸易（上海）有限公司"文本，删除多余的部分。

相关知识

形状是指具有某种规则形状的图形，如线条、正方形、椭圆、箭头和星形等，当需要在文档中绘制图形时或为图片等添加形状标注时都会用到，并可对其进行编辑美化，其具体操作如下。

（1）在"插入"/"插图"组中单击"形状"按钮，在打开的下拉列表中选择需要的形状，在文档中鼠标指针将变成"十"字形状，将鼠标指针移动到"生日快乐"文本上，然后按住鼠标左键拖曳鼠标，绘制出所需的形状。

（2）释放鼠标，保持形状的选择状态，在"格式"选项卡的"形状样式"组中单击"其他"按钮，在打开的下拉列表中选择一种样式，在"格式"/"排列"组中可调整形状的层次关系。

（3）将鼠标指针移动到形状边框的控制点上，此时鼠标指针变成形状，然后按住鼠标左键不放并向左拖曳鼠标调整形状。

🔍 任务实现

（一）插入并编辑文本框

利用文本框可以排版出特殊的文档版式，在文本框中可以输入文本，也可插入图片。在文档中插入的文本框可以是 Word 自带样式的文本框，也可以是手动绘制的横排或竖排文本框，其具体操作如下。

（1）打开"公司简介.docx"文档，在"插入"/"文本"组中单击"文本框"按钮，在打开的下拉列表中选择"瓷砖型提要栏"选项，如图 5-47 所示。

（2）在文本框中直接输入需要的文本内容，如图 5-48 所示。

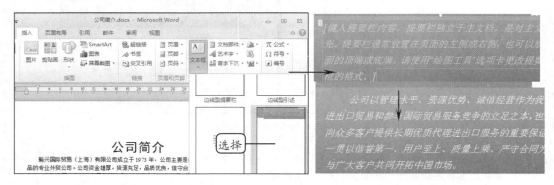

图 5-47　选择插入的文本框类型　　　　　　　　图 5-48　输入文本

（3）全选文本框中的文本内容，在"开始"/"字体"组中将文本格式设置为"宋体、小三、白色"。

（二）插入图片和剪贴画

在 Word 中，用户可根据需要将图片和剪贴画插入文档中，使文档更加美观。下面在"公司简介"文档中插入图片和剪贴画，其具体操作如下。

（1）将插入点定位到标题左侧，在"插入"/"插图"组中单击"图片"按钮。

（2）在打开的"插入图片"对话框的地址栏中选择图片的路径，在窗口工作区中选择要插入的图片，这里选择"公司标志.jpg"图片，单击 插入(S) ▼按钮，如图 5-49所示。

图 5-49　插入图片

（3）在图片上单击鼠标右键，在弹出的快捷菜单中选择"自动换行"/"四周型环绕"命令。拖动图片四周的控制点调整图片大小，在图片上按住鼠标左键不放向左侧拖动至适当位置释放鼠标，如图 5-50 所示。

（4）选择插入的图片，在"图片工具-格式"/"调整"组中单击 艺术效果 ▼按钮，在打开的下拉列表中选择"影印"选项。效果如图 5-51 所示。

（5）将插入点定位到"公司简介"左侧，在"插入"/"插画"组中单击"剪贴画"按钮，打开"剪贴画"任务窗格，在"搜索文字"文本框中输入"花边"，单击 搜索 按钮，在下侧列表框中双击图 5-52 所示的剪贴画。

（6）选择插入的剪贴画，在"图片工具-格式"/"排列"组中单击"自动换行"按钮，在打开的下拉列表中选择"衬于文字下方"选项。拖动控制点调整剪贴画大小，并将其移至左上角，效果如图 5-53 所示。

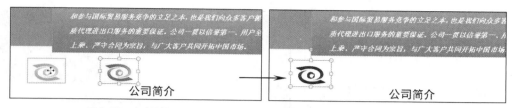

图 5-50 移动图片 　　　　图 5-51 查看调整图片效果

图 5-52 插入剪贴画

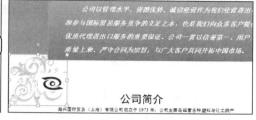

图 5-53 移动剪贴画

（7）按【Ctrl+C】组合键复制剪贴画，按【Ctrl+V】组合键粘贴，将复制的剪贴画移动至文档右侧与左侧平行的位置。

（三）插入艺术字

在文档中插入艺术字，可呈现出不同的效果，达到增强文字观赏性的目的。下面在"公司简介"文档中插入艺术字美化标题样式，其具体操作如下。

（1）删除标题文本"公司简介"，在"插入"/"文本"组中单击 艺术字·按钮，在打开的下拉列表框中选择图 5-54 所示的选项。

（2）此时将在插入点处自动添加一个带有默认文本样式的艺术字文本框，在其中输入"公司简介"文本，选择艺术字文本框，当鼠标指针变为 形状时，按住鼠标左键不放，左上方拖曳改变艺术字位置，如图 5-55 所示。

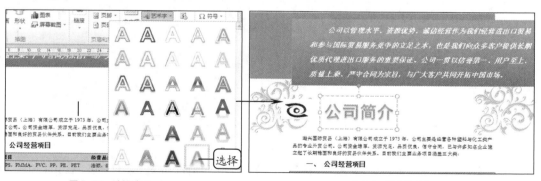

图 5-54 选择选项 　　　　图 5-55 移动艺术字

（3）在"绘制工具-格式"/"形状样式"组中单击"形状效果"按钮 形状效果·，在打开的下拉列表中选择"绘制工具-预设"/"预设 4"选项，如图 5-56 所示。

（4）在"绘制工具-格式"/"艺术字样式"组中单击"文本效果"按钮 文本效果·，在打开的下拉列表中选择"转换"/"停止"选项，如图 5-57 所示。返回文档查看设置后效果如图 5-58 所示。

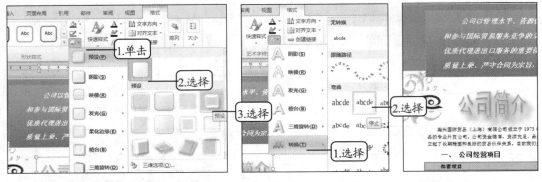

图 5-56　添加形状效果　　　　图 5-57　更改艺术字效果　　　　图 5-58　查看艺术字效果

（四）插入 SmartArt 图形

　　SmartArt 图形用于在文档中展示流程图、结构图或关系图等图示内容，具有结构清晰、样式漂亮等特点。下面在"公司简介"文档中插入 SmartArt 图形，其具体操作如下。

　　（1）将插入点定位到"二、公司组织结构"下第 2 行末尾处，按【Enter】键换行，在"插入"/"插图"组中单击 SmartArt 按钮。在打开的"选择 SmartArt 图形"对话框中单击"层次结构"选项卡，在右侧选择"组织结构图"样式，单击 确定 按钮，如图 5-59 所示。

　　（2）插入 SmartArt 图形后，单击 SmartArt 图形外框左侧的 按钮，打开"在此处键入文字"窗格，在项目符号后输入文本，将插入点定位到第 4 行项目符号中，然后在"SmartArt 工具–设计"/"创建图形"组中单击"降级"按钮 降级 。

　　（3）在降级后的项目符号后输入"贸易部"文本，然后按【Enter】键添加子项目，并输入对应的文本，添加两个子项目后按【Delete】键删除多余的文本项目。

　　（4）将插入点定位到"总经理"文本后，在"SmartArt 工具–设计"/"创建图形"组中单击"布局"按钮 布局 ，在打开的列表中选择"标准"选项，如图 5-60 所示。

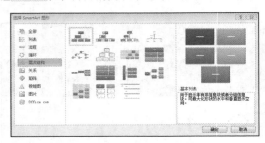

图 5-59　选择 SmartArt 图形样式

图 5-60　更改组织结构图布局

　　（5）将插入点定位到"贸易部"文本后，按【Enter】键添加子项目，并对子项目降级，在其中输入"大宗原料处"文本，继续按【Enter】键添加子项目，并输入对应的文本。

　　（6）使用相同方法在"战略发展部"和"综合管理部"文本后添加子项目，并将插入点定位到"贸易部"文本后，在"SmartArt 工具"/"创建图形"组中单击"布局"按钮 布局 ，在打开的下拉列表中选择"两者"选项。

　　（7）在"在此处键入文字"窗格右上角单击 x 按钮关闭该窗格，在"SmartArt 工具–设计"/"SmartArt 样式"组中单击"更改颜色"按钮 ，在打开的列表中选择图 5-61 所示选项。

（8）按住【Shift】键的同时分别单击各子项目，同时选择多个子项目。在"SmartArt 工具–格式"/"大小"组的"宽度"数值框中输入"2.5 厘米"，按【Enter】键，如图 5-62 所示。

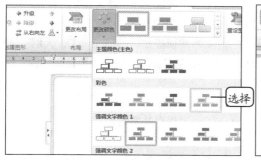

图 5-61　更改 SmartArt 图形颜色

图 5-62　调整分支项目框大小

（9）将鼠标指针移动到 SmartArt 图形的右下角，当鼠标指针变成形状时，按住鼠标左键向左上角拖动到合适的位置释放鼠标左键，缩小 SmartArt 图形。

（五）添加封面

公司简介通常会设置封面，在 Word 中设置封面的具体操作如下。

（1）在"插入"/"页"组中单击 封面 按钮，在打开的下拉列表框中选择"现代型"选项，如图 5-63 所示。

（2）在"输入文档标题"文本处单击，输入"公司简介"文本，在"键入文档副标题"处输入"瀚兴国际贸易（上海）有限公司"文本，如图 5-64 所示。

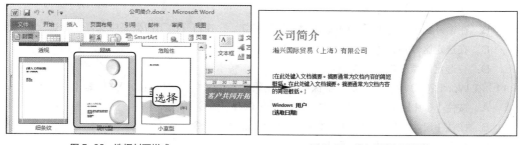

图 5-63　选择封面样式　　　　　　　　图 5-64　输入标题和副标题

（3）选择"摘要"文本框，单击鼠标右键，在弹出的快捷菜单中选择"删除行"命令，使用相同方法删除"作者"和"日期"文本框。

 课后练习

1．选择题

（1）在 Word 窗口中编辑文档时，单击文档窗口标题栏右侧的 按钮后，会（　　　）。

A．关闭窗口　　　　　　　　　　　　B．最小化窗口

C．使文档窗口独占屏幕　　　　　　　D．使当前窗口缩小

（2）在 Word 主窗口的右上角，可以同时显示的按钮是（　　）。

  A.　"最小化/还原" 和 "最大化"　 B.　"还原/最大化" 和 "关闭"

  C.　"最小化/还原" 和 "关闭"　 D.　"还原" 和 "最大化"

（3）文档窗口利用水平标尺设置段落缩进，需要切换到（　　）视图方式。

  A.　页面　 B.　Web 版式　 C.　阅读版式　 D.　大纲

（4）在 Word 编辑状态下，打开计算机的 "日记.docx" 文档，若要把编辑后的文档以文件名 "旅行日记.htm" 存盘，可以执行 "文件" 菜单中的（　　）命令。

  A.　"保存"　 B.　"另存为"

  C.　"全部保存"　 D.　"保存并发送"

（5）在快速访问工具栏中，按钮的功能是（　　）。

  A.　撤销上次操作　 B.　恢复上次操作　 C.　设置下划线　 D.　插入链接

（6）在 Word 中更改文字方向菜单命令的作用范围是（　　）。

  A.　光标所在处　 B.　整篇文档　 C.　所选文字　 D.　整段文章

（7）在 Word 中按（　　）可将光标快速移至文档的开端。

  A.　【Ctrl+Home】组合键　 B.　【Ctrl+Shift+End】组合键

  C.　【Ctrl+End】组合键　 D.　【Ctrl+Shift+Home】组合键

（8）在 Word 2010 中输入文字时，在（　　）模式下输入新的文字时，后面原有的文字将会被覆盖。

  A.　插入　 B.　改写　 C.　更正　 D.　输入

（9）Word 2010 中按住（　　）键的同时拖动选定的内容到新位置可以快速完成复制操作。

  A.　【Ctrl】　 B.　【Alt】　 C.　【Shift】　 D.　空格键

（10）在 Word 中不能实现选中整篇文档的操作是（　　）。

  A.　按【Ctrl+A】组合键

  B.　在【开始】/【编辑】组中单击 "选择" 按钮，在打开的下拉列表中选择 "全选" 选项

  C.　在选定区域按住【Ctrl】键，然后单击

  D.　在选定区域三击鼠标左键

（11）在 Word 2010 中，要一次全部保存正在编辑的多个文档，需执行的操作的是（　　）。

  A.　按住【Ctrl】键，并选择 "文件" / "全部保存" 命令

  B.　按住【Shift】键，并选择 "文件" / "全部保存" 命令

  C.　选择 "文件" / "另存为" 命令

  D.　按住【Alt】键，并选择 "文件" / "全部保存" 命令

（12）Word 2010 文档文件的扩展名为（　　）。

  A.　txt　 B.　docx　 C.　xlsx　 D.　doc

（13）在 Word 窗口的编辑区，闪烁的一条竖线表示（　　）。

  A.　鼠标位置　 B.　光标位置　 C.　拼写错误　 D.　文本位置

（14）在 Word 中选取某一个自然段落时，可将鼠标指针移到该段落区域内（　　）。

  A.　单击　 B.　双击　 C.　右键单击　 D.　右键双击

（15）在 Word 中操作时，需要删除一个字，当光标在该字的前面时，应按（　　）。

  A.　删除键　 B.　空格键　 C.　退格键　 D.　回车键

（16）在 Word 操作过程中能够显示总页数、页号、页数等信息的是（　　）。

  A.　状态栏　 B.　菜单栏　 C.　快速访问工具栏　 D.　标题栏

（17）要选定文档中的一个矩形区域，应在拖动鼠标前按（　　）。

　　　A.【Ctrl】键　　　　　　B.【Alt】键　　　　　C.【Shift】键　　　　D. 空格键

（18）在 Word 2010 中选定一行文本的方法是（　　）。

　　　A. 将鼠标箭头置于目标处并单击

　　　B. 将鼠标箭头置于此行左侧的选定栏，出现箭头形状的指针时单击

　　　C. 用鼠标在此行的选定栏三击

　　　D. 将鼠标箭头定位到该行中，当出现闪烁的光标时，连续三次单击

（19）将插入点定位于句子"风吹草低见牛羊"中的"草"与"低"之间，按【Delete】键，则该句子
为（　　）。

　　　A. 风吹草见牛羊　　　　　　　　　　　B. 风吹见牛羊

　　　C. 整句被删除　　　　　　　　　　　　D. 风吹低见牛羊

（20）在 Word 2010 中，不属于"开始"功能区的是（　　）。

　　　A. 文本　　　　　　　B. 字体　　　　　　　C. 段落　　　　　　　D. 样式

（21）如果要隐藏文档中的标尺，可以通过（　　）选项卡来实现。

　　　A. "插入"　　　　　B. "编辑"　　　　　C. "视图"　　　　　D. "开始"

（22）在 Word 2010 中，要将"中文"文本复制到插入点处，应先将"中文"选中，再（　　）。

　　　A. 直接拖动文本到插入点

　　　B. 在"开始"/"剪切板"组中单击"剪切"按钮✄，然后在插入点处单击"粘贴"按钮📋

　　　C. 在"开始"/"剪切板"组中单击"复制"按钮🔖，然后在插入点处单击"粘贴"按钮📋

　　　D. 按【Ctrl+C】组合键，然后按【Ctrl+V】组合键

（23）单击"格式刷"按钮🖌可以进行（　　）操作。

　　　A. 复制文本格式　　　B. 保存文本　　　　C. 复制文本　　　　D. 清除文本格式

（24）选择文本，在"字体"组中单击"字符边框"按钮🅐，可（　　）。

　　　A. 为所选文本添加默认边框样式　　　　B. 为当前段落添加默认边框样式

　　　C. 为所选文本所在的行添加边框样式　　D. 自定义所选文本的边框样式

（25）为文本添加项目符号后，"项目符号库"栏下的"更改列表级别"选项将呈可用状态，此时，（　　）。

　　　A. 在其子菜单中可调整当前项目符号的级别

　　　B. 在其子菜单中可更改当前项目符号的样式

　　　C. 在其子菜单中可自定义当前项目符号的级别

　　　D. 在其子菜单中可自定义当前项目符号的样式

（26）Word 中的格式刷可用于复制文本或段落的格式，若要将选中的文本或段落格式重复应用多次，
应（　　）。

　　　A. 单击格式刷　　　B. 双击格式刷　　　C. 右击格式刷　　　D. 拖动格式刷

（27）在 Word 2010 中，输入的文字默认的对齐方式是（　　）。

　　　A. 左对齐　　　　　B. 右对齐　　　　　C. 居中对齐　　　　D. 两端对齐

（28）"左缩进"和"右缩进"调整的是（　　）。

　　　A. 非首行　　　　　B. 首行　　　　　　C. 整个段落　　　　D. 段前距离

（29）修改字符间距的位置是（　　）。

　　　A. "段落"对话框中的"缩进与间距"选项卡　B. 两端对齐

　　　C. "字体"对话框中的"高级"选项卡　　　　D. 分散对齐

（30）给文字加上着重符号，可通过（　　　）实现。

    A. "字体"对话框　　　　　　　　　　　　B. "段落"对话框

    C. "字符"对话框　　　　　　　　　　　　D. "符号"对话框

（31）在 Word 2010 中，同时按住（　　　）和【Enter】键可以不产生新的段落。

    A. 【Alt】键　　　　　　　　　　　　　　B. 【Shift】键

    C. 【Ctrl】键　　　　　　　　　　　　　D. 【Ctrl+Shift】组合键

（32）Word 根据字符的大小自动调整行距，此行距称为（　　　）行距。

    A. 5 倍行距　　　　　　B. 单倍行距　　　　　　C. 固定值　　　　　　D. 最小值

（33）Word 中插入图片的默认版式为（　　　）。

    A. 嵌入型　　　　　　B. 紧密型　　　　　　C. 浮于文字上方　　　　D. 四周型

（34）下列不属于 Word 2010 的文本效果的是（　　　）。

    A. 轮廓　　　　　　　B. 阴影　　　　　　　C. 发光　　　　　　　D. 三维

（35）在 Word 2010 中使用标尺可以直接设置段落缩进，标尺顶部的三角形标记用于设置（　　　）。

    A. 首行缩进　　　　　B. 悬挂缩进　　　　　C. 左缩进　　　　　　D. 右缩进

（36）选择文本，按【Ctrl+B】组合键后，字体会（　　　）。

    A. 加粗　　　　　　　B. 倾斜　　　　　　　C. 加下划线　　　　　D. 设置成上标

（37）在 Word 中进行"段落设置"，如果设置"右缩进 2 厘米"，则其含义是（　　　）。

    A. 对应段落的首行右缩进 2 厘米

    B. 对应段落除首行外，其余行都右缩进 2 厘米

    C. 对应段落的所有行在右页边距 2 厘米处对齐

    D. 对应段落的所有行都右缩进 2 厘米

（38）在 Word 中，为文字设置上标和下标效果应在（　　　）功能区中。

    A. "字体"　　　　　B. "格式"　　　　　C. "插入"　　　　　D. "开始"

（39）使图片按比例缩放的方法为（　　　）。

    A. 拖动中间的控制点　　　　　　　　　　B. 拖动四角的控制点

    C. 拖动图片边框线　　　　　　　　　　　D. 拖动边框线的控制点

（40）为了防止他人随意查看 Word 文档信息，可为文档添加密码保护，一般可通过（　　　）来实现。

    A. 选择"文件"/"信息"命令中的"保护文档"选项

    B. 将文档设置为只读文件

    C. 将文档设置为禁止编辑状态

    D. 为文档添加数字签名

2. 操作题

（1）启动 Word 2010，按照下列要求对文档进行操作：

① 新建空白文档，将其以"产品宣传单.docx"为名进行保存，然后插入"背景图片.jpg"图片。

② 插入"填充-红色，强调文字颜色 2，粗糙棱台"效果的艺术字，然后转换艺术字的文字效果为"朝鲜鼓"，并调整艺术字的位置与大小。

③ 插入文本框并输入文本，在其中设置文本的项目符号，然后设置形状填充为"无填充颜色"，形状轮廓为"无轮廓"，设置文本的艺术字样式并调整文本框位置。

④ 插入"随机至结果流程"效果的 SmartArt 图形，设置图形的排列位置为"浮于文字上方"，在 SmartArt 中输入相应的文本，更改 SmartArt 样式的颜色和样式，并调整图形位置与大小。

（2）打开"产品说明书.docx"文档，按照下列要求对文档进行操作：

①　在标题行下插入文本，然后将文档中的相应位置的"饮水机"文本替换为"防爆饮水机"，再修改正文内容中的公司名称和电话号码。

②　设置标题文本的字体格式为"黑体，二号"，段落对齐为"居中"，正文内容的字号为"四号"，段落缩进方式为"首行缩进"，再设置最后3行的段落对齐方式为"右对齐"。

③　为相应的文本内容设置编号"1.2.3."和"1）2）3）"，在"安装说明"文本后设置编号时，可先设置编号"1.2."，然后用格式刷复制编号"3.4."。

④　选择"公司详细的地址和电话"文本，在"字体"组中单击"以不同颜色突出显示文本"按钮 右侧的下拉按钮 ，在打开的下拉列表中可选择"黑色"选项为字符设置底纹。

Chapter

6

项目六
排版文档

　　Word 不仅可以实现简单的图文编辑，还能实现长文档的编辑和版式设计。本项目将通过 3 个典型任务，介绍文档的排版方法，包括在文档中插入和编辑表格、使用样式控制文档格式、页面设置和打印设置等。

课堂学习目标

- 制作图书采购单

- 排版考勤管理规范

- 排版和打印毕业论文

任务一　制作图书采购单

任务要求

　　学校图书馆需要扩充藏书量，新增多个科目的新书。为此，需要制作一份图书采购清单作为采购部门采购的凭据。小李是图书馆的行政人员，这项工作自然落到了他的身上，小李通过市场调查和市场分析后，完成了图书采购单的制作，参考效果如图6-1所示，相关要求如下。

- 输入标题文本"图书采购单"，设置字体格式为"黑体、加粗、小一、居中对齐"。
- 创建一个7列13行的表格，将鼠标指针移动到表格右下角的控制点上，拖动鼠标调整表格高度。
- 合并第13行的第2、3列单元格，拖动鼠标调整表格第2列的列宽。
- 平均分配第2列到第7列的宽度，在表格第1行下方插入一行单元格。
- 拆分倒数两行最后两个单元格为两列，并平均分布各列单元格列宽。
- 在表格对应的位置输入图6-1所示的文本，然后设置字体格式为"黑体、五号、加粗"，对齐方式为"居中对齐"。
- 选择整个表格，设置表格宽度为"根据内容自动调整表格"，对齐方式为水平居中。
- 设置表格外边框样式为"双划线"，底纹为"白色、背景1、深色25%"。
- 最后使用"=SUM(ABOVE)"计算总和。

图书采购单

序号	书名	类别	原价（元）	折扣率%	折后价（元）	入库日期
1	父与子全集	少儿	35		21	2015年12月31日
2	古代汉语词典	工具	119.9		95.9	2015年12月31日
3	世界很大，幸好有你	传记	39		29	2015年12月31日
4	Photoshop CS5图像处理	计算机	48		39	2015年12月31日
5	疯狂英语90句	外语	19.8		17.8	2015年12月31日
6	窗边的小豆豆	少儿	30		28.8	2015年12月31日
7	只属于我的视界：手机摄影自白书	摄影	58		34.8	2015年12月31日
8	黑白花意：笔尖下的87朵花之绘	绘画	29.8		20.5	2015年12月31日
9	小王子	少儿	20		10	2015年12月31日
10	配色设计原理	设计	59		41	2015年12月31日
11	基本乐理	音乐	38		31.9	2015年12月31日
13	总和		￥496.50		￥369.70	

图6-1　"图书采购单"文档效果

相关知识

（一）插入表格的几种方式

在Word 2010中插入的表格类型主要有自动表格、指定行列表格和手动绘制表格3种，下面进行具体介绍。

1．插入自动表格

插入自动表格的具体操作如下。

（1）将插入点定位到需插入表格的位置，在"插入"/"表格"组中单击"表格"按钮▦。

（2）在打开的下拉列表中按住鼠标左键不放并拖动，直到达到需要的表格行列数，如图6-2所示。

（3）释放鼠标即可在插入点位置插入表格。

2．插入指定行列表格

插入指定行列表格的具体操作如下。

（1）在"插入"/"表格"组中单击"表格"按钮▦，在打开的下拉列表中选择"插入表格"选项，打开"插入表格"对话框。

（2）在该对话框中可以自定义表格的行列数和列宽，如图6-3所示，然后单击 确定 按钮也可创建表格。

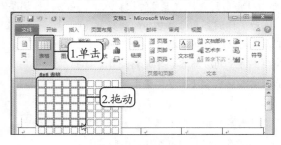

图6-2　插入自动表格　　　　　　　　　图6-3　插入指定行列的表格

3．绘制表格

通过自动插入只能插入比较规则的表格，对于一些较复杂的表格，可以手动绘制，其具体操作如下。

（1）在"插入"/"表格"组中单击"表格"按钮▦，在打开的下拉列表中选择"绘制表格"选项。

（2）此时鼠标指针变成✐形状，在需要插入表格处按住鼠标左键不放进行拖动，此时，出现一个虚线框显示的表格，拖动鼠标调整虚线框到适当大小后释放鼠标，绘制出表格的边框。

（3）按住鼠标左键不放从一条线的起点拖动至终点，释放鼠标左键，即可在表格中画出横线、竖线和斜线，从而将绘制的边框分成若干单元格，并形成各种样式的表格。

 提示

若文档中已插入了表格，在"设计"/"绘图边框"组中单击"绘制表格"按钮▨，在表格中拖动鼠标绘制横线或竖线，可添加表格的行列数，若绘制斜线，可用于制作斜线表头。

（二）选择表格

在文档中可对插入的表格进行调整，调整表格前需先选择表格，在 Word 中选择表格有以下 3 种情况。

1．选择整行表格

选择整行表格主要有以下两种方法。

● 将鼠标指针移动至表格左侧，当鼠标指针呈⬈形状时，单击可以选择整行。如果按住鼠标左键不放向上或向下拖动，则可以选择多行。

● 在需要选择的行列中单击任意单元格，在"表格工具"/"布局"/"表"组中单击"选择"按钮 ⬚ 选择 ▾，在打开的下拉列表中选择"选择行"选项即可选择该行。

2．选择整列表格

选择整列表格主要有以下两种方法。

- 将鼠标指针移动到表格顶端，当鼠标指针呈 ↓ 形状时，单击可选择整列。如果按住鼠标左键不放向左或向右拖动，则可选择多列。
- 在需要选择的行列中单击任意单元格，在"表格工具"/"布局"/"表"组中单击"选择"按钮 ⊾ 选择 ，在打开的下拉列表中选择"选择列"选项即可选择该列。

3．选择整个表格

选择整个表格主要有以下 3 种方法。

- 将鼠标指针移动到表格边框线上，然后单击表格左上角的"全部选中"按钮 ⊞ 即可选择整个表格。
- 通过在表格内部拖动鼠标选择整个表格。
- 在表格内单击任意单元格，在"表格工具"/"布局"/"表"组中单击"选择"按钮 ⊾ 选择 ，在打开的下拉列表中选择"选择表格"选项即可选择整个表格。

（三）将表格转换为文本

将表格转换为文本的具体操作如下。

（1）单击表格左上角的"全部选中"按钮 ⊞ 选择整个表格，然后在"表格工具−布局"/"数据"组中单击"转换为文本"按钮 ⊞ 。

（2）打开"表格转换成文本"对话框，如图 6-4 所示，在其中选择合适的文字分隔符，单击 确定 按钮，即可将表格转换为文本。

（四）将文本转换为表格

将文本转换为表格的具体操作如下。

（1）拖动鼠标选择需要转换为表格的文本，然后在"插入"/"表格"组中单击"表格"按钮 ⊞ ，在打开的下拉列表中选择"将文本转换成表格"选项。

（2）在打开的"将文本转换成表格"对话框中根据需要设置表格尺寸和文本分隔符，如图 6-5 所示，完成后单击 确定 按钮，即可将文本转换为表格。

图 6-4　"表格转换成文本"对话框

图 6-5　"将文字转换成表格"对话框

🔍 任务实现

（一）绘制图书采购单表格框架

在使用 Word 制作表格时，最好事先在纸上绘制表格的大致草图，规划行列数，然后再在 Word 中创建编辑，以便于快速创建表格，其具体操作如下。

（1）打开 Word 2010，在文档的开始位置输入标题文本"图书采购单"，然后按【Enter】键。

（2）在"插入"/"表格"组中单击"表格"按钮▦，在打开的下拉列表中选择"插入表格"选项，打开"插入表格"对话框。

（3）在该对话框中分别将"列数"和"行数"设置为"7"和"13"，如图6-6所示。

（4）单击 ▭确定▭ 按钮即可创建表格，选择标题文本，在"开始"/"字体"组中设置字体格式为"黑体、加粗"，字号为"小一"，并设置居中对齐，效果如图6-7所示。

图6-6 插入表格

图6-7 设置标题字体格式

（5）将鼠标指针移动到表格右下角的控制点上，向下拖动鼠标调整表格的高度，如图6-8所示。

（6）选择第12行第2、3列的单元格，单击鼠标右键，在弹出的快捷菜单中选择"合并单元格"命令。

（7）选择表格第13行第2、3列的单元格，在"表格工具-布局"/"合并"组中单击"合并单元格"按钮▦，然后使用相同的方法合并其他单元格，完成后效果如图6-9所示。

（8）将鼠标指针移至第2列表格左侧边框上，当鼠标指针变为┿形状后，按住鼠标左键向左拖动鼠标手动调整列宽。

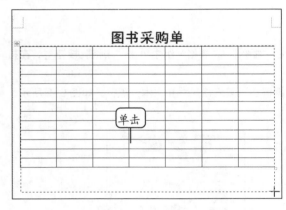

图6-8 调整表格高度

图6-9 合并单元格

（9）选择表格中第2列至第7列的单元格，在"表格工具-布局"/"单元格大小"组中单击"分布列"按钮▦，平均分配各列的宽度。

（二）编辑图书采购单表格

在制作表格中，通常需要在指定位置插入一些行列单元格，或将多余的表格合并或拆分等，以满足实际需要，其具体操作如下。

（1）将鼠标指针移动到第1行左侧，当其变为↗形状时，单击选择该行单元格，在"表格工具-布局"/"行和列"组中的"在下方插入"按钮▦，在表格第1行下方插入一单元格。

（2）选择倒数两行最后两个单元格，在"表格工具-布局"/"合并"组中的"拆分单元格"按钮▦。

（3）打开"拆分单元格"对话框，在其中设置列数为"2"，如图6-10所示，单击 确定 按钮即可。

（4）选择倒数两行除第1列外的所有单元格，在"表格工具-布局"/"单元格大小"组中单击"分布列"按钮，平均分配各列的宽度，效果如图6-11所示。

（5）选择第12行单元格，单击鼠标右键，在弹出的快捷菜单中选择"删除"/"删除行"命令。

图6-10 拆分单元格　　　　　　　　　　图6-11 平均分布列

提示

在选择整行或整列单元格后，单击鼠标右键，在弹出的快捷菜单中选择相应的命令，如选择"在左侧插入列"命令，也可在选择列的左侧插入一列空白单元格。

（三）输入与编辑表格内容

表格外形编辑好后，就可以向表格中输入相关的表格内容，并设置对应的格式，其具体操作如下。

（1）在表格对应的位置输入相关的文本，如图6-12所示。

（2）选择第一行单元格中的内容，设置字体格式为"黑体、五号、加粗"，对齐方式为居中对齐。

（3）选中表格中剩余的文本，设置对齐方式为居中对齐。

（4）保持表格的选中状态，在"表格工具-布局"/"单元格大小"组中单击"自动调整"按钮，在打开的下拉列表中选择"根据内容自动调整表格"选项，完成后效果如图6-13所示。

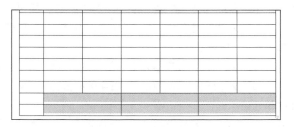

图6-12 输入文本　　　　　　　　　　图6-13 调整表格列宽

（5）在表格上单击按钮选择表格，在"表格工具-布局"/"对齐方式"组中单击"水平居中"按钮，设置文本水平居中对齐。

（6）将“平均值”和“总和”单元格右侧的两列单元格分别拆分为 4 列单元格。

（四）设置与美化表格

完成表格内容的编辑后，还可以对表格的边框和填充颜色进行设置，以美化表格，其具体操作如下。

（1）在表格中单击鼠标右键，在弹出的快捷菜单中选择“边框和底纹”命令。

（2）打开“边框和底纹”对话框，在“设置”栏中选择“虚框”选项，在“样式”列表框中选择“双划线”选项，如图 6-14 所示。

（3）单击 确定 按钮，完成表格外框线的设置，效果如图 6-15 所示。

（4）选择“总和”文本所在的单元格，设置字体格式为“黑体、加粗”，然后按住【Ctrl】键依次选择表格表头所在的单元格。

（5）在“开始”/“段落”组中单击“边框和底纹”按钮，在打开的下拉列表中选择“边框和底纹”选项，打开“边框和底纹”对话框。

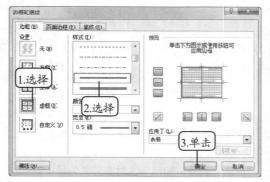

图 6-14 设置外边框

图书采购单

序号	书名	类别	原价（元）	折扣率%	折后价（元）	入库日期
1	父与子全集	少儿	35		21	2015 年 12 月 31 日
2	古代汉语词典	工具	119.9		95.9	2015 年 12 月 31 日
3	世界很大，幸好有你	传记	39		29	2015 年 12 月 31 日
4	Photoshop CS5 图像处理	计算机	48		39	2015 年 12 月 31 日
5	疯狂英语 90 句	外语	19.8		17.8	2015 年 12 月 31 日
6	窗边的小豆豆	少儿	30		28.8	2015 年 12 月 31 日
7	只属于我的视界：手机摄影自白书	摄影	58		34.8	2015 年 12 月 31 日

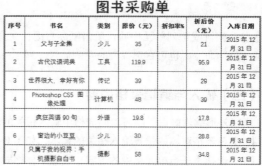

图 6-15 设置外边框后的效果

（6）单击“底纹”选项卡，在“填充”下拉列表框中选择“白色、背景 1、深色 25%”选项，如图 6-16 所示。

（7）单击 确定 按钮，完成单元格底纹的设置，效果如图 6-17 所示。

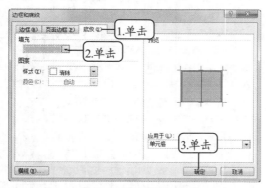

图 6-16 设置底纹

图书采购单

序号	书名	类别	原价（元）	折扣率%	折后价（元）	入库日期
1	父与子全集		35		21	2015 年 12 月 31 日
2	古代汉语词典	工具	119.9		95.9	2015 年 12 月 31 日
3	世界很大，幸好有你	传记	39		29	2015 年 12 月 31 日
4	Photoshop CS5 图像处理	计算机	48		39	2015 年 12 月 31 日
5	疯狂英语 90 句	外语	19.8		17.8	2015 年 12 月 31 日
6	窗边的小豆豆	少儿	30		28.8	2015 年 12 月 31 日
7	只属于我的视界：手机摄影自白书	摄影	58		34.8	2015 年 12 月 31 日

单击

图 6-17 添加底纹后的效果

（五）计算表格中的数据

在表格中可能会涉及数据计算，使用 Word 制作的表格也可以实现简单的计算，其具体操作如下。

（1）将插入点定位到“总和”右侧的单元格中，在“布局”/“数据”组中单击“公式”按钮 fx。

（2）打开"公式"对话框，在"公式"文本框中输入"=SUM(ABOVE)"，在"编号格式"下拉列表框中选择"¥#,##0.00;(¥#,##0.00)"选项，如图6-18所示。

（3）单击 确定 按钮，使用相同的方法计算折后价的平均值，完成后效果如图6-19所示。

图6-18 设置公式与编号格式

8	黑白花意：笔尖下的87朵花之绘	绘画	29.8	20.5	2015年12月31日
9	小王子	少儿	20	10	2015年12月31日
10	配色设计原理	设计	59	41	2015年12月31日
11	基本乐理	音乐	38	31.9	2015年12月31日
13	总和		¥496.50	¥369.70	

图6-19 使用公式计算后的结果

任务二 排版考勤管理规范

任务要求

小李在某企业的行政部门工作。最近，总经理发现员工的工作比较懒散，决定严格执行考勤制度，于是要求小李制作一份考勤管理规范，便于内部员工使用。小李打开原有的考勤管理规范文件，经过一番研究，最后利用Word 2010的相关功能进行设计制作，完成后参考效果如图6-20所示，相关要求如下。

● 打开文档，自定义纸张大小，设置"宽度"和"高度"分别为"20"和"28"。

● 设置页边距"上""下"分别为"3厘米"，"左""右"分别为"2.5厘米"。

● 为标题应用内置的"标题"样式，新建"小项目"样式，设置格式为"汉仪长艺体简、五号、1.5倍行距"，底纹为"白色，背景1，深色50%"。

● 修改"小项目"样式，设置字体格式为"小三、'茶色，背景2，深色50%'"，设置底纹为"白色，背景1，深色15%"。

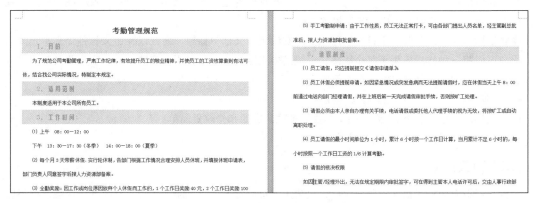

图6-20 "考勤管理规范"排版后的效果

相关知识

（一）模板与样式

模板和样式是Word中常用的排版工具，下面分别介绍模板与样式的相关知识。

1. 模板

Word 2010 的模板是一种固定样式的框架，包含了相应的文字和样式，下面分别介绍新建模板、使用已有的模板和管理模板的方法。

- 新建模板。选择"文件"/"新建"命令，在中间的"可用模板"中选择"我的模板"选项，打开"新建"对话框，在"新建"栏单击选中"模板"单选项，如图 6-21 所示，单击 确定 按钮即可新建一个名称为"模板 1"的空白文档窗口，保存文档后其格式为.docx。

- 套用模板。选择"文件"/"选项"命令，打开"Word 选项"对话框，选择左侧的"加载项"选项，在右侧的"管理"下拉列表中选择"模板"选项，单击 转到(G)... 按钮，打开"模板加载项"对话框，如图 6-22 所示，在其中单击 选用(A)... 按钮，在打开的对话框中选择需要的模板，然后返回对话框，单击选中"自动更新文档样式"复选框，单击 确定 按钮即可在已存在的文档中套用模板。

图 6-21　新建模板

图 6-22　套用模板

2. 样式

在编排一篇长文档或是一本书时，需要对许多的文字和段落进行相同的排版工作，如果只是利用字体格式编排和段落格式编排功能，费时且容易出错，更重要的是很难使文档格式保持一致。使用样式能减少许多重复的操作，在短时间内排出高质量的文档。

样式是指一组已经命名的字符和段落格式。它设定了文档中标题、题注以及正文等各个文本元素的格式。用户可以将一种样式应用于某个段落，或段落中选定的字符上，所选定的段落或字符便具有这种样式定义的格式。对文档应用样式主要有以下作用。

- 使用样式使文档的格式更便于统一。
- 使用样式还可构筑大纲，使文档更有条理，编辑和修改更简单。
- 使用样式还可以方便生成目录。

（二）页面版式

设置文档页面版式包括设置页面大小、页边距和页面背景，以及添加水印、封面等，这些设置将应用于文档的所有页面。

1. 设置页面大小、页面方向和页边距

默认的 Word 页面大小为 A4（21 厘米×29.7 厘米），页面方向为纵向，页边距为普通，在"页面布局"/"页面设置"组中单击相应的按钮便可进行修改，相关介绍如下。

- 单击"纸张大小"按钮 右侧的 按钮，在打开的下拉列表框中选择一种页面大小选项，或选择"其他页面大小"选项，在打开的"页面设置"对话框中输入文档宽度和高度大小值。

- 单击"页面方向"按钮 右侧的 按钮，在打开的下拉列表中选择"横向"选项，可以将页面设置为横向。
- 单击"页边距"按钮 下方的 按钮，在打开的下拉列表框中选择一种页边距选项，或选择"自定义页边距"选项，在打开的"页面设置"对话框中输入上、下、左、右页边距值。

2．设置页面背景

在 Word 中，页面背景可以是纯色背景、渐变色背景和图片背景。设置页面背景的方法是：在"页面布局"/"页面背景"组中单击"页面颜色"按钮 ，在打开的下拉列表中选择一种页面背景颜色，如图6-23所示。若选择"填充效果"选项，在打开的对话框中单击"渐变"等选项卡，便可设置渐变色背景和图片背景等。

3．添加封面

在制作某些办公文档时，可通过添加封面表现文档的主题，封面内容一般包含标题、副标题、文档摘要、编写时间、作者和公司名称等。添加封面的方法是：在"插入"/"页"组中单击"封面"按钮 ，在打开的下拉列表中选择一种封面样式，如图 6-24 所示，为文档添加该类型的封面，然后输入相应的封面内容即可。

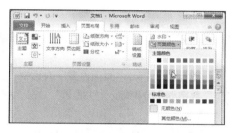

图6-23 设置页面背景

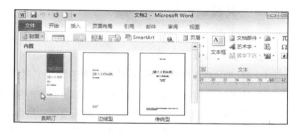

图6-24 设置封面

4．添加水印

制作办公文档时，为表明公司文档的所有权和出处，可为文档添加水印背景，如添加"机密"水印等。添加水印的方法是：在"页面布局"/"页面背景"组中单击"水印"按钮 ，在打开的下拉列表中选择一种水印效果即可。

5．设置主题

Word 2010 提供了各种主题，通过应用这些文档主题可快速更改文档的整体效果，统一文档的整体风格。设置主题的方法是：在"页面布局"/"主题"组中单击"主题"按钮 ，在打开的下拉列表中选择一种主题样式，文档的颜色和字体等效果将发生变化。

任务实现

（一）设置页面大小

日常应用中可根据文档内容自定义页面大小，其具体操作如下。

（1）打开"考勤管理规范.docx"文档，在"页面布局"/"页面设置"组中单击"对话框启动器"图标 ，打开"页面设置"对话框。

（2）单击"纸张"选项卡，在"纸张大小"下拉列表框中选择"自定义大小"选项，并在下方的"宽度"和"高度"数值框中输入"20"和"28"，如图6-25所示。

（3）单击 确定 按钮，返回文档编辑区，即可查看设置页面大小后的文档效果，如图6-26所示。

图 6-25　设置页面大小　　　　　　　　　　图 6-26　查看效果

（二）设置页边距

如果文档是给上级或者客户看的，那么，Word 默认的页边距就可以了。若为了节省纸张，可以适当缩小页边距，其具体操作如下。

（1）在"页面布局"/"页面设置"组中单击"对话框启动器"图标 ，打开"页面设置"对话框。

（2）单击"页边距"选项卡，在"页边距"栏中的"上""下"数字框中分别输入"1 厘米"，在"左""右"数字框中分别输入"1.5 厘米"，如图 6-27 所示。

（3）单击 确定 按钮，返回文档编辑区，即可查看设置页边距后文档页面版式，如图 6-28 所示。

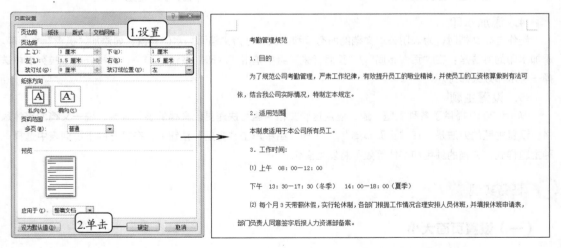

图 6-27　设置页边距　　　　　　　　　　图 6-28　查看设置页边距后的效果

（三）套用内置样式

内置样式是指 Word 2010 自带的样式，下面为"考勤管理规范.docx"文档套用内置样式，其具体操作如下。

（1）将插入点定位在标题"考勤管理规范"文本右侧，在"开始"/"样式"组的列表框中选择"标题"

选项，如图 6-29 所示。

（2）返回文档编辑区，即可查看设置标题样式后的文档效果，如图 6-30 所示。

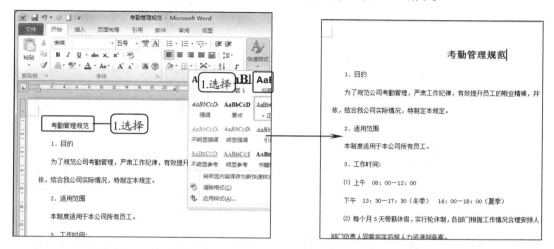

图 6-29　套用内置样式　　　　　　　　　　图 6-30　查看效果

（四）创建样式

Word 2010 中内置样式是有限的，当用户需要使用的样式在 Word 中并没有内置样式时，可创建样式，其具体操作如下。

（1）将插入点定位在第一段"1．目的"文本右侧，在"开始"/"样式"组中单击"对话框启动器"图标，如图 6-31 所示。

（2）打开"样式"任务窗格，单击"新建样式"按钮，如图 6-32 所示。

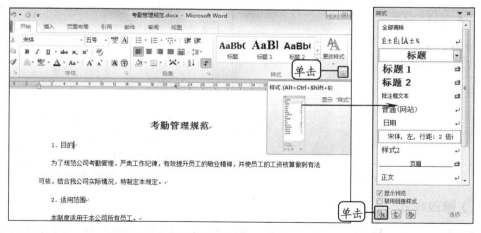

图 6-31　打开"样式"任务窗格　　　　　　图 6-32　单击"新建样式"按钮

（3）在打开的对话框的"名称"文本框中输入"小项目"，在格式栏中将格式设置为"汉仪长艺体简、五号"，单击 格式(0) 按钮，在打开的下拉列表中选择"段落"选项，如图 6-33 所示。

（4）打开"段落"对话框，在间距栏的"行距"下拉列表中选择"1.5 倍行距"选项，单击 确定 按钮，如图 6-34 所示。

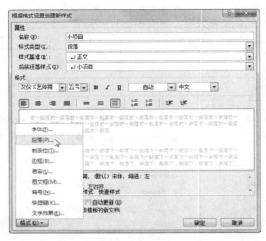

图 6-33　设置格式

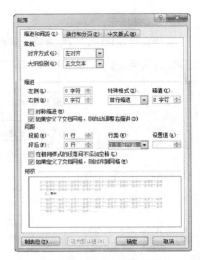

图 6-34　设置"段落"格式

（5）返回到"根据格式设置创建新样式"对话框，再次单击 格式(O)▼ 按钮，在打开的下拉列表中选择"边框"选项。

（6）打开"边框和底纹"对话框，单击"底纹"选项卡，在"填充"栏的下拉列表中选择"白色，背景1，深色50％"选项，依次单击 确定 按钮，如图6-35所示。

（7）返回文档编辑区，即可查看创建样式后的文档效果，如图6-36所示。

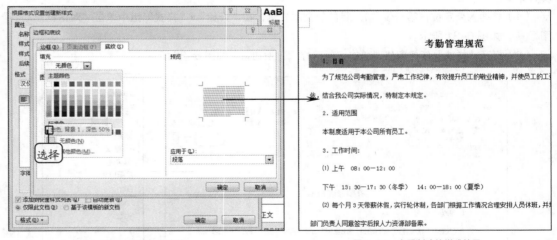

图 6-35　设置边框和底纹　　　　　　　图 6-36　查看创建的样式效果

（五）修改样式

创建新样式时，如果用户对创建后的样式有不满意的地方，可通过"修改"样式功能对其进行修改，其具体操作如下。

（1）在"样式"任务窗格中选择创建的"小项目"样式，单击右侧的 ▼ 按钮，在打开的下拉列表中选择"修改"选项，如图6-37所示。

（2）在打开对话框的"格式"栏中将字体格式设置为"小三、'茶色，背景2，深色50％'"，单击 格式(O)▼ 按钮，在打开的下拉列表中选择"边框"选项，如图6-38所示。

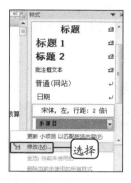

图 6-37 选择"修改"选项

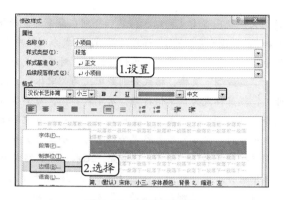

图 6-38 修改字体和颜色

（3）打开"边框和底纹"对话框，单击"底纹"选项卡，在"填充"下拉列表中选择"白色，背景 1，深色 15%"选项，单击 确定 按钮，如图 6-39 所示，即可修改样式。

（4）将插入点定位到其他同级别文本上，在"样式"窗格中选择"小项目"样式应用样式，如图 6-40 所示。

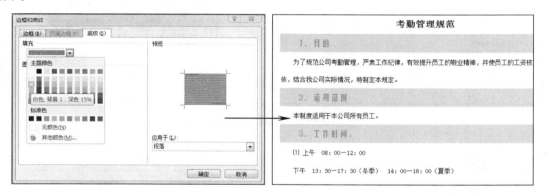

图 6-39 修改底纹样式

图 6-40 查看修改样式后的效果

任务三 排版和打印毕业论文

任务要求

　　肖雪是某职业高校的一名大三学生，临近毕业，她按照指导老师发放的毕业设计任务书要求，完成了实验调查和论文内容的书写。接下来，她需要使用 Word 2010 对论文的格式进行排版，完成后参考效果如图 6-41 所示，相关要求如下。

● 新建样式，设置正文字体，中文为"宋体"、西文为"Times New Roman"，字号为"五号"，统一首行缩进 2 个字符。
● 设置一级标题字体格式为"黑体、三号、加粗"，段落格式为"居中对齐、段前段后均为 0 行、2 倍行距"。
● 设置二级标题字体格式为"微软雅黑、四号、加粗"，段落格式为"左对齐、1.5 倍行距"。
● 设置"关键字："文本字体为"微软雅黑、四号、加粗"，后面的关键字格式与正文相同。

- 使用大纲视图查看文档结构，然后分别在每个部分的前面插入分页符。
- 添加"反差型（奇数页）"样式的页眉，格式分别是中文为"宋体"，西文为"Times New Roman"，字号为"五号"，行距为"单倍行距"，对齐方式为"居中对齐"。
- 添加"边线型"页脚，格式分别是中文为"宋体"，西文为"Times New Roman"，字号为"五号"，段落样式为"单倍行距，居中对齐"，页脚显示当前页码。
- 选择"毕业论文"文本，设置格式为"方正大标宋简体、小初、居中对齐"，选择"降低企业成本途径分析"文本，设置格式为"黑体、小二、加粗、居中对齐"。
- 分别选择"姓名""学号""专业"文本，设置格式为"黑体、小四"，然后利用【Space】键使其居中对齐。同样利用【Space】键使论文标题上下居中对齐。
- 提取目录。设置"制表符前导符"为第一个选项，"格式"为"正式"，撤销选中"使用超链接而不使用页码"复选框。
- 选择"文件"/"打印"命令，预览并打印文档。

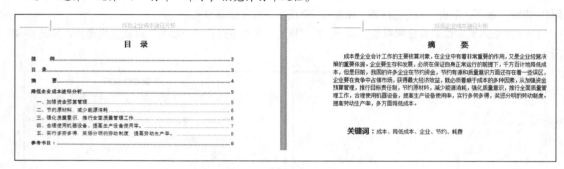

图6-41　"毕业论文"文档效果

相关知识

（一）添加题注

题注通常对文档中的图片或表格进行自动编号，从而节约手动编号的时间，其具体操作如下。

（1）在"引用"/"题注"组中单击"插入题注"按钮，打开"题注"对话框，如图6-42所示。

（2）在"标签"下拉列表框中选择需要设置的标签，也可以单击 新建标签(N)... 按钮，打开"新建标签"对话框，在"标签"文本框中输入自定义的标签名称。

（3）单击 确定 按钮返回对话框即可查看添加的新标签，单击 确定 按钮即可返回文档。

（二）创建交叉引用

交叉引用可以将文档中的图片、表格与正文相关的说明文字创建对应的关系，从而为作者提供自动更新功能，具体操作如下。

（1）将插入点定位到需要使用交叉引用的位置，在"引用"/"题注"组中单击"交叉引用"按钮，打开"交叉引用"对话框，如图6-43所示。

（2）在"引用类型"下拉列表框中选择需要引用的类型，然后在"引用哪一个书签"列表框中选择需要的引用选项，这里没有创建书签，故没有选项。单击 插入(I) 按钮即可创建交叉引用。在选择插入的文本范围时，插入的交叉引用的内容将显示为灰色底纹，若修改被引用的内容，返回引用时按【F9】键即可更新。

图 6-42 添加题注

图 6-43 创建交叉引用

（三）插入批注

批注用于在阅读时对文中的内容进行注解，其具体操作如下。

（1）选择要添加批注的文本，在"审阅"/"批注"组中单击"新建批注"按钮 ，选择的文本由一条引线引至文档右侧。

（2）批注中"[M 用 1]"表示由姓名简写为"M"的用户添加的第一条批注，在批注文本框中输入文本内容。

（3）使用相同的方法可以为文档添加多个批注，并且批注会自动编号排列，也可通过单击"上一页"按钮 或"下一页"按钮 ，查看添加的批注。

（4）为文档添加批注后，若要删除，可在要删除的批注上单击鼠标右键，在弹出的快捷菜单中选择"删除批注"命令。

（四）添加修订

对错误的内容添加修订，并将文档发送给制作人员予以确认，可减少文档出错率，其具体操作如下。

（1）在"审阅"/"修订"组中单击"修订"按钮 ，进入修订状态，此时对文档的任何操作都将被记录下来。

（2）对文档内容进行修改，在修改后原位置会显示修订的结果，并在左侧出现一条竖线，表示该处进行了修订。

（3）在"审阅"/"修订"组中单击 显示标记 按钮右侧下拉按钮 ，在打开的下拉列表中选择"批注框"/"在批注框中显示修订"选项。

（4）对文档修订结束后，必须再次单击"修订"按钮 退出修订状态，否则文档中任何操作都会被作为修订操作。

（五）接受与拒绝修订

对于文档中的修订，用户可根据需要选择接受或拒绝修订的内容，其具体操作如下。

（1）在"审阅"/"更改"组中单击"接受"按钮 接受修订，或单击"拒绝"按钮 拒绝修订。

（2）单击 接受 按钮 下方的 按钮，在打开的下拉列表中选择"接受对文档的所有修订"选项，可一次性接受对文档的所有修订。

（六）插入并编辑公式

当需要使用一些复杂的数学公式时，可使用 Word 中提供的公式编辑器快速、方便地编写数学公式，如根式公式或积分公式等，其具体操作如下。

（1）在"插入"/"符号"组中单击"公式"按钮 π 下方的下拉按钮 ，在打开的下拉列表中选择"插入新公式"选项。

（2）在文档中将出现一个公式编辑框，在"设计"/"结构"组中单击"括号"按钮{()}，在打开的下拉列表的"事例和堆栈"栏中选择"事例（两条件）"选项。

（3）单击括号上方的条件框，将插入点定位到其中，并输入数据，然后在"符号"组中单击"大于"按钮 >。

（4）单击括号下方的条件框，选择该条件框，然后在"结构"组中单击"分数"按钮 $\frac{x}{y}$，在打开的下拉列表的"分数"栏中选择"分数（竖式）"选项。

（5）在插入的分数中输入数据，完成后在文档的任意处单击退出公式编辑框。

⊕ 任务实现

（一）设置文档格式

毕业论文在初步完成后需要对其设置相关的文本格式，使其结构分明，其具体操作如下。

（1）将插入点定位到"提纲"文本中，打开"样式"任务窗格，单击"新建样式"按钮 🖺。

（2）打开"根据格式设置创建新样式"对话框，通过前面讲解的方法在对话框中设置样式，其中字体格式设置为"黑体、三号、加粗"，段落样式设置为"居中对齐、段前段后均为 0 行、2 倍行距"，如图 6-44 所示。

（3）通过应用样式的方法为其他一级标题应用样式，效果如图 6-45 所示。

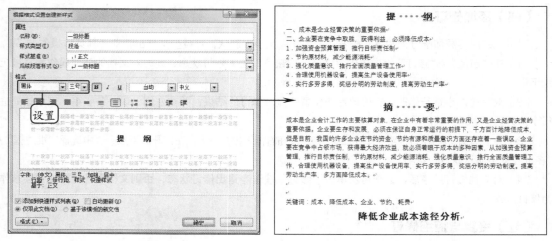

图 6-44　创建新样式　　　　　　　　　图 6-45　应用样式

（4）使用相同的方法设置二级标题格式，其中，设置字体格式为"微软雅黑、四号、加粗"，设置段落格式为"左对齐、1.5 倍行距"，大纲级别为"一级"。

（5）设置正文格式，中文为"宋体"，西文为"Times New Roman"，字号为"五号"，统一首行缩进"2个字符"，设置正文行距为"1.2 倍间距"，大纲级别为"二级"。完成后为文档应用相关的样式即可。

（二）使用大纲视图

大纲视图适用于长文档中文本级别较多的情况，以便于查看和调整文档结构，其具体操作如下。

（1）在"视图"/"文档视图"组中单击 🖹 大纲视图 按钮，将视图模式切换到大纲视图，在"大纲"/"大纲工具"组中的"显示级别"下拉列表中选择"2级"选项。

（2）查看所有2级标题文本后，双击"降低企业成本途径分析"文本段落左侧的⊕标记，可展开下面的内容，如图6-46所示。

（3）设置完成后，在"大纲"/"关闭"组中单击"关闭大纲视图"按钮图或在"视图"/"文档视图"组中单击"页面视图"按钮图，返回页面视图模式。

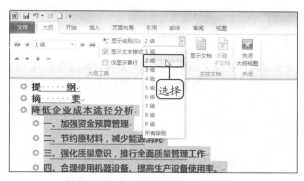

图6-46 使用大纲视图

（三）插入分隔符

分隔符主要用于标识文字分隔的位置，其具体操作如下。

（1）将插入点定位到文本"提纲"之前，在"页面布局"/"页面设置"组中单击"分隔符"按钮，在打开的下拉列表中的"分页符"栏中选择"分页符"选项。

（2）在插入点所在位置插入分页符，此时，"提纲"的内容将从下一页开始，如图6-47所示。

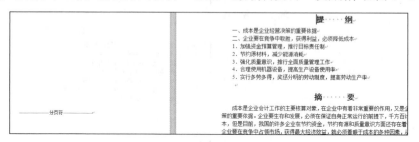

图6-47 插入分页符后效果

（3）将插入点定位到文本"摘要"之前，在"页面布局"/"页面设置"组中单击"分隔符"按钮，在打开的下拉列表中的"分节符"栏中选择"下一页"选项。

（4）此时，在"提纲"的结尾部分插入分页符，"摘要"的内容将从下一页开始，如图6-48所示。

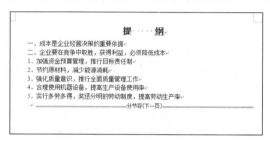

图6-48 插入分节符后的效果

（5）使用相同的方法为"降低企业成本途径分析"设置分节符。

 提 示

如果文档中的编辑标记并未显示，可在"开始"/"段落"组中单击"显示/隐藏编辑标记"按钮 ，使其呈选中状态，此时隐藏的编辑标记将显示出来。

（四）设置页眉页脚

为了使页面更美观，便于阅读，许多文档都添加了页眉和页脚。在编辑文档时，可在页眉和页脚中插入文本或图形，如页码、公司徽标、日期和作者名等，其具体操作如下。

（1）在"插入"/"页眉和页脚"组中单击 页眉 按钮，在打开的下拉列表中选择"反差型（奇数页）"选项，然后在其中输入"降低企业成本途径分析"文本，并设置格式为"宋体、五号"，单击选中"首页不同"复选框，如图6-49所示。

（2）插入点自动插入页眉区，且自动输入公司名称和文档标题，然后在"页眉页脚工具-设计"/"关闭"组中单击 页脚 按钮，在打开的下拉列表中选择"边线型"选项。

（3）插入点插入页脚区，且自动插入居中页码，然后在"页眉页脚工具-设计"/"关闭"组中单击"关闭页眉和页脚"按钮 退出页眉和页脚视图。

（4）返回文档中可看到设置页眉和页脚后的效果，此时发现页眉中多了一条横线，双击进入页眉页脚视图，拖动鼠标选择段落标记，单击鼠标右键，在弹出的快捷菜单中选择"边框和底纹"命令，打开"边框和底纹"对话框，撤销其中的表格边框线，单击 确定 按钮，完成后效果如图6-50所示。

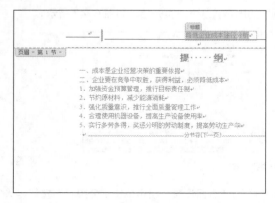

图6-49 设置页眉

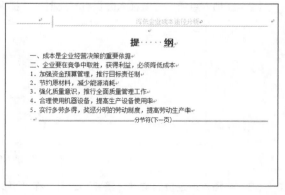

图6-50 删除页眉多余横线

（5）使用相同的方法将首页中的横线去除，完成页眉页脚设置。

（五）创建目录

对于设置了多级标题样式的文档，可通过索引和目录功能提取目录，具体操作如下。

（1）在文档开始处选择"毕业论文"文本，设置格式为"方正大标宋简体、小初、居中对齐"，选择"降低企业成本途径分析"文本，设置格式为"黑体、小二、加粗、居中对齐"。

（2）分别选中"姓名""学号""专业"文本，设置格式为"黑体、小四"然后利用【Space】键使其居中对齐。同样利用【Space】键使论文标题上下居中对齐，参考效果如图6-51所示。

（3）选择摘要中的"关键字："文本，设置字符格式为"微软雅黑、四号、加粗"。

（4）在"提纲"页的末尾定位插入点，在"插入"/"页"组中单击 分页 按钮，插入分页符并创建新的空白页，按【Enter】键换行，在新页面第一行输入"目录"，并应用一级标题格式。

（5）将插入点定位于第二行左侧，在"引用"/"目录"组中单击"目录"按钮，在打开的下拉列表中选择"插入目录"选项，打开"目录"对话框，单击"目录"选项卡，在"制表符前导符"下拉列表中选择第一个选项，在"格式"下拉列表框中选择"正式"选项，在"显示级别"数值框中输入"2"，撤销选中"使用超链接而不使用页码"复选框，单击 确定 按钮，如图6-52所示。

（6）返回文档编辑区即可查看插入的目录，效果如图6-53所示。

图6-51 设置封面格式

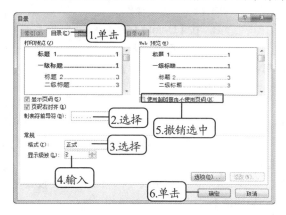

图6-52 "目录"对话框

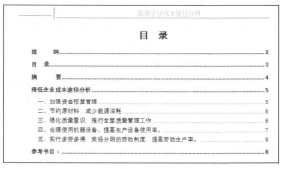

图6-53 插入目录效果

（六）预览并打印文档

在文档中对文本内容编辑完成后可将其打印出来，即把制作的文档内容输出到纸张上。但是为了使输入的文档内容效果更真实，及时发现文档中隐藏的错误排版样式，可在打印文档之前预览打印效果，具体操作如下。

（1）选择"文件"/"打印"命令，在窗口右侧预览打印效果。

（2）对预览效果满意后，在"打印"栏的"份数"数值框中设置打印份数，这里设置为"2"，然后单击"打印"按钮 开始打印即可。

 提示

选择【文件】/【打印】命令，在窗口中间的"设置"栏下的第一个下拉列表框中选择"打印当前页面"选项，将只打印插入点所指定的页；若选择"打印自定义范围"选项，并在其下"页数"文本框中输入起始页码或页面范围，并以","或"-"将其隔开，则可只打印指定范围内的页面。

课后练习

1. 选择题

（1）在 Word 中若要删除表格中的某单元格所在行，则应选择"删除单元格"对话框中的（　　）选项。

    A. "右侧单元格左移"　　　B. "下方单元格上移"　　　C. "删除整行"　　　D. "删除整列"

（2）下列关于在 Word 中拆分单元格的说法正确的是（　　）。

    A. 只能把表格拆分为多行　　　　　　　　　　B. 只能把表格拆分为多列

    C. 可以拆分成设置的行列数　　　　　　　　　D. 拆分的单元格必须是合并后的单元格

（3）Word 表格功能相当强大，当把插入点定位在表的最后一行的最后一个单元格时，按【Tab】键，将（　　）。

    A. 增加一个制表符空格　　　　　　　　　　　B. 增加新列

    C. 增加新行　　　　　　　　　　　　　　　　D. 把插入点移入第一行的第一个单元格

（4）在选定了整个表格之后，若要删除整个表格中的内容，可执行（　　）操作。

    A. 在右键菜单中选择"删除表格"命令　　　　B. 按【Delete】键

    C. 按【Space】键　　　　　　　　　　　　　D. 按【Esc】键

（5）在改变表格中某列宽度时不会影响其他列宽度的操作是（　　）。

    A. 直接拖动某列的右边线

    B. 直接拖动某列的左边线

    C. 拖动某列右边线的同时，按住【Shift】键

    D. 拖动某列右边线的同时，按住【Ctrl】键

（6）在 Word 中，"页码"格式是在（　　）对话框中设置。

    A. "页面设置"　　　　　B. "页眉和页脚"　　　　C. "页码格式"　　　D. "稿子设置"

（7）Word 具有分栏的功能，下列关于分栏的说法中正确的是（　　）。

    A. 最多可以设置三栏　　　　　　　　　　　　B. 各栏的宽度可以设置

    C. 各栏的宽度是固定的　　　　　　　　　　　D. 各栏之间的间距是固定的

（8）下面对 Word "首字下沉"的说法正确的是（　　）。

    A. 可设置两个字符的下层　　　　　　　　　　B. 可以下沉三行字的位置

    C. 最多只能下沉三行　　　　　　　　　　　　D. 可设置下层字符与正文的距离

（9）Word 2010 的模板文件的扩展名是（　　）。

    A. .dot　　　　　　　　　B. .xlsx　　　　　　　　C. .dotx　　　　　　D. .docx

（10）在 Word 中进行文字校对时，正确的操作是（　　）。

    A. 选择"文件"/"选项"命令

    B. 在"审阅"/"校对"组中单击"信息检索"按钮

    C. 在"审阅"/"校对"组中单击"修订"按钮

    D. 在"审阅"/"校对"组中单击"拼写和语法"按钮

（11）在 Word 中使用模板创建文档的过程是（　　），然后选择模板名。

    A. 选择"文件"/"打开"菜单命令　　　　　　B. 选择"文件"/"选项"菜单命令

    C. 选择"文件"/"新建模板文档"菜单命令　　D. 选择"文件"/"新建"菜单命令

（12）有关样式的说法正确的是（　　　）。

 A. 用户可以使用样式，但必须先创建样式

 B. 用户可以使用 Word 预设的样式，也可以自定义样式

 C. Word 没有预设的样式，用户只能建立后再去使用

 D. 用户可以使用 Word 预设的样式，但不能自定义样式

（13）在 Word 窗口中，若光标停在某个字符之前，当选择某样式时，对当前起作用的是（　　　）。

 A. 字段　　　　　　　B. 行　　　　　　　C. 段落　　　　　　D. 文档中的全部段落

（14）当用户输入错误的或系统不能识别的文字时，Word 会在文字下面以（　　　）标注。

 A. 红色直线　　　　B. 红色波浪线　　　　C. 绿色直线　　　　D. 绿色波浪线

（15）在 Word 的编辑状态下，为文档设置页码，可以使用（　　　）。

 A. "引用" / "目录"组　　　　　　　　　　B. "开始" / "样式"组

 C. "插入" / "页"组　　　　　　　　　　D. "插入" / "页眉页脚"组

（16）Word 的页边距可以通过（　　　）设置。

 A. "插入" / "插图"组　　　　　　　　　　B. "开始" / "段落"组

 C. "页面布局" / "页面设置"组　　　　　　D. "文件" / "选项"菜单命令

（17）在 Word 中要为段落插入书签应通过（　　　）设置。

 A. "页面布局" / "段落"组　　　　　　　　B. "开始" / "段落"组

 C. "页面布局" / "页面设置"组　　　　　　D. "插入" / "链接"组

（18）在 Word 中预览文档打印后的效果，需要使用（　　　）功能。

 A. 打印预览　　　　B. 虚拟打印　　　　C. 提前打印　　　　D. 屏幕打印

（19）以下关于 Word 2010 页面布局的功能，说法错误的是（　　　）。

 A. 页面布局功能可以为文档设置首字下层

 B. 页面布局功能可以设置文档分隔符

 C. 页面布局功能可以设置稿纸效果

 D. 页面布局功能可以为段落设置缩进与间距

（20）打印一个文件的第 7 页、第 12 页，页码范围设定正确的是（　　　）。

 A. 7–12　　　　　　B. 7/12　　　　　　C. 7，12　　　　　　D. 7~12

（21）在 Word 2010 中，要想对文档进行翻译，需执行（　　　）操作。

 A. 在"审阅" / "校对"组中单击"信息检索"按钮

 B. 在"审阅" / "语言"组中单击"翻译"按钮

 C. 在"审阅" / "校对"组中单击"语言"按钮

 D. 在"审阅" / "语言"组中单击"语言"按钮

（22）下面有关 Word 2010 校对功能的叙述，正确的是（　　　）。

 A. 可以查出文档中的拼写和语法错误，但不能提供改错功能

 B. 可以查出文档中的拼写和语法错误，并能给出相应的修改意见

 C. 不能查出文档中的拼写和语法错误，也不具有改错功能

 D. 不能查出文档中的拼写和语法错误，但可以就文档中的错误给出相应的修改意见

（23）下面关于 Word 页码与页眉页脚的描述，正确的是（　　　）。

 A. 页眉页脚就是页码　　　　　　　　　　B. 页眉页脚与页码分别设定，所以二者毫无关系

 C. 页码只能设置在页眉页脚　　　　　　　D. 页码可以插入到页眉页脚中

（24）在 Word 中打印文档时，取消打印应该（　　）。

 A. 选择"文件"/"取消打印"菜单命令

 B. 关闭正在打印的文档

 C. 按【Esc】键

 D. 在"开始"菜单中选择"设备和打印机"菜单命令。在打印机图标上单击鼠标右键，在弹出的快捷菜单中选择"查看正在打印什么"命令，然后在打开的窗口中选择需取消打印的文件，选择"文档"/"取消"菜单命令

（25）在 Word 的编辑状态下，设置纸张大小时，应当（　　）。

 A. 选择"文件"/"页面设置"菜单命令

 B. 在快速访问工具栏中单击"纸张大小"按钮 ▢

 C. 在"视图"/"页面设置"组中单击"纸张大小"按钮 ▢

 D. 在"页面布局"/"页面设置"组中单击"纸张大小"按钮 ▢

（26）目前在打印预览状态，若需打印文件，则（　　）。

 A. 只能在打印预览状态打印　　　　　　B. 在打印预览状态不能打印

 C. 在打印预览状态也可以直接打印　　　D. 必须退出打印预览状态后才可以打印

（27）完成"修订"操作必须通过（　　）功能区进行。

 A. 页面布局　　　B. 开始　　　C. 引用　　　D. 审阅

（28）选择（　　）选项卡可以实现简体中文与繁体中文的转换。

 A. "开始"　　　B. "视图"　　　C. "审阅"　　　D. "引用"

（29）对于 Word 2010 中表格的叙述，正确的是（　　）。

 A. 表格中的数据可以进行公式计算　　　B. 表格中的文本只能垂直居中

 C. 表格中的数据不能排序　　　　　　　D. 只能在表格的外框画粗线

2. 操作题

（1）新建一个空白文档，并将其以"个人简历.docx"为名保存，按照下列要求对文档进行操作。

 ① 输入标题文本，并设置格式为"汉仪中宋简、三号、居中"，缩进为"段前 0.5 行、段后 1 行"。

 ② 插入一个 7 列 14 行的表格。

 ③ 合并第 1 行的第 6 列和第 7 列单元格、第 2~5 行的第 7 列单元格。

 ④ 擦除第 8 行的第 2 列与第 3 列之间的中线表格框线。

 ⑤ 将第 9 行和第 10 行单元格分别拆分为 2 列 1 行。

 ⑥ 在表格中输入相关的文字，调整表格大小，使其显示的文字美观。

（2）打开"员工手册.docx"文档，按照下列要求对文档进行以下操作。

 ① 为文档插入"运动型"封面，在文档标题、公司名称、选取日期模块中输入相应的文本。

 ② 为整个文档应用"新闻纸"主题。

 ③ 在文档中为每一章的章标题、"声明"文本、"附件："文本应用样式"标题 1"样式。

 ④ 使用大纲视图显示两级大纲内容，然后退出大纲视图。

 ⑤ 为文档中的图片插入题注，在文档中的"《招聘员工申请表》和《职位说明书》"文本后面输入"请参阅"，然后创建一个交叉引用。

 ⑥ 在第 3 章的电子邮箱后插入脚注，并在文档中插入尾注，用于输入公司地址和电话。

Computer

Chapter

7

项目七
Excel 2010 基本操作

Excel 2010 是一款功能强大的电子表格处理软件，可将庞大的数据转换为比较直观的表格或图表。本项目将通过 2 个任务，介绍 Excel 2010 的使用方法，包括基本操作、编辑数据、设置格式和打印表格等。

课堂学习目标

● 制作学生成绩表

● 编辑产品价格表

任务一　制作学生成绩表

任务要求

期末考试后，班主任让班长晓雪利用 Excel 制作一份本班同学的成绩表，并以"学生成绩表"为名进行保存。晓雪取得各位学生成绩单后，利用 Excel 进行表格设置，以便于班主任查看数据，参考效果如图7-1所示，相关操作如下。

- 新建一个空白工作簿，并将其以"学生成绩表"为名进行保存。
- 在 A1 中输入"计算机应用4班学生成绩表"文本，然后在 A2:H2 单元格中输入相关科目。
- 在 A3 单元格中输入 1，然后使用鼠标拖动进行序列填充。
- 使用相同的方法输入学号列的数据，然后依次输入学生姓名及各科的成绩。
- 合并 A1:H1 单元格区域，设置单元格格式为"方正兰亭粗黑简体、18号"。
- 选择 A2:H2 单元格区域，设置单元格格式为"方正中等线简体、12、居中对齐"，设置底纹为"茶色、背景2、深色25%"。
- 选择 D3:G13 单元格区域，显示"不及格或小于60分"的成绩。
- 自动调整 F 列的列宽，手动设置第2～13行的行高为"15"。
- 为工作表设置一个背景，背景图片为提供的"背景.jpg"素材。

	A	B	C	D	E	F	G	H
1	计算机应用4班学生成绩表							
2	序号	学号	姓名	英语	高数	计算机基础	大学语文	上机实训
3	1	20150901401	张琴	90	80	74	89	优
4	2	20150901402	赵赤	55	65	87	75	优
5	3	20150901403	章熊	65	75	63	78	良
6	4	20150901404	王费	87	86	74	72	及格
7	5	20150901405	李艳	68	90	91	98	优
8	6	20150901406	熊思思	69	66	72	61	良
9	7	20150901407	李莉	89	75	83	68	优
10	8	20150901408	何梦	72	68	63	65	不及格
11	9	20150901409	于梦溪	78	61	63	81	优
12	10	20150901410	张潇	64	42	65	60	良
13	11	20150901411	程桥	59	55	78	82	及格

图7-1　"学生成绩表"工作簿最终效果

相关知识

（一）熟悉 Excel 2010 工作界面

Excel 2010 工作界面与 Word 2010 的工作界面基本相似，由快速访问工具栏、标题栏、文件选项卡、功能选项卡、功能区、编辑栏和工作表编辑区等部分组成，如图7-2所示。下面介绍编辑栏和工作表编辑区的作用。

1. 编辑栏

编辑栏用来显示和编辑当前活动单元格中的数据或公式。默认情况下，编辑栏中包括名称框、"插入函数"按钮 fx 和编辑框，但在单元格中输入数据或插入公式与函数时，编辑栏中的"取消"按钮 ✕ 和"输入"按钮 ✓ 也将显示出来。

图 7-2 Excel 2010 工作界面

（1）名称框。用来显示当前单元格的地址或函数名称，如在名称框中输入"A3"后，按【Enter】键表示选择 A3 单元格。

（2）"取消"按钮✖。单击该按钮表示取消输入的内容。

（3）"输入"按钮✔。单击该按钮表示确定并完成输入的内容。

（4）"插入函数"按钮f_x。单击该按钮，将快速打开"插入函数"对话框，在其中可选择相应的函数插入表格中。

（5）编辑框。显示在单元格中输入或编辑的内容，并在其中直接输入和编辑。

2. 工作表编辑区

工作表编辑区是 Excel 编辑数据的主要场所，它包括行号与列标、单元格和工作表标签等。

（1）行号与列标。行号用"1，2，3，…"等数字标识，列标用"A，B，C，…"等大写英文字母标识。一般情况下，单元格地址表示为"列标+行号"，如位于 A 列 1 行的单元格可表示为 A1 单元格。

（2）工作表标签。用来显示工作表的名称，如"Sheet1""Sheet2""Sheet3"等。在工作表标签左侧单击 ◄ 或 ►► 按钮，当前工作表标签将返回到最左侧或最右侧的工作表标签，单击 ◄ 或 ► 按钮将向前或向后切换一个工作表标签。若在工作表标签滚动显示按钮上单击鼠标右键，在弹出的快捷菜单中选择任意一个工作表也可切换工作表。

（二）认识工作簿、工作表、单元格

在 Excel 中，工作簿、工作表、单元格是构成 Excel 的框架，同时它们之间存在包含与被包含的关系。了解其概念和相互之间的关系，有助于用户在 Excel 中执行相应的操作。

1. 工作簿、工作表和单元格的概念

下面首先了解工作簿、工作表和单元格的概念。

（1）工作簿。即 Excel 文件用来存储和处理数据的主要文档，也称为电子表格。默认情况下，新建的工作簿以"工作簿 1"命名，若继续新建工作簿，则以"工作簿 2""工作簿 3"……命名，且工作簿名称将显示在标题栏的文档名处。

（2）工作表。用来显示和分析数据的工作场所，它存储在工作簿中。默认情况下，一张工作簿中只包含 3 个工作表，分别以"Sheet1""Sheet2""Sheet3"进行命名。

（3）单元格。单元格是 Excel 中最基本的存储数据单元，它通过对应的行号和列标进行命名和引用。单个单元格地址可表示为"列标+行号"，而多个连续的单元格称为单元格区域，其地址表示为"单元格:单元格"，如 A2 单元格与 C5 单元格之间连续的单元格可表示为 A2:C5 单元格区域。

2．工作簿、工作表、单元格的关系

工作簿中包含了一张或多张工作表，工作表又是由排列成行或列的单元格组成。在计算机中工作簿以文件的形式独立存在，Excel 2010 创建的文件扩展名为".xlsx"。

（三）切换工作簿视图

在 Excel 2010 中也可根据需要在视图栏中单击视图按钮组中的相应按钮，或在"视图"/"工作簿视图"组中单击相应的按钮切换视图。下面分别介绍每个工作簿视图的作用。

（1）普通视图。普通视图是 Excel 中的默认视图，用于正常显示工作表，在其中可以执行数据输入、数据计算和图表制作等操作。

（2）页面布局视图。在页面布局视图中，每一页都会同时显示页边距、页眉和页脚，用户可以在此视图模式下编辑数据、添加页眉和页脚，并可以通过拖动上边或左边标尺中的浅蓝色控制条设置页面边距。

（3）分页预览视图。分页预览视图可以显示蓝色的分页符，用户可以用鼠标拖动分页符以改变显示的页数和每页的显示比例。

（4）全屏显示视图。要在屏幕上尽可能多地显示文档内容，可以切换为全屏显示视图，单击【视图】/【工作簿视图】组中的"全屏显示"按钮，即可切换到全屏显示视图，在该模式下，Excel 将不显示功能区和状态栏等部分。

（四）选择单元格

要在表格中输入数据，首先应选择输入数据的单元格。在工作表中选择单元格区域的方法有以下 6 种。

（1）选择单个单元格。单击单元格，或在名称框中输入单元格的行号和列号后按【Enter】键即可选择所需的单元格。

（2）选择所有单元格。单击行号和列标左上角交叉处的"全选"按钮，或按【Ctrl+A】组合键即可选择工作表中所有单元格。

（3）选择相邻的多个单元格。选择起始单元格后，按住鼠标左键不放拖曳到目标单元格，或按住【Shift】键的同时选择目标单元格即可选择相邻的多个单元格。

（4）选择不相邻的多个单元格。按住【Ctrl】键的同时依次单击需要选择的单元格即可选择不相邻的多个单元格。

（5）选择整行。将鼠标移动到需选择行的行号上，当鼠标指针变成 ➡ 形状时，单击即可选择该行。

（6）选择整列。将鼠标移动到需选择列的列标上，当鼠标指针变成 ⬇ 形状时，单击即可选择该列。

（五）合并与拆分单元格

当默认的单元格样式不能满足实际需要时，可通过合并与拆分单元格的方法来设置表格。

1．合并单元格

在编辑表格的过程中，为了使表格结构看起来更美观、层次更清晰，有时需要对某些单元格区域进行合并操作。选择需要合并的多个单元格，然后在"开始"/"对齐方式"组中单击"合并后居中"按钮。单击合并后居中按钮右侧的下拉按钮，在打开的下拉列表中可以选择"跨越合并""合并单元格""取消单元格合并"等选项。

2．拆分单元格

拆分单元格的方法与合并单元格的方法完全相反，在拆分时选择合并的单元格，然后单击 合并后居中 ·按钮，或打开"设置单元格格式"对话框，在"对齐方式"选项卡下撤销选中"合并单元格"复选框即可。

（六）插入与删除单元格

在表格中可插入和删除单个单元格，也可插入或删除一行或一列单元格。

1．插入单元格

插入单元格的具体操作如下。

（1）选择单元格，在"开始"/"单元格"组中单击"插入"按钮 右侧的下拉按钮 ，在打开的下拉列表中选择"插入单元格"选项。

（2）打开"插入"对话框，单击选中对应单选项后，单击 确定 按钮即可。

（3）单击"插入"按钮 右侧的下拉按钮 ，在打开的下拉列表中选择"插入工作表行"或"插入工作表列"选项，即可插入整行或整列单元格。

2．删除单元格

删除单元格的具体操作如下。

（1）选择要删除的单元格，单击"开始"/"单元格"组中的"删除"按钮 右侧的下拉按钮 ，在打开的下拉列表中选择"删除单元格"选项。

（2）打开"删除"对话框，单击选中对应单选项后，单击 确定 按钮即可删除所选单元格。

（3）单击"删除"按钮 右侧的下拉按钮 ，在打开的下拉列表中选择"删除工作表行"或"删除工作表列"选项，即可删除整行或整列单元格。

（七）查找与替换数据

在 Excel 表格中手动查找与替换某个数据将会非常麻烦，且容易出错，此时可利用查找与替换功能快速定位到满足查找条件的单元格，并将单元格中的数据替换为需要的数据。

1．查找数据

利用 Excel 提供的查找功能查找数据的具体操作如下。

（1）在"开始"/"编辑"组中单击"查找和选择"按钮 ，在打开的下拉列表中选择"查找"选项，打开"查找和替换"对话框单击"查找"选项卡。

（2）在"查找内容"下拉列表框中输入要查找的数据，单击 查找下一个(F) 按钮，便能快速查找到匹配条件的单元格。

（3）单击 查找全部(I) 按钮，可以在"查找和替换"对话框下方列表中显示所有包含需要查找数据的单元格位置。单击 关闭 按钮关闭"查找和替换"对话框。

2．替换数据

替换数据的具体操作如下。

（1）在"开始"/"编辑"组中单击"查找和选择"按钮 ，在打开的下拉列表中选择"替换"选项，打开"查找和替换"对话框单击"替换"选项卡。

（2）在"查找内容"下拉列表框中输入要查找的数据，在"替换为"下拉列表框中输入需替换的内容。

（3）单击 查找下一个(F) 按钮，查找符合条件的数据，然后单击 替换(R) 按钮进行替换，或单击 全部替换(A) 按钮，将所有符合条件的数据一次性全部替换。

⊕ 任务实现

（一）新建并保存工作簿

启动 Excel 后，系统将自动新建名为"工作簿 1"的空白工作簿。为了满足需要，用户还可新建更多的空白工作簿，其具体操作如下。

（1）选择"开始"/"所有程序"/"Microsoft Office"/"Microsoft Excel 2010"命令，启动 Excel 2010，然后选择"文件"/"新建"命令，在窗口中间的"可用模板"列表框中选择"空白工作簿"选项，在右下角单击"创建"按钮 。

（2）系统将新建名为"工作簿 2"的空白工作簿。

（3）选择"文件"/"保存"命令，在打开的"另存为"对话框的"地址栏"下拉列表框中选择文件的保存路径，在"文件名"下拉列表框中输入"学生成绩表.xlsx"，然后单击 保存(S) 按钮。

◎ 提 示

（1）按【Ctrl+N】组合键可快速新建空白工作簿。
（2）在桌面或文件夹的空白位置处单击鼠标右键，在弹出的快捷菜单中选择"新建"/"Microsoft Excel 工作表"命令也可新建空白工作簿。

（二）输入工作表数据

输入数据是制作表格的基础，Excel 支持各种类型数据的输入，如文本和数字等，其具体操作如下。

（1）选择 A1 单元格，输入"计算机应用 4 班成绩表"文本，然后按【Enter】键切换到 A2 单元格，在其中输入"序号"文本。

（2）按【Tab】键或【→】键切换到 B2 单元格，在其中输入"学号"文本，再使用相同的方法依次在后面单元格输入"姓名""英语""高数""计算机基础""大学语文""上机实训"等文本。

（3）选择 A3 单元格，在其中输入"1"，将鼠标指针移动到单元格右下角，当其变为十字形状时，按住【Ctrl】键拖动鼠标至 A13 单元格，此时 A4:A13 单元格区域将自动生成序号。

（4）拖动鼠标选择 B3:B13 单元格区域，在"开始"/"数字"组中的"数字格式"下拉列表中选择"文本"选项，然后在 B3 单元格中输入学号"20150901401"，重复（3）中的操作实现自动填充，使用控制柄在 B4:B13 单元格区域自动填充，完成后效果如图 7-3 所示。

图 7-3 自动填充数据

（三）设置数据有效性

为单元格设置数据有效性后可保证输入的数据在指定的范围内，从而减少出错率，其具体操作如下。

（1）在 C3:C13 单元格区域中输入学生名字，然后选择 D3:G13 单元格区域。

（2）在"数据"/"数据工具"组中单击"数据有效性"按钮，打开"数据有效性"对话框，在"允许"下拉列表中选择"整数"选项，在"数据"下拉列表中选择"介于"选项，在"最大值"和"最小值"文本框中分别输入 0 和 100，如图 7-4 所示。

（3）单击"输入信息"选项卡，在"标题"文本框中输入"注意"文本，在"输入信息"文本框中输入"请输入 0-100 之间的整数"文本。

（4）单击"出错警告"选项卡，在"标题"文本框中输入"出错"文本，在"错误信息"文本框中输入"输入的数据不在正确范围内，请重新输入"文本，完成后单击 确定 按钮。

（5）在单元格中依次输入相关课程的学生成绩，选择 H3:H13 单元格区域，打开"数据有效性"对话框，在"设置"选项卡的"允许"下拉列表中选择"序列"选项，在来源文本框中输入"优,良,及格,不及格"文本。

（6）选择 H3:H13 单元格区域任意单元格，然后单击单元格右侧的下拉按钮，在打开的下拉列表中选择需要的选项即可，如图 7-5 所示。

图 7-4　设置数据有效性

图 7-5　输入数据

（四）设置单元格格式

输入数据后通常还需要对单元格设置相关的格式，美化表格，其具体操作如下。

（1）选择 A1:H1 单元格区域，在"开始"/"对齐方式"组中单击"合并后居中"按钮或单击该按钮右侧的下拉按钮，在打开的下拉列表中选择"合并后居中"选项。

（2）返回工作表中可看到所选的单元格区域合并为一个单元格，且其中的数据自动居中显示。

（3）保持选择状态，在"开始"/"字体"组的"字体"下拉列表框中选择"方正兰亭粗黑简体"选项，在"字号"下拉列表框中选择"18"选项。选择 A2:H2 单元格区域，设置其字体为"方正中等线简体"，字号为"12"，在"开始"/"对齐方式"组中单击"居中对齐"按钮。

（4）在"开始"/"字体"组中单击"填充颜色"按钮右侧的下拉按钮，在打开的下拉列表中选择"茶色、背景 2、深色 25%"选项，选择剩余的数据，将其设置为"居中对齐"，完成后效果如图 7-6所示。

			计算机应用4班学生成绩表				
序号	学号	姓名	英语	高数	计算机基础	大学语文	上机实训
1	20150901401	张琴	90	80	74	89	优
2	20150901402	赵赤	55	65	87	75	优
3	20150901403	章熊	65	75	63	78	良

图 7-6　设置单元格格式

（五）设置条件格式

通过设置条件格式，用户可以将不满足或满足条件的数据单独显示出来，其具体操作如下。

（1）选择 D3:G13 单元格区域，在"开始"/"样式"组中单击"条件格式"按钮，在打开的下拉列表中选择"新建规则"选项，打开"新建格式规则"对话框。

（2）在"选择规则类型"列表框中选择"只为包含以下内容的单元格格式"选项，在"编辑规则说明"栏中的条件格式下拉列表选择"小于"选项，并在右侧的数据框中输入"60"，如图7-7所示。

（3）单击 格式(F)... 按钮，打开"设置单元格格式"对话框，在"字体"选项卡中设置字形为"加粗倾斜"，将颜色设置为标准色中的"红色"，如图7-8所示。

（4）依次单击 确定 按钮返回工作界面，使用相同的方法为H3:H13单元格其他设置条件格式。

图7-7 新建格式规则　　　　　图7-8 设置条件格式

（六）调整行高与列宽

默认状态下，单元格的行高和列宽是固定不变的，但是当单元格中的数据太多不能完全显示其内容时，则需要调整单元格的行高或列宽使其符合单元格大小，其具体操作如下。

（1）选择F列，在"开始"/"单元格"组中单击"格式"按钮，在打开的下拉列表中选择"自动调整列宽"选项，返回工作表中可看到F列变宽且其中的数据完整显示出来，如图7-9所示。

（2）将鼠标指针移到第1行行号间的间隔线上时，当鼠标指针变为十形状，按住鼠标左键不放向下拖动，此时鼠标指针右侧将显示具体的数据，待拖动至适合的距离后释放鼠标。

（3）选择第2~13行，在"开始"/"单元格"组中单击"格式"按钮，在打开的下拉列表中选择"行高"选项，在打开的"行高"对话框的数值框中默认显示为"13.5"，这里输入数字"15"，单击 确定 按钮，此时，在工作表中可看到第2~13行变高了，如图7-10所示。

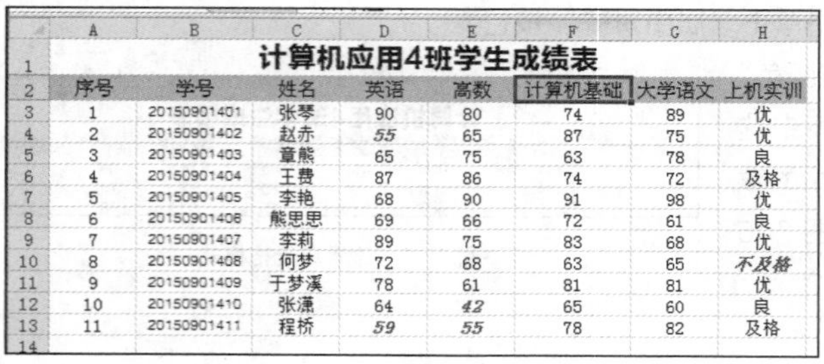

图7-9 自动调整列宽 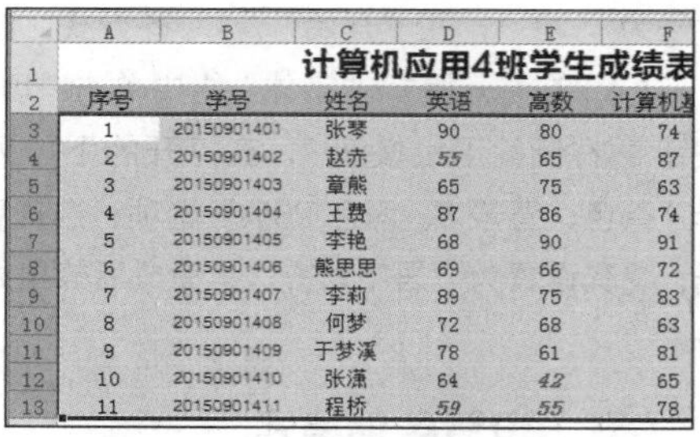　　　　　图7-10 设置行高后的效果

（七）设置工作表背景

默认情况下，Excel工作表中的数据呈白底黑字显示。为使工作表更美观，除了为其填充颜色外，还可

插入图片作为背景，其具体操作如下。

（1）在“页面布局”/“页面设置”组中单击 背景 按钮，打开“工作表背景”对话框，在地址栏的下拉列表框中选择背景图片的保存路径，在工作区选择“背景.jpg”图片，单击 确定 按钮。

（2）返回工作表中可看到将图片设置为工作表背景后的效果，如图 7-11 所示。

	A	B	C	D	E	F	G	H
1	计算机应用4班学生成绩表							
2	序号	学号	姓名	英语	高数	计算机基础	大学语文	上机实训
3	1	20150901401	张琴	90	80	74	89	优
4	2	20150901402	赵赤	*55*	65	87	75	优
5	3	20150901403	章熊	65	75	63	78	良
6	4	20150901404	王费	87	86	74	72	及格
7	5	20150901405	李艳	68	90	91	98	优
8	6	20150901406	熊思思	69	66	72	61	良
9	7	20150901407	李莉	89	75	83	68	优
10	8	20150901408	何梦	72	68	63	65	*不及格*
11	9	20150901409	于梦溪	78	61	81	81	优
12	10	20150901410	张潇	64	*42*	65	60	良
13	11	20150901411	程桥	*59*	*55*	78	82	及格

图 7-11　设置背景后的效果

任务二　编辑产品价格表

任务要求

李鑫是某商场护肤品专柜的库管，由于季节的原因，最近需要新进一批产品，经理让李鑫制作一份产品价格表，用于比对产品成本。经过一番调查，李鑫利用 Excel 2010 的功能完成了制作，完成后的参考效果如图 7-12 所示，相关操作如下。

- 打开素材工作簿，并先插入一个工作表，然后再删除“Sheet2”“Sheet3”“Sheet4”工作表。
- 复制两次“Sheet1”工作表，并分别将所有工作表重命名“BS 系列”“MB 系列”和“RF 系列”。
- 通过双击工作表标签的方法将工作表重命名。
- 将“BS 系列”工作表以 C4 单元格为中心拆分为 4 个窗格，将“MB 系列”工作表 B3 单元格作为冻结中心冻结表格。
- 分别将 3 个工作表依次设置为“红色、黄色、深蓝”。
- 将工作表垂直居中打印 5 份，选择“RF 系列”的 E3:E20 单元格区域，为其设置保护，最后为工作表和工作簿分别设置密码，其密码为“123”。

B3　　fx　美白洁面乳

	A	B	C	D	E	F
1	LR-MB系列产品价格表					
2	货号	产品名称	净含量	包装规格	价格（元）	备注
12	MB010	美白精华露	30ml	48瓶/箱	128	
13	MB011	美白去黑头	105g	48支/箱	110	
14	MB012	美白深层去	105ml	48支/箱	99	
15	MB013	美白还原面	1片装	288片/箱	15	
16	MB014	美白晶莹眼	25ml	72支/箱	128	
17	MB015	美白再生青	2片装	1152袋/箱	10	
18	MB016	美白祛皱眼	35g	48支/箱	135	
19	MB017	美白黑眼圈	35g	48支/箱	138	
20	MB018	美白焕采面	1片装	288片/箱	20	
21						

图 7-12　“产品价格表”工作簿最终效果

相关知识

（一）选择工作表

选择工作表的实质是选择工作表标签，主要有以下 4 种方法。

- 选择单张工作表。单击工作表标签，可选择对应工作表。
- 选择连续多张工作表。单击选择第一张工作表，按住【Shift】键不放的同时单击选择最后一张工作表。

- 选择不连续的多张工作表。单击选择第一张工作表，按住【Ctrl】键不放的同时选择其他工作表。
- 选择全部工作表。在任意工作表上单击鼠标右键，在弹出的快捷菜单中选择"选定全部工作表"命令。

（二）隐藏与显示工作表

当工作簿中不需要显示某个工作表时，可将其隐藏，当需要时再将其重新显示出来，其具体操作如下。

（1）选择需要隐藏的工作表，在其上单击鼠标右键，在弹出的快捷菜单中选择"隐藏"命令即可隐藏所选的工作表。

（2）在工作簿的任意工作表上单击鼠标右键，在弹出的快捷菜单中选择"取消隐藏"命令。

（3）在打开的"取消隐藏"对话框的列表框中选择需显示的工作表，然后单击 确定 按钮即可将隐藏的工作表显示出来，如图7-13所示。

图7-13 "取消隐藏"对话框

（三）设置超链接

在制作电子表格时，可根据需要为相关的单元格设置超链接，其具体操作如下。

（1）单击选择需要设置超链接的单元格，在"插入"/"链接"组中单击"超链接"按钮🔗，打开"插入超链接"对话框。

（2）在打开的对话框中可根据需要设置链接对象的位置等，如图7-14所示，完成后单击 确定 按钮。

图7-14 "插入超链接"对话框

（四）套用表格格式

如果用户希望工作表更清晰美观，但又不想浪费太多的时间设置工作表格式时，可利用套用表格格式功能直接调用系统中已设置好的表格格式，这样不仅可提高工作效率，还可保证表格格式的质量，其具体操作如下。

（1）选择需要套用表格格式的单元格区域，在"开始"/"样式"组中单击"套用表格格式"按钮，在打开的下拉列表中选择一种表格样式选项。

（2）由于已选择了套用范围的单元格区域，这里只需在打开的"套用表格式"对话框中单击 确定 按钮即可，如图7-15所示。

（3）套用表格格式后，将激活表格工具"设计"选项卡，在其中可重新设置表格样式和表格样式选项。另外，在"工具"组中单击 转换为区域 按钮可将套用的表格格式转换为区域，即转换为普通的单元格区域。

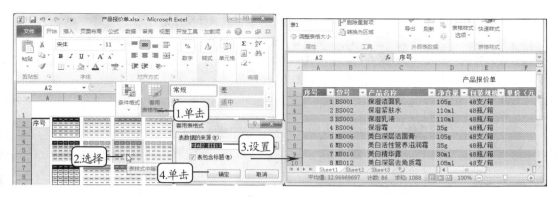

图 7-15 套用表格格式

任务实现

（一）打开工作簿

要查看或编辑保存在计算机中的工作簿，首先要打开该工作簿，其具体操作如下。

（1）在 Excel 2010 工作界面中选择"文件"/"打开"命令。

（2）打开"打开"对话框，在"地址栏"下拉列表框中选择文件路径，在工作区选择"产品价格表.xlsx"工作簿，完成后单击 打开(O) 按钮即可打开所需的工作簿，如图 7-16 所示。

图 7-16 "打开"对话框

提示

按【Ctrl+O】组合键，也可打开"打开"对话框，在其中选择文件路径和所需的文件；另外，在计算机中双击需打开的 Excel 文件也可打开所需的工作簿。

（二）插入与删除工作表

当 Excel 中工作表的数量不够用时，可通过插入工作表来增加工作表的数量，若插入了多余的工作表，则可将其删除，以节省系统资源。

1．插入工作表

默认情况下，Excel 工作簿中提供了 3 张工作表，但用户可以根据需要插入更多工作表。下面在"产品价格表.xlsx"工作簿中通过"插入"对话框插入空白工作表，其具体操作如下。

（1）在"Sheet1"工作表标签上单击鼠标右键，在弹出的快捷菜单中选择"插入"命令。

（2）在打开的"插入"对话框的"常用"选项卡的列表框中选择"工作表"选项，然后单击 确定 按钮即可在当前工作表前插入新的空白工作表，如图7-17所示。

图7-17 插入工作表

在"插入"对话框中单击"电子表格方案"选项卡，在其中可以插入基于模板的工作表。另外，在工作表标签后单击"插入工作表"按钮，或在"开始"/"单元格"组中单击"插入"按钮下方的按钮，在打开的下拉列表中选择"插入工作表"选项，都可快速插入空白工作表。

2. 删除工作表

当工作簿中存在多余的工作表或不需要的工作表时，可以将其删除。下面将删除"产品价格表.xlsx"工作簿中的"Sheet2""Sheet3"和"Sheet4"工作表，其具体操作如下。

（1）按住【Ctrl】键，同时选择"Sheet2""Sheet3"和"Sheet4"工作表，在其上单击鼠标右键，在弹出的快捷菜单中选择"删除"命令。

（2）返回工作簿中可看到"Sheet2""Sheet3""Sheet4"工作表已被删除，如图7-18所示。

图7-18 删除工作表

若要删除有数据的工作表，将打开询问是否永久删除这些数据的提示对话框，单击 删除 按钮将删除工作表和工作表中的数据，单击 取消 按钮将取消删除工作表的操作。

（三）移动与复制工作表

在 Excel 中工作表的位置并不是固定不变的，为了避免重复制作相同的工作表，用户可根据需要移动或复制工作表，即在原表格的基础上改变表格位置或快速添加多个相同的表格。下面将在"产品价格表.xlsx"工作簿中移动并复制工作表，其具体操作如下。

（1）在"Sheet1"工作表上单击鼠标右键，在弹出的快捷菜单中选择"移动或复制"命令。

（2）在打开的"移动或复制工作表"对话框的"下列选定工作表之前"列表框中选择移动工作表的位置，这里选择"移至最后"选项，然后单击选中"建立副本"复选框复制工作表，完成后单击 确定 按钮即可移动并复制"Sheet1"工作表，如图7-19所示。

图7-19 设置移动位置和复制工作表

提示

将鼠标指针移动到需移动或复制的工作表标签上，按住【Ctrl】键不放，同时按住鼠标左键，当鼠标指针变成 或 形状时，将其拖动到目标工作表之后释放鼠标，此时工作表标签上有一个▼符号将随鼠标指针移动，释放鼠标后在目标工作表中可看到移动或复制的工作表。

（3）用相同方法在"Sheet1（2）"工作表后继续移动并复制工作表，如图7-20所示。

图7-20 移动并复制工作表

（四）重命名工作表

工作表的名称默认为"Sheet1""Sheet2"……为了便于查询，可重命名工作表名称。下面在"产品价格表.xlsx"工作簿中重命名工作表，其具体操作如下。

（1）双击"Sheet1"工作表标签，或在"Sheet1"工作表标签上单击鼠标右键，在弹出的快捷菜单中选择"重命名"命令，此时选择的工作表标签呈可编辑状态，且该工作表的名称自动呈黑底白字显示。

（2）直接输入文本"BS系列"，然后按【Enter】键或在工作表的任意位置单击取消编辑状态。

（3）使用相同的方法将Sheet1（2）和Sheet1（3）工作表标签重命名为"MB系列"和"RF系列"，完成后再在相应的工作表中双击单元格修改其中的数据，如图7-21所示。

图7-21　重命名工作表

（五）拆分工作表

在Excel中可以使用拆分工作表的方法将工作表拆分为多个窗格，每个窗格中都可进行单独的操作，这样有利于在数据量比较大的工作表中查看数据的前后对照关系。要拆分工作表，首先应选择作为拆分中心的单元格，然后执行拆分命令即可。下面在"产品价格表.xlsx"工作簿的"BS系列"工作表中以C4单元格为中心拆分工作表，其具体操作如下。

（1）在"BS系列"工作表中选择C4单元格，然后在"视图"/"窗口"组中单击 拆分按钮。

（2）此时工作簿将以C4单元格为中心拆分为4个窗格，在任意一个窗口中选择单元格，然后滚动鼠标滚轴即可显示出工作表中的其他数据，如图7-22所示（注：如果想取消拆分窗格，可再次按拆分按钮）。

图7-22　拆分工作表

（六）冻结窗格

在数据量比较大的工作表中为了方便查看表头与数据的对应关系，冻结工作表窗格后，即可随意查看工作表的其他部分而不移动表头所在的行或列。下面在"产品价格表.xlsx"工作簿的"MB系列"工作表中以B3单元格为冻结中心冻结窗格，其具体操作如下。

（1）选择"MB系列"工作表，在其中选择B3单元格作为冻结中心，然后在"视图"/"窗口"组中单击 冻结窗格 按钮，在打开的下拉列表中选择"冻结拆分窗格"选项。

（2）返回工作表中，保持B3单元格上方和左侧的行和列位置不变，然后拖动水平滚动或垂直滚动条，即可查看工作表其他部分的行或列，如图7-23所示。

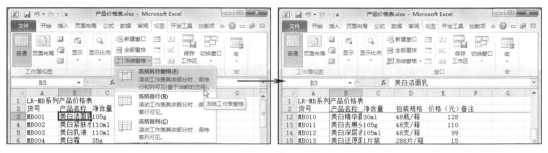

图 7-23　冻结窗格

（七）设置工作表标签颜色

默认状态下，工作表标签的颜色呈白底黑字显示，为了让工作表标签更美观醒目，可设置工作表标签的颜色。下面在"产品价格表.xlsx"工作簿中分别设置工作表标签颜色，其具体操作如下。

（1）在工作簿的工作表标签滚动显示按钮上单击 ◀ 按钮，显示出"BS 系列"工作表，然后在其上单击鼠标右键，在弹出的快捷菜单中选择"工作表标签颜色"/"红色，强调文字颜色 2"命令。

（2）返回工作表中单击其他工作表标签，可查看设置的工作表标签颜色，然后使用相同的方法分别为"MB 系列"和"RF 系列"工作表设置工作表标签颜色为"黄色"和"深蓝"，如图 7-24 所示。

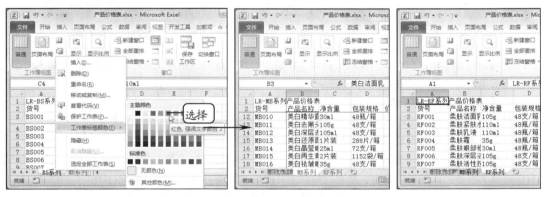

图 7-24　设置工作表标签颜色

（八）预览并打印表格数据

在打印表格之前需先预览打印效果，当对表格内容的设置满意后，即可开始打印。在 Excel 中根据打印内容的不同，可分为两种情况：一是打印整个工作表，二是打印区域数据。

1．设置打印参数

选择需打印的工作表，预览其打印效果后，若对表格内容和页面设置不满意，可重新进行设置，如设置纸张方向和纸张页边距等，直至设置满意后再打印。下面在"产品价格表.xlsx"工作簿中预览并打印工作表，其具体操作如下。

（1）选择"文件"/"打印"命令，在窗口右侧预览工作表的打印效果，在窗口中间列表框的"设置"栏的"纵向"下拉列表框中选择"横向"选项，再在窗口中间列表框的下方单击 页面设置 按钮，如图 7-25 所示。

（2）在打开的"页面设置"对话框中单击"页边距"选项卡，在"居中方式"栏中单击选中"水平"和"垂直"复选框，然后单击 确定 按钮，如图 7-26 所示。

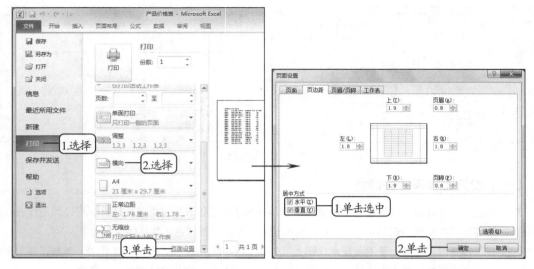

图 7-25　预览打印效果并设置纸张方向　　　　　　图 7-26　设置页边距

 提示

在"页面设置"对话框中单击"工作表"选项卡，在其中可设置打印区域或打印标题等内容，然后单击 确定 按钮，返回工作簿的打印窗口，单击"打印"按钮 🖶 可只打印设置的区域数据。

（3）返回打印窗口，在窗口中间的"打印"栏的"份数"数值框中可设置打印份数，这里输入"5"，设置完成后单击"打印"按钮 🖶 打印表格。

　　2．设置打印区域数据

　　当只需打印表格中的部分数据时，可通过设置工作表的打印区域打印表格数据。下面在"产品价格表.xlsx"工作簿中通过设置打印区域打印表格数据，其具体操作如下。

（1）选择需打印的单元格区域，在"页面布局"/"页面设置"组中单击 打印区域 ▾ 按钮，在打开的下拉列表中选择"设置打印区域"选项，所选区域四周将出现虚线框，表示该区域将被打印。

（2）选择"文件"/"打印"命令，单击"打印"按钮 🖶 即可，如图 7-27 所示。

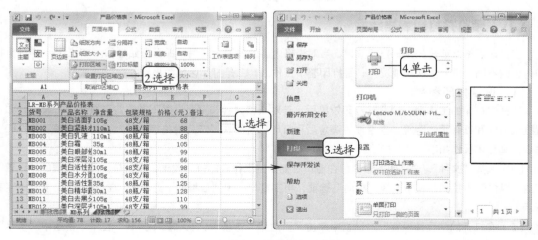

图 7-27　设置打印区域数据

（九）保护表格数据

在 Excel 表格中可能会存放一些重要的数据，因此，利用 Excel 提供的保护单元格、保护工作表和保护工作簿等功能对表格数据进行保护，从而有效地避免他人查看或恶意更改表格数据。

1. 保护单元格

为防止他人更改单元格中的数据，可锁定一些重要的单元格，或隐藏单元格中包含的计算公式。设置锁定单元格或隐藏公式后，还需设置保护工作表功能。下面在"产品价格表.xlsx"工作簿中为价格的单元格设置保护功能，其具体操作如下。

（1）选择"RF 系列"工作表，选择 E3:E20 单元格区域，在其上单击鼠标右键，在弹出的快捷菜单中选择"设置单元格格式"命令。

（2）在打开的"设置单元格格式"对话框中单击"保护"选项卡，单击选中"锁定"和"隐藏"复选框，然后单击 确定 按钮完成单元格的保护设置，如图 7-28 所示。

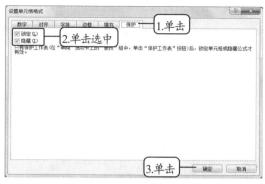

图 7-28 保护单元格

2. 保护工作表

设置保护工作表功能后，其他用户只能查看表格数据，不能修改工作表中数据，这样可避免他人恶意更改表格数据。下面在"产品价格表.xlsx"工作簿中设置工作表的保护功能，其具体操作如下。

（1）在"审阅"/"更改"组中单击 保护工作表 按钮。

（2）在打开的"保护工作表"对话框的"取消工作表保护时使用的密码"文本框中输入取消保护工作表的密码，这里输入密码"123"，然后单击 确定 按钮。

（3）在打开的"确认密码"对话框的"重新输入密码"文本框中输入与前面相同的密码，然后单击 确定 按钮，如图 7-29 所示，返回工作簿中可发现相应选项卡中的按钮或命令呈灰色状态显示。

图 7-29 保护工作表

提示

设置工作表或工作簿的保护密码时，应设置容易记忆的密码，且不能过长，可以设置数字和字母组合的密码，这样不易丢失或忘记，且安全性较高。

3．保护工作簿

如不希望工作簿中的重要数据被他人使用或查看，可使用工作簿的保护功能保证工作簿的结构和窗口不被他人修改。下面在"产品价格表.xlsx"工作簿中设置工作簿的保护功能，其具体操作如下。

（1）在"审阅"/"更改"组中单击 保护工作簿 按钮。

（2）在打开的"保护结构和窗口"对话框中单击选中"窗口"复选框，表示在每次打开工作簿时工作簿窗口大小和位置都相同，然后在"密码"文本框中输入密码"123"，单击 确定 按钮。

（3）在打开的"确认密码"对话框的"重新输入密码"文本框中，输入与前面相同的密码，单击 确定 按钮，如图7-30所示，返回工作簿中，完成后再保存并关闭工作簿。

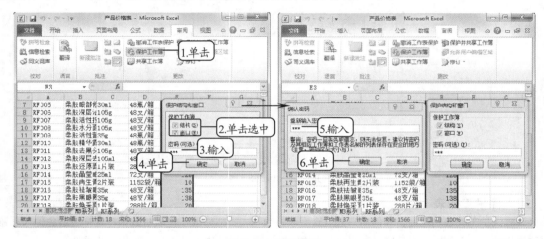

图7-30　保护工作簿

 提示

要撤销工作表或工作簿的保护功能，可在"审阅"/"更改"组中单击 撤消工作表保护 按钮，或单击 保护工作簿 按钮，在打开的对话框中输入撤销工作表或工作簿的保护密码，完成后单击 确定 按钮即可。

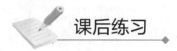 **课后练习**

1．选择题

（1）Excel的主要功能是（　　）。

    A．表格处理、文字处理、文件管理　　　　　　B．表格处理、网络通信、图形处理

    C．表格处理、数据库处理、图形处理　　　　　D．表格处理、数据处理、网络通信

（2）Excel 是一种常用的（　　）软件。

  A. 文字处理　　　　　　B. 电子表格　　　　　　C. 打印印刷　　　　　　D. 办公应用

（3）Excel 2010 工作簿文件的扩展名为（　　）。

  A. .xlsx　　　　　　　B. .docx　　　　　　　C. .pptx　　　　　　　D. .xls

（4）按（　　）可执行保存 Excel 工作簿的操作。

  A. 【Ctrl + C】组合键　　　　　　　　　B. 【Ctrl + E】组合键

  C. 【Ctrl + S】组合键　　　　　　　　　D. 【Esc】键

（5）在 Excel 中，Sheet1、Sheet2 等表示（　　）。

  A. 工作簿名　　　　　B. 工作表名　　　　　C. 文件名　　　　　　D. 数据

（6）在 Excel 中，组成电子表格最基本的单位是（　　）。

  A. 数字　　　　　　　B. 文本　　　　　　　C. 单元格　　　　　　D. 公式

（7）工作表是用行和列组成的表格，其行、列分别用（　　）表示。

  A. 数字和数字　　　　B. 数字和字母　　　　C. 字母和字母　　　　D. 字母和数字

（8）工作表标签显示的内容是（　　）。

  A. 工作表的大小　　　B. 工作表的属性　　　C. 工作表的内容　　　D. 工作表名称

（9）在 Excel 中存储和处理数据的文件是（　　）。

  A. 工作簿　　　　　　B. 工作表　　　　　　C. 单元格　　　　　　D. 活动单元格

（10）在 Excel 中打开"打开"对话框，可按（　　）组合键。

  A. 【Ctrl+N】　　　　B. 【Ctrl+S】　　　　C. 【Ctrl+O】　　　　D. 【Ctrl+Z】

（11）一个 Excel 工作簿中含有（　　）个默认工作表。

  A. 1　　　　　　　　　B. 3　　　　　　　　　C. 16　　　　　　　　　D. 256

（12）Excel 文档包括（　　）。

  A. 工作表　　　　　　B. 工作簿　　　　　　C. 编辑区域　　　　　D. 以上都是

（13）下列关于工作表的描述，正确的是（　　）。

  A. 工作表主要用于存取数据　　　　　　　B. 工作表的名称显示在工作簿顶部

  C. 工作表无法修改名　　　　　　　　　　D. 工作表的默认名称为"Sheet1，Sheet2，…"

（14）Excel 中第二列第三行单元格使用标号表示为（　　）。

  A. C2　　　　　　　　B. B3　　　　　　　　C. C3　　　　　　　　D. B2

（15）在 Excel 工作表中，✎ 按钮的功能为（　　）。

  A. 复制文字　　　　　　　　　　　　　　B. 复制格式

  C. 重复打开文件　　　　　　　　　　　　D. 删除当前所选内容

（16）在 Excel 工作表中，如果要同时选取若干个连续的单元格，可以（　　）。

  A. 按住【Shift】键，依次单击所选单元格　　B. 按住【Ctrl】键，依次单击所选单元格

  C. 按住【Alt】键，依次单击所选单元格　　　D. 按住【Tab】键，依次单击所选单元格

（17）在默认情况下，Excel 工作表中的数据呈白底黑字显示。为了使工作表更加美观，可以为工作表填充颜色，此时一般可通过（　　）组进行操作。

  A. "页面布局"/"背景设置"　　　　　　　B. "页面布局"/"主题"

  C. "页面布局"/"页面设置"　　　　　　　D. "页面布局"/"排列"

（18）快速创建新的工作簿，可按（　　）组合键。

  A. 【Shift+O】　　　　B. 【Ctrl+O】　　　　C. 【Ctrl+N】　　　　D. 【Alt+O】

（19）在 Excel 中，A1 单元格设定其数字格式为整数，当输入"11.15"时，显示为（　　）。

    A. 11.11　　　　　　　　B. 11　　　　　　　　C. 12　　　　　　　　D. 11.2

（20）当输入的数据位数太长，一个单元格放不下时，数据将自动改为（　　）。

    A. 科学记数　　　　　　B. 文本数据　　　　　　C. 备注类型　　　　　　D. 特殊数据

（21）在 Excel 2010 中，输入"（2）"，单元格将显示（　　）。

    A. （2）　　　　　　　　B. 2　　　　　　　　C. –2　　　　　　　　D. 0、2

（22）在默认状态下，单元格中数字的对齐方式是（　　）。

    A. 左对齐　　　　　　　B. 右对齐　　　　　　　C. 居中　　　　　　　　D. 两边对齐

（23）Excel 中默认的单元格宽度是（　　）。

    A. 9.38　　　　　　　　B. 8.38　　　　　　　　C. 7.38　　　　　　　　D. 6.38

（24）在 Excel 中，单元格中的换行可以按（　　）键。

    A. 【Ctrl+Enter】　　　B. 【Alt+Enter】　　　C. 【Shift+Enter】　　　D. 【Enter】

（25）在 Excel 中，不可以通过"清除"命令清除的是（　　）。

    A. 表格批注　　　　　　B. 拼写错误　　　　　　C. 表格内容　　　　　　D. 表格样式

（26）在 Excel 中，先选择 A1 单元格，然后按住【Shift】键，并单击 B4 单元格，此时所选单元格区域为（　　）。

    A. A1:B4　　　　　　　B. A1:B5　　　　　　　C. B1:C4　　　　　　　D. B1:C5

（27）将所选的多列单元格按指定数字调整为等列宽的最快捷的方法为（　　）。

    A. 直接在列标处拖动到等列宽

    B. 选择多列单元格拖动

    C. 选择"开始"→"单元格"→"格式"→"列"→"列宽"命令

    D. 选择"开始"→"单元格"→"格式"→"列"→"最合适列宽"命令

（28）在 Excel 中，删除单元格与清除单元格的操作（　　）。

    A. 不一样　　　　　　　B. 一样　　　　　　　　C. 不确定　　　　　　　D. 确定

（29）在输入邮政编码、电话号码和产品代号等文本时，只要在输入时加上一个（　　），Excel 就会把该数字作为文本处理，使其沿单元格左边对齐。

    A. 双撇号　　　　　　　B. 单撇号　　　　　　　C. 分号　　　　　　　　D. 逗号

（30）在单元格中输入公式时，完成输入后单击编辑栏上的 ✓ 按钮，该操作表示（　　）。

    A. 取消　　　　　　　　B. 确认　　　　　　　　C. 函数向导　　　　　　D. 拼写检查

（31）在 Excel 中的，编辑栏中的 ✗ 按钮相当于（　　）键。

    A. 【Enter】　　　　　　B. 【Esc】　　　　　　　C. 【Tab】　　　　　　　D. 【Alt】

（32）当 Excel 单元格中的数值长度超出单元格长度时，将显示为（　　）。

    A. 普通计数法　　　　　B. 分数计数法　　　　　C. 科学计数法　　　　　D. ########

（33）在编辑工作表时，隐藏的行或列在打印时将（　　）。

    A. 被打印出来　　　　　B. 不被打印出来　　　　C. 不确定　　　　　　　D. 以上都不正确

（34）在 Excel 2010 中移动或复制公式单元格时，以下说法正确的是（　　）。

    A. 公式中的绝对地址和相对地址都不变

    B. 公式中的绝对地址和相对地址都会自动调整

    C. 公式中的绝对地址不变，相对地址自动调整

    D. 公式中的绝对地址自动调整，相对地址不变

（35）下列属于 Excel 2010 提供的主题样式的是（　　）。

    A. 字体　　　　　　B. 颜色　　　　　　C. 效果　　　　　　D. 以上都正确

（36）Excel 2010 图表中的水平 X 轴通常用来作为（　　）。

    A. 排序轴　　　　　B. 分类轴　　　　　C. 数值轴　　　　　D. 时间轴

（37）对数据表进行自动筛选后，所选数据表的每个字段名旁都对应着一个（　　）。

    A. 下拉按钮　　　　B. 对话框　　　　　C. 窗口　　　　　　D. 工具栏

（38）在对数据进行分类汇总之前，必须先对数据（　　）。

    A. 按分类汇总的字段排序，使相同的数据集中在一起

    B. 自动筛选

    C. 按任何一字段排序

    D. 格式化

（39）在单元格中计算"2789+12345"的和时，应该输入（　　）。

    A. "2789+12345"　　B. "=2789+12345"　　C. "278912345"　　D. "2789,1234"

（40）在 Excel 2010 中，除了可以直接在单元格中输入函数外，还可以单击编辑栏上的（　　）按钮来输入函数。

    A. "Σ"　　　　　　B. "fx"　　　　　　C. "SUM"　　　　　D. "查找与引用"

（41）单元格引用随公式所在单元格位置的变化而变化，这属于（　　）。

    A. 相对引用　　　　B. 绝对引用　　　　C. 混合引用　　　　D. 直接引用

（42）在下列选项中，不属于 Excel 视图模式的是（　　）。

    A. 普通视图　　　　B. 页面布局视图　　C. 分页预览视图　　D. 演示视图

（43）Excel 日期格式默认为"年/月/日"，若要将日期格式改为"×年×月×日"，可通过选择（　　）功能组，打开"设置单元格格式"对话框进行选择。

    A. "开始"/"数字"　　　　　　　　　　B. "开始"/"样式"

    C. "开始"/"编辑"　　　　　　　　　　D. "开始"/"单元格"

（44）在下列操作中，可以在选定的单元格区域中输入相同数据的是（　　）。

    A. 在输入数据后按"Ctrl + 空格"键　　　B. 在输入数据后按回车键

    C. 在输入数据后按"Ctrl + 回车"键　　　D. 在输入数据后按"Shift + 回车"键

（45）如果要在 B2:B11 区域中输入数字序号 1，2，3，…，10，可先在 B2 单元格中输入数字 1，再选择单元格 B2，按住（　　）键不放，用鼠标拖动填充柄至 B11。

    A. 【Alt】　　　　　B. 【Ctrl】　　　　C. 【Shift】　　　　D. 【Insert】

（46）合并单元格是指将选定的连续单元区域合并为（　　）。

    A. 1 个单元格　　　B. 1 行 2 列　　　　C. 2 行 2 列　　　　D. 任意行和列

（47）如果将选定单元格（或区域）的内容消除，单元格依然保留，称为（　　）。

    A. 重写　　　　　　B. 删除　　　　　　C. 改变　　　　　　D. 清除

（48）为所选单元格区域快速套用表格样式，应通过（　　）。

    A. 选择"开始"/"编辑"组　　　　　　B. 选择"开始"/"样式"组

    C. 选择"开始"/"单元格"组　　　　　D. 选择"页面布局"/"页面样式"组

（49）在 Excel 中插入超链接时，下列方法错误的是（　　）。

    A. 可以通过现有文件或网页插入超链接　　B. 可以使其链接到当前文档中的任意的位置

    C. 可以插入电子邮件　　　　　　　　　　D. 可以插入本地任意文件

（50）工作表被保护后，该工作表中的单元格的内容、格式（　　　）。

    A．可以修改　　　　　B．不可修改、删除　　　C．可以被复制、填充　　D．可移动

（51）工作表 Sheet1、Sheet2 均设置了打印区域，当前工作表为 Sheet1，执行"文件"/"打印"命令后，在默认状态下将打印（　　　）。

    A．Sheet1 中的打印区域

    B．Sheet1 中键入数据的区域和设置格式的区域

    C．在同一页打印 Sheet1、Sheet2 中的打印区域

    D．在不同页打印 Sheet1、Sheet2 中的打印区域

（52）在编辑工作表时，将第 3 行隐藏起来，编辑后打印该工作表时，对第 3 行的处理为（　　　）。

    A．打印第 3 行　　　　　B．不打印第 3 行　　　　C．不确定　　　　　D．都不对

2．操作题

（1）新建一个空白工作簿，并将其以"预约客户登记表"为名保存，按照下列要求对表格进行操作。

① 依次在单元格中输入相关的文本、数字、日期与时间、特殊符号等数据。

② 使鼠标左键拖动控制柄填充数据，然后使用鼠标右键拖动控制柄填充数据，最后通过"序列"对话框填充数据。

③ 数据录入完成后保存工作簿并退出 Excel 2010。

（2）新建一个空白工作簿，按照下列要求对表格进行以下操作。

① 将新建的空白工作簿以"员工信息表.xlsx"为名进行保存，然后在其中选择相应的单元格输入数据，并填充序列数据。

② 删除"Sheet2"和"Sheet3"工作表，然后将"Sheet1"工作表重命名为"员工信息表"。

③ 以 C3 单元格为冻结中心冻结窗格并查看数据，完成后保存并退出 Excel。

（3）打开"往来客户一览表.xlsx"工作簿，按照下列要求对工作簿进行以下操作。

① 合并 A1:L1 单元格区域，然后选择 A~L 列，自动调整列宽。

② 选择 A3:A12 单元格区域，在"设置单元格格式"对话框的"数字"选项卡中自定义序号的格式为"000"。

③ 选择 I3:I12 单元格区域，在"设置单元格格式"对话框的"数字"选项卡中设置数字格式为"文本"，完成后在相应的单元格中输入 11 位以上的数字。

④ 剪切 A10:I10 单元格区域中的数据，将其插入第 7 行下方。

⑤ 将 B6 单元格中的"明铭"数据修改为"德瑞"，再查找数据"有限公司"，并替换为"有限责任公司"。

⑥ 选择 A1 单元格，设置字体格式为"方正大黑简体、20、深蓝"，选择 A2:L2 单元格区域，设置字体格式为"方正黑体简体、12"。

⑦ 选择 A2:L12 单元格区域，设置对齐方式为"居中"，边框为"所有框线"，完成后重新调整单元格行高与列宽。

⑧ 选择 A2:L12 单元格区域，套用表格格式"表样式中等深浅 16"，完成后保存工作簿。

Chapter

8

项目八
计算和分析 Excel 数据

Excel 2010 具有强大的数据处理功能，主要体现在计算数据和分析数据上。本项目将通过 3 个典型任务，介绍在 Excel 2010 中计算和分析数据的方法，包括公式与函数的使用、排序数据、筛选数据、分类汇总数据、创建图表分析数据，以及使用数据透视图和数据透视表分析数据等。

课堂学习目标

- 制作产品销售测评表
- 统计分析员工绩效表
- 制作销售分析表

任务一 制作产品销售测评表

任务要求

公司总结了上半年旗下各门店的营业情况，李总让肖雪针对各门店每个月的营业额进行统计，统计后制作一份“产品销售测评表”，以便了解各门店的营业情况，并评出优秀门店予以奖励。肖雪根据李总提出的要求，利用 Excel 制作上半年产品销售测评表，参考效果如图 8-1 所示，相关操作如下。

- 使用求和函数 SUM 计算各门店月营业额。
- 使用平均值函数 AVERAGE 计算月平均营业额。
- 使用最大值函数 MAX 和最小值函数 MIN 计算各门店的月最高和最低营业额。
- 使用排名函数 RANK 计算各个门店的排名情况。
- 使用 IF 函数条件判定计算各个门店的月营业总额，将超过 510 万元的定为“优秀”，否则为“合格”。
- 使用 INDEX 函数查询“产品销售测评表”中“B 店二月营业额”和“D 店五月营业额”。

上半年产品销售测评表

姓名	营业额（万元）						月营业总额	月平均营业额	名次	是否优秀
	一月	二月	三月	四月	五月	六月				
A店	95	85	85	90	89	84	528	88	1	优秀
B店	92	84	85	85	88	90	524	87	2	优秀
D店	85	88	87	84	84	83	511	85	4	优秀
E店	80	82	86	88	81	80	497	83	6	合格
F店	87	89	86	84	83	88	517	86	3	优秀
G店	86	84	85	81	80	82	498	83	5	合格
H店	71	73	69	74	69	77	433	72	11	合格
I店	69	74	76	72	76	65	432	72	12	合格
J店	76	72	72	77	72	80	449	75	9	合格
K店	72	77	80	82	86	88	485	81	7	合格
L店	88	70	80	79	77	75	469	78	8	合格
M店	74	65	78	77	68	73	435	73	10	合格
月最高营业额	95	89	87	90	89	90	528	88		
月最低营业额	69	65	69	72	68	65	432	72		

查询B店二月营业额	84
查询D店五月营业额	84

产品销售测评表

图 8-1 “产品销售测评表”工作簿效果

相关知识

（一）公式运算符和语法

在 Excel 2010 中使用公式前，首先需要对公式中的运算符和公式的语法有大致的了解，下面分别对其进行简单介绍。

1. 运算符

即公式中的运算符号，用于对公式中的元素进行特定计算。运算符主要用于连接数字并产生相应的计算结果。运算符有算术运算符（如加、减、乘、除）、比较运算符（如等号、大于号）、文本运算符（如&）、引用运算符（如冒号与空格、$）和括号运算符（如()）5 种。当一个公式中包含了这 5 种运算符时，应遵循从高到低的优先级进行计算。若公式中还包含括号运算符，一定要注意括号必须成对出现。

2．语法

Excel 2010 中的公式是按照特定的顺序进行数值运算的，这一特定顺序即为语法。Excel 2010 中的公式遵循一个特定的语法，最前面是等号，后面是参与计算的元素和运算符。如果公式中同时用到了多个运算符，则需按照运算符的优先级别进行运算，如果公式中包含了相同优先级别的运算符，则先进行括号里面的运算，然后再从左到右依次计算。

（二）单元格引用和单元格引用分类

在使用公式计算数据前要了解单元格引用和单元格引用分类的基础知识。

1．单元格引用

在 Excel 2010 中是通过单元格的地址来引用单元格的，单元格地址指单元格的行号与列标组合。如"=193800+123140+146520+152300"，数据"193800"位于 B3 单元格，其他数据依次位于 C3、D3 和 E3 单元格中，通过单元格引用，可以将公式输入为"=B3+C3+D3+E3"，同样可以获得相同的计算结果。

2．单元格引用分类

在计算数据表中的数据时，通常会通过复制或移动公式来实现快速计算，因此会涉及不同的单元格引用方式。Excel 中包括相对引用、绝对引用和混合引用 3 种引用方法，不同的引用方式，得到的计算结果也不相同。

- 相对引用。相对引用是指输入公式时直接通过单元格地址来引用单元格。相对引用单元格后，如果复制或剪切公式到其他单元格，那么公式中引用的单元格地址会根据复制或剪切的位置而发生相应改变。
- 绝对引用。绝对引用是指无论引用单元格的公式位置如何改变，所引用的单元格均不会发生变化。绝对引用的形式是在单元格的行号和列标前均加上符号"＄"。
- 混合引用。混合引用包含了相对引用和绝对引用。混合引用有两种形式，一种是行绝对、列相对，如"B＄2"表示行不发生变化，但是列随着新的位置发生变化；另一种是行相对、列绝对，如"＄B2"表示列保持不变，但是行会随着新的位置而发生变化。

（三）使用公式计算数据

Excel 2010 中的公式是对工作表中的数据进行计算的等式，它以"=（等号）"开始，其后是公式的表达式。

1．输入公式

在 Excel 2010 中输入公式的方法与输入文本的方法类似，只需将公式输入相应的单元格中，即可计算出数据结果。输入公式指的是只包含运算符、常量数值、单元格引用和单元格区域引用的简单公式，其输入方法为：选择要输入公式的单元格，在单元格或编辑栏中输入"="，接着输入公式内容，完成后按【Enter】键或单击编辑栏上的"输入"按钮 即可。

在单元格中输入公式后，按【Enter】键可在计算出公式结果的同时选择同列的下一个单元格；按【Tab】键可在计算出公式结果的同时选择同行的下一个单元格；按【Ctrl+Enter】组合键则在计算出公式结果后，当前单元格仍保持选择状态。

2．编辑公式

编辑公式与编辑数据的方法相同。选择含有公式的单元格，将插入点定位在编辑栏或单元格中需要修改的位置，按【Backspace】键删除多余或错误的内容，再输入正确的内容。完成后按【Enter】键即可完成公式编辑，Excel 自动对新公式进行计算。

3．复制公式

在 Excel 中复制公式是进行快速计算数据的最佳方法，因为在复制公式的过程中，Excel 会自动改变引用单元格的地址，可避免手动输入公式的麻烦，提高工作效率。通常使用"常用"工具栏或菜单进行复制粘贴；也可使用拖动控制柄快速填充的方法进行复制；还可选择添加了公式的单元格按【Ctrl+C】组合键进行复制，然后再将插入点定位到要复制到的单元格，按【Ctrl+V】组合键进行粘贴就可完成公式的复制。

（四）Excel 中的常用函数

Excel 2010 中提供了多种函数，每个函数的功能、语法结构及其参数的含义各不相同，除本书中提到的 SUM 函数和 AVERAGE 函数外，常用的还有 IF 函数、COUNT 函数、MAX/MIN 函数、SUMIFS 函数和 SUMIF 函数等。

- SUM 函数。SUM 函数的功能是对选择的单元格或单元格区域进行求和计算，其语法结构为：SUM（number1,number2,…）。其中，number1，number2，…表示若干个需要求和的参数。填写参数时，可以写单元格地址（如 E6，E7，E8），也可以使用单元格区域（如 E6:E8），甚至混合输入（如 E6,E7:E8）。

- AVERAGE 函数。AVERAGE 函数的功能是求平均值，计算方法是：将选择的单元格或单元格区域中的数据先相加再除以单元格个数，其语法结构为：AVERAGE（number1,number2,…）。其中，number1，number2，…表示若干个需要求平均值的参数。

- IF 函数。IF 函数的功能是进行判定，它能真假值判断，并根据逻辑计算的真假值返回不同结果，其语法结构为：IF（logical_test,value_if_true,value_if_false）。其中，logical_test 表示计算结果为 true 或 false 的任意值或表达式；value_if_true 表示 logical_test 为真（true）时要返回的值，可以是任意数据；value_if_false 表示 logical_test 为假（false）时要返回的值，也可以是任意数据。

- COUNT 函数。COUNT 函数的功能是返回包含数字及包含参数列表中的数字的单元格的个数，通常利用它来计算单元格区域或数字数组中数字字段的输入项个数，其语法结构为：COUNT（value1,value2,…）。其中，value1，value2，…为包含或引用各种类型数据的参数（1~30 个），但只有数字类型的数据才被计算。

- MAX/MIN 函数。MAX 函数的功能是返回所选单元格区域中所有数值的最大值，MIN 函数则用来返回所选单元格区域中所有数值的最小值，其语法结构为：MAX/MIN（number1,number2,…）。其中，number1，number2，…表示要筛选的若干个数值或引用。

- SUMIFS 函数。SUMIFS 函数的功能是对指定单元格区域中满足多个条件的单元格求和。其语法结构为：SUMIFS（sum_range,criteria_range1,criteria1,[criteria_range2,criteria2],…）。其中，sum_range 为必需的参数，求和的实际单元格区域，忽略空白值和文本值；criteria_range1 为必需的参数，在其中计算关联条件的第一个区域。criteria1 为必需的参数，求和的条件，条件的形式可以为数字、表达式、单元格地址或文本，可以用来定义将对 criteria_range1 参数中的单元格求和。criteria_range2，criteria2 为可选的参数，附加的区域及其关联条件，最多允许 127 个区域/条件，其中每个 criteria_range 参数区域所包含的行数和列数必须与 sum_range 参数相同。

- SUMIF 函数。SUMIF 函数的功能是根据指定条件对若干单元格求和，其语法结构为：SUMIF（range,criteria,sum_range）。其中，range 为用于条件判断的单元格区域；criteria 为确定哪些单元格将被作为相加求和的条件，其形式可以为数字、表达式或文本；sum_range 为需要求和的实际单元格。

任务实现

（一）使用 SUM 函数求和

SUM 求和函数主要用于计算某一单元格区域中所有数字值之和，其具体操作如下。

（1）打开“产品销售测评表.xlsx”工作簿，选择 H4 单元格，在“公式”/“函数库”组中单击 Σ 自动求和 按钮。

（2）此时，便在 H4 单元格中插入求和函数“SUM”，同时 Excel 将自动识别函数参数“B4:G4”，如图 8-2 所示。

（3）单击编辑区中的“输入”按钮✓，完成求和的计算，将鼠标指针移动到 H4 单元格右下角，当其变为✚形状时，按住鼠标左键不放向下拖曳，至 H15 单元格释放鼠标左键，系统将自动填充各店月营业总额，如图 8-3 所示。

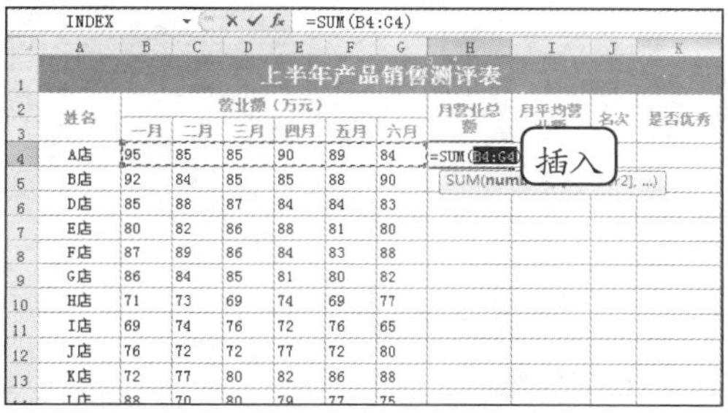

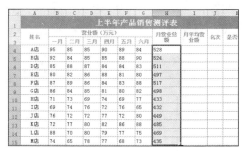

姓名	营业额（万元）一月	二月	三月	四月	五月	六月	月营业总额	月平均营业额	名次	是否优秀
A店	95	85	85	90	89	84	=SUM(B4:G4)			
B店	92	84	85	85	88	90				
D店	85	88	87	84	84	83				
E店	80	82	86	88	81	80				
F店	87	89	86	84	83	88				
G店	86	84	85	81	80	82				
H店	71	73	69	74	69	77				
I店	69	74	76	72	76	65				
J店	76	72	72	77	72	80				
K店	72	77	80	82	86	88				

图 8-2　插入求和函数

姓名	营业额（万元）一月	二月	三月	四月	五月	六月	月营业总额	月平均营业额	名次	是否
A店	95	85	85	90	89	84	528			
B店	92	84	85	85	88	90	524			
D店	85	88	87	84	84	83	511			
E店	80	82	86	88	81	80	497			
F店	87	89	86	84	83	88	517			
G店	86	84	85	81	80	82	498			
H店	71	73	69	74	69	77	433			
I店	69	74	76	72	76	65	432			
J店	76	72	72	77	72	80	449			
K店	72	77	80	82	86	88	485			
L店	88	70	80	79	77	75	469			
M店	74	65	78	77	68	73	435			

图 8-3　自动填充营业额

（二）使用 AVERAGE 函数求平均值

AVERAGE 函数用来计算某一单元格区域中的数据平均值，即先将单元格区域中的数据相加再除以单元格个数，其具体操作如下。

（1）选择 I4 单元格，在“公式”/“函数库”组中单击 Σ 自动求和 按钮右侧的下拉按钮▾，在打开的下拉列表中选择“平均值”选项。

（2）此时，系统将自动在 I4 单元格中插入平均值函数“AVERAGE”，同时 Excel 将自动识别函数参数“B4:H4”，再将自动识别的函数参数手动更改为“B4:G4”，如图 8-4 所示。

（3）单击编辑区中的“输入”按钮✓，应用函数的计算结果。

（4）将鼠标指针移动到 I4 单元格右下角，当其变为✚形状时，按住鼠标左键不放向下拖曳，至 I15 单元格释放鼠标左键，系统将自动填充各店月平均营业额，如图 8-5 所示。

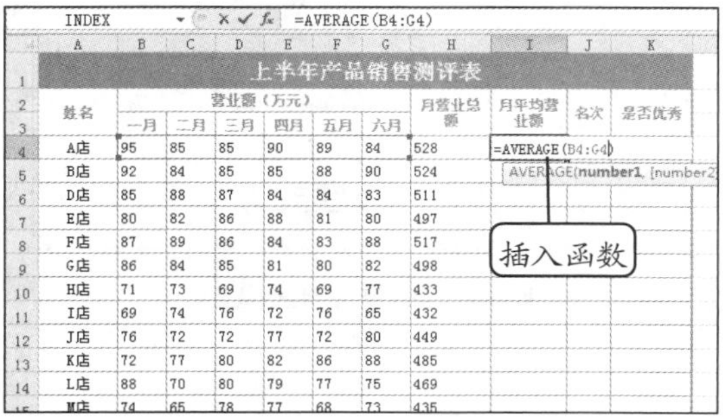

姓名	营业额（万元）一月	二月	三月	四月	五月	六月	月营业总额	月平均营业额	名次	是否优秀
A店	95	85	85	90	89	84	528	=AVERAGE(B4:G4)		
B店	92	84	85	85	88	90	524			
D店	85	88	87	84	84	83	511			
E店	80	82	86	88	81	80	497			
F店	87	89	86	84	83	88	517			
G店	86	84	85	81	80	82	498			
H店	71	73	69	74	69	77	433			
I店	69	74	76	72	76	65	432			
J店	76	72	72	77	72	80	449			
K店	72	77	80	82	86	88	485			
L店	88	70	80	79	77	75	469			

图 8-4　更改函数参数

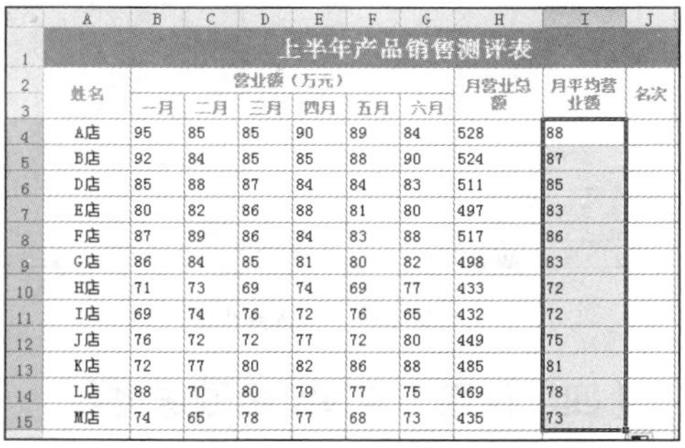

姓名	营业额（万元）一月	二月	三月	四月	五月	六月	月营业总额	月平均营业额	名次
A店	95	85	85	90	89	84	528	88	
B店	92	84	85	85	88	90	524	87	
D店	85	88	87	84	84	83	511	85	
E店	80	82	86	88	81	80	497	83	
F店	87	89	86	84	83	88	517	86	
G店	86	84	85	81	80	82	498	83	
H店	71	73	69	74	69	77	433	72	
I店	69	74	76	72	76	65	432	72	
J店	76	72	72	77	72	80	449	75	
K店	72	77	80	82	86	88	485	81	
L店	88	70	80	79	77	75	469	78	
M店	74	65	78	77	68	73	435	73	

图 8-5　自动填充月平均营业额

（三）使用 MAX 函数求最大值和 MIN 函数求最小值

MAX 函数和 MIN 函数用于返回一组数据中的最大值或最小值，其具体操作如下。

（1）选择 B16 单元格，在"公式"/"函数库"组中单击 Σ 自动求和按钮右侧的下拉按钮·，在打开的下拉列表中选择"最大值"选项，如图 8-6 所示。

（2）此时，系统降自动在 B16 单元格中插入最大值函数"MAX"，同时 Excel 将自动识别函数参数"B4:B15"，如图 8-7 所示。

（3）单击编辑区中的"输入"按钮，确认函数的应用计算结果，将鼠标指针移动到 B16 单元格右下角，当其变为 ➕ 形状时，按住鼠标左键不放向右拖拽。直至 I16 单元格，释放鼠标，将自动计算出各门店月最高营业额、月最高营业总额和月最高平均营业额。

图 8-6 选择"最大值"选项

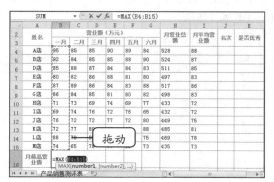

图 8-7 插入最大值函数

（4）选择 B17 单元格，在"公式"/"函数库"组中单击 Σ 自动求和按钮右侧的下拉按钮·，在打开的下拉列表中选择"最小值"选项。

（5）此时，系统自动在 B16 单元格中插入最小值函数"MIN"，同时 Excel 将自动识别函数参数"B4:B16"，并手动将其更改为"B4:B15"。

（6）单击编辑区中的"输入"按钮，应用函数的计算结果，如图 8-8 所示。

（7）将鼠标指针移动到 B16 单元格右下角，当其变为 ➕ 形状时，按住鼠标左键不放向右拖曳，至 I16 单元格，释放鼠标左键，将自动计算出各门店月最低营业额和月最低营业总额、月最低平均营业额，如图 8-9 所示。

图 8-8 插入最小值

图 8-9 自动填充月最低营业额

（四）使用 RANK 函数求排名

RANK 函数用来返回某个数值在该列表中的排名，其语法结构为：RANK(Number,Ref,Order)，函数名后面的参数中 Number 为需要求排名的那个数值或者单元格名称(单元格内必须为数字), Ref 为排名的参照数值区域, Order 的为 0 和 1, 默认不用输入, 得到的就是从大到小的排名, 若是想求倒数第几, Order 的值使用 1。其具体操作如下。

（1）选择 J4 单元格, 在"公式"/"函数库"组中单击"插入函数"按钮 *fx* 或按【Shift+F3】组合键, 打开"插入函数"对话框。

（2）在"或选择类别"下拉列表框中选择"常用函数"选项, 在"选择函数"列表框中选择"RANK"选项, 单击 确定 按钮, 如图 8-10 所示。

（3）打开"函数参数"对话框, 任务中要求出"H4"单元格中的数在"Ref"区域中的排名; 在 Number 文本框中输入"H4"。

（4）单击 Ref 文本框, 拖曳鼠标选择要计算的单元格区域 H4:H15, 再利用【F4】键将 Ref 文本框中的单元格的引用地址转换为绝对引用（表明复制公式时该区域不发生改变）, 单击 确定 按钮, 如图 8-11 所示。

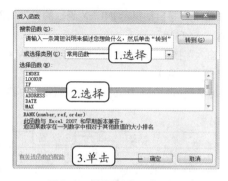

图 8-10 选择需要插入的函数

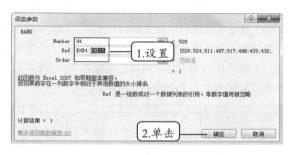

图 8-11 设置函数参数

（5）在 Order 文本框中：给出排名次序"0"为降序, "非 0"为升序。

（6）返回到操作界面, 即可查看排名情况, 将鼠标指针移动到 J4 单元格右下角。当其变为 ✚ 形状时, 按住鼠标左键不放向下拖曳, 直至 J15 单元格, 释放鼠标左键, 即可显示出每个门店的名次。

（五）使用 IF 条件判定函数

IF 条件判定函数用于判断数据表中的某个数据是否满足指定条件, 如果满足则返回特定值, 不满足则返回其他值, 其具体操作如下。

（1）选择 K4 单元格, 单击编辑栏中的"插入函数"按钮 *fx* 或按【Shift+F3】组合键, 打开"插入函数"对话框。

（2）在"或选择类别"下拉列表框中选择"逻辑"选项, 在"选择函数"列表框中选择"IF"选项, 单击 确定 按钮, 如图 8-12 所示。

（3）打开"函数参数"对话框, 分别在 3 个文本框中输入判断条件和返回逻辑值, 单击 确定 按钮, 如图 8-13 所示。

（4）返回到操作界面, 由于 H4 单元格中的值大于"510", 因此在 K4 单元格中显示"优秀", 将鼠标指针移动到 K4 单元格右下角, 当其变为 ✚ 形状时, 按住鼠标左键不放向下拖曳。至 K15 单元格释放鼠标, 分析其他门店是否满足优秀门店条件, 若营业额总数低于"510"则 K 列返回"合格"。

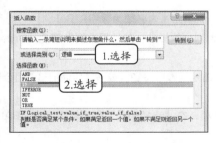 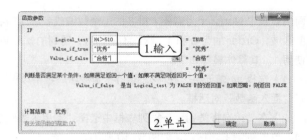

图 8-12　选择需要插入的函数　　　　　　图 8-13　设置判断条件和返回逻辑值

（六）使用 INDEX 函数

INDEX 函数是返回表或区域中的值或对值的引用，其语法结构为 INDEX(array,row_number, column_number)，三个参数中 array 为指定区域，row_number 为引用单元格在该区域的行数，column_number 为引用单元格在该区域中的列，具体操作如下。

（1）选择 B19 单元格，在编辑栏中输入"=INDEX"，编辑栏下方将自动提示 INDEX 函数的参数输入规则，拖曳鼠标选择 A4:G15 单元格区域，编辑栏中将自动录入"A4:G15"。

（2）继续在编辑栏中输入参数",2,3"，单击编辑栏中的"输入"按钮，如图 8-14 所示，确认函数的计算结果（注：表示要引用的单元格在 A4:G15 区域中的第 2 行第 3 列）。

（3）选择 B20 单元格，编辑栏中输入"=INDEX"，拖曳鼠标选择 A4:G15 单元格区域，编辑栏中将自动录入"A4:G15"，如图 8-15 所示。

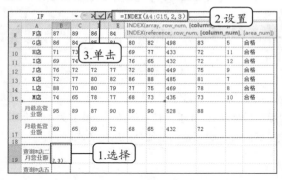 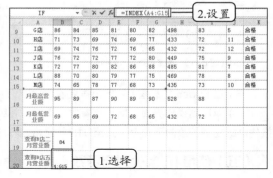

图 8-14　确认函数的应用　　　　　　　　图 8-15　选择参数

（4）继续在编辑栏中输入参数",3,6"，按【Ctrl+Enter】组合键确认函数的应用并计算结果。

任务二　统计分析员工绩效表

任务要求

公司要对下属工厂的员工进行绩效考评，小丽作为财务部的一名员工，部长让小丽将该工厂一季度的员工绩效表进行统计分析（见图 8-16），相关要求如下。

● 打开已经创建并编辑完成的员工绩效表，对其中的数据分别进行快速排序、组合排序和自定义排序。

- 对表中的数据按照不同的条件进行自动筛选、自定义筛选和高级筛选,并在表格中使用条件格式。
- 按照不同的设置字段,对表格中的数据创建分类汇总、嵌套分类汇总,然后查看分类汇总的数据。
- 首先创建数据透视表,然后再创建数据透视图。

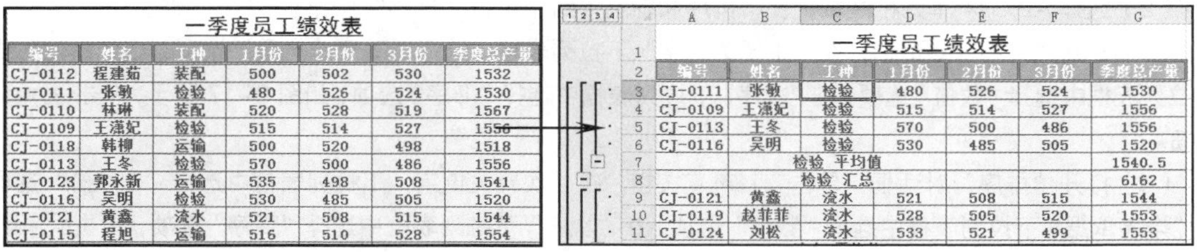

一季度员工绩效表						
编号	姓名	工种	1月份	2月份	3月份	季度总产量
CJ-0112	程建茹	装配	500	502	530	1532
CJ-0111	张敏	检验	480	526	524	1530
CJ-0110	林琳	装配	520	528	519	1567
CJ-0109	王潇妃	检验	515	514	527	1556
CJ-0118	韩柳	运输	500	520	498	1518
CJ-0113	王冬	运输	570	500	486	1556
CJ-0123	郭永新	运输	535	498	508	1541
CJ-0116	吴明	检验	530	485	505	1520
CJ-0121	黄鑫	淡水	521	508	515	1544
CJ-0115	程旭	运输	516	510	528	1554

	A	B	C	D	E	F	G
1			一季度员工绩效表				
2	编号	姓名	工种	1月份	2月份	3月份	季度总产量
3	CJ-0111	张敏	检验	480	526	524	1530
4	CJ-0109	王潇妃	检验	515	514	527	1556
5	CJ-0113	王冬	检验	570	500	486	1556
6	CJ-0116	吴明	检验	530	485	505	1520
7			检验 平均值				1540.5
8			检验 汇总				6162
9	CJ-0121	黄鑫	淡水	521	508	515	1544
10	CJ-0119	赵菲菲	淡水	528	505	520	1553
11	CJ-0124	刘松	淡水	533	521	499	1553

图 8-16　"员工绩效表"工作簿最终效果

相关知识

(一)数据排序

数据排序是统计工作中的一项重要内容,Excel 中可将数据按照指定的顺序规律进行排序。一般情况下,数据排序分为以下 3 种情况。

- 单列数据排序。单列数据排序是指在工作表中以一列单元格中的数据为依据,对工作表中的所有数据进行排序。
- 多列数据排序。在多列数据排序时,需要对某个数据进行排列,该数据则称为"关键字"。以关键字进行排序,其他列中的单元格数据将随之发生变化。对多列数据进行排序时,首先需要选择多列数据对应的单元格区域,且先选择关键字所在的单元格,排序时就会自动以该关键字进行排序,未选择的单元格区域将不参与排序。
- 自定义排序。使用自定义排序可以通过设置多个关键字对数据进行排序,并可以通过其他关键字对相同排序的数据进行排序。

(二)数据筛选

数据筛选功能是对数据进行分析时常用的操作之一。数据排序分为以下 3 种情况。

- 自动筛选。自动筛选数据即根据用户设定的筛选条件,自动将表格中符合条件的数据显示出来,而表格中的其他数据将隐藏。
- 自定义筛选。自定义筛选是在自动筛选的基础上进行操作的,即在自动筛选后的需自定义的字段名称右侧单击下拉按钮,在打开的下拉列表中选择相应的选项确定筛选条件,然后在打开的"自定义筛选方式"对话框中进行相应的设置。
- 高级筛选。若需要根据自己设置的筛选条件对数据进行筛选,可使用高级筛选功能。高级筛选功能可以筛选出同时满足两个或两个以上约束条件的记录。

任务实现

(一)排序员工绩效表数据

使用 Excel 中的数据排序功能对数据进行排序,有助于快速直观地显示并理解、组织和查找所需的数据，其具体操作如下。

（1）打开"员工绩效表.xlsx"工作簿，选择G列任意单元格，在"数据"/"排序和筛选"组中单击"升序"按钮 ，将选择的数据表按照"季度总产量"由低到高进行排序。

（2）选择 A2:G14 单元格区域，在"排序和筛选"组中单击"排序"按钮 。

（3）打开"排序"对话框，在"主要关键字"下拉列表框中选择"季度总产量"选项，在"排序依据"下拉列表框中选择"数值"选项，在"次序"下拉列表框中选择"降序"选项，如图 8-17 所示，单击 确定 按钮。

（4）打开"排序"对话框，单击 添加条件(A) 按钮，在"次要关键字"下拉列表框中选择"3月份"选项，在"排序依据"下拉列表框中选择"数值"选项，在"次序"下拉列表框中选择"降序"选项，单击 确定 按钮。

（5）此时即可对数据表先按照"季度总产量"序列降序排列，对于"季度总产量"列中相同的数据，则按照"3 月份"序列进行降序排列，效果如图 8-18 所示。

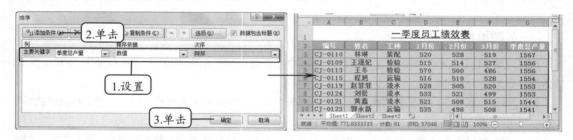

图 8-17　设置主要排序条件　　　　　　　　图 8-18　查看排序结果

（6）选择"文件"/"选项"命令，打开"Excel 选项"对话框，在左侧的列表中单击"高级"选项卡，在右侧列表框的"常规"栏中单击 编辑自定义列表(O)... 按钮。

（7）打开"自定义序列"对话框，在"输入序列"列表框中输入序列字段"流水,装配,检验,运输"，单击 添加(A) 按钮，将自定义字段添加到左侧的"自定义序列"列表框中。

（8）单击 确定 按钮，关闭"Excel 选项"对话框，返回到数据表，选择任意一个单元格，在"排序和筛选"组中单击"排序"按钮 ，打开"排序"对话框。

（9）在"主要关键字"下拉列表框中选择"工种"选项，在"次序"下拉列表框中选择"自定义序列"选项，打开"自定义序列"对话框，在"自定义序列"列表框中选择前面创建的序列，单击 确定 按钮。

（10）返回到"排序"对话框，在"次序"下拉列表中即显示设置的自定义序列，单击 确定 按钮，如图 8-19 所示。

（11）此时即可将数据表按照"工种"序列中的自定义序列进行排序，效果如图 8-20 所示。

图 8-19　设置自定义序列　　　　　　　　图 8-20　查看自定义序列排序的效果

（二）筛选员工绩效表数据

Excel 2010 筛选数据功能可根据需要显示满足某一个或某几个条件的数据，而隐藏其他的数据。

1. 自动筛选

自动筛选可以快速在数据表中显示指定字段的记录并隐藏其他记录。下面在"员工绩效表.xlsx"工作簿中筛选出工种为"装配"的员工绩效数据，其具体操作如下。

（1）打开表格，选择工作表中的任意单元格，在"数据"/"排序和筛选"组中单击"筛选"按钮 ，进入筛选状态，列标题单元格右侧显示出"筛选"按钮 。

（2）在 C2 单元格中单击"筛选"下拉按钮 ，在打开的下拉列表框中撤销选中"检验""流水"和"运输"复选框，仅单击选中"装配"复选框，单击 确定 按钮。

（3）此时将在数据表中显示工种为"装配"的员工数据，而将其他员工数据全部隐藏。

2. 自定义筛选

自定义筛选多用于筛选数值数据，通过设定筛选条件可以将满足指定条件的数据筛选出来，而将其他数据隐藏。下面在"员工绩效表.xlsx"工作簿中筛选出季度总产量大于"1540"的相关信息，其具体操作如下。

（1）打开"员工绩效表.xlsx"工作簿，单击"筛选"按钮 进入筛选状态，在"季度总产量"单元格中单击 按钮，在打开的下拉列表框中选择"数字筛选"选项，在打开的子列表中选择"大于"选项。

（2）打开"自定义自动筛选方式"对话框，在"季度总产量"栏的"大于"右侧的下拉列表框中输入"1540"，单击 确定 按钮，如图 8-21 所示。

图 8-21　自定义筛选

3. 高级筛选

通过高级筛选功能，可以自定义筛选条件，在不影响当前数据表的情况下显示出筛选结果。而对于较复杂的筛选，可以使用高级筛选来进行。下面在"员工绩效表.xlsx"工作簿中筛选出 1 月份产量大于"510"，季度总产量大于"1556"的数据，其具体操作如下。

（1）打开"员工绩效表.xlsx"工作簿，在 C16 单元格中输入筛选序列"1 月份"，在 C17 单元格中输入条件">510"，在 D16 单元格中输入筛选序列"季度总产量"，在 D17 单元格中输入条件">1556"，在表格中选择任意的单元格，在"数据"/"排序和筛选"组中单击 高级 按钮。

（2）打开"高级筛选"对话框，单击选中"将筛选结果复制到其他位置"单选项，将"列表区域"自动设置为"$A$2:$G$14"，在"条件区域"文本框中输入"$C$16:$D$17"，在"复制到"文本框中输入"$A$18:$G$25"，单击 确定 按钮。

（3）此时即可在原数据表下方的 A18:G19 单元格区域中单独显示出筛选结果。

4. 使用条件格式

条件格式用于将数据表中满足指定条件的数据以特定的格式显示出来，从而便于直观查看与区分数据。下面在"员工绩效表.xlsx"工作簿中将月产量大于"500"的数据以浅红色填充显示，其具体操作如下。

（1）选择 D3:G14 单元格区域，在“开始”/“样式”组中单击“条件格式”按钮，在打开的下拉列表中选择“突出显示单元格规则”/“大于”选项。

（2）打开“大于”对话框，在数值框中输入“500”，在“设置为”下拉列表框中选择“浅红色填充”选项，单击 确定 按钮，如图 8-22 所示。

（3）此时即可在原数据表下方的 A18:G19 单元格区域中单独显示出筛选结果，此时即可将 D3:G14 单元格区域中所有数据大于“500”的单元格以浅红色填充显示，如图 8-23 所示。

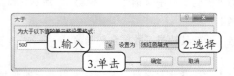

图 8-22 设定格式

	A	B	C	D	E	F	G
2	编号	姓名	工种	1月份	2月份	3月份	季度总产量
3	CJ-0112	程建茹	装配	500	502	530	1532
4	CJ-0111	张敏	检验	480	526	524	1530
5	CJ-0110	林琳	装配	520	528	519	1567
6	CJ-0109	王潇妃	检验	515	514	527	1556
7	CJ-0118	韩柳	运输	500	520	498	1518
8	CJ-0113	王冬	检验	570	500	486	1556
9	CJ-0123	郭永新	运输	535	498	508	1541
10	CJ-0116	吴明	检验	530	485	505	1520
11	CJ-0121	黄鑫	流水	521	508	515	1544
12	CJ-0115	程旭	运输	516	510	528	1554

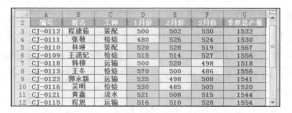

图 8-23 应用条件格式

（三）对数据进行分类汇总

运用 Excel 的分类汇总功能可对表格中同一类数据进行统计运算，使工作表中的数据变得更加清晰直观，其具体操作如下。

（1）打开表格，选择 C 列的任意一个单元格，在“数据”/“排序和筛选”组中单击“升序”按钮，对数据进行排序。

（2）单击“分级显示”按钮，在“数据”/“分级显示”组中单击“分类汇总”按钮，打开“分类汇总”对话框，在“分类字段”下拉列表框中选择“工种”选项，在“汇总方式”下拉列表框中选择“求和”选项，在“选定汇总项”列表框中单击选中“季度总产量”复选框，单击 确定 按钮，如图 8-24 所示。

（3）此时即可对数据表进行分类汇总，同时直接在表格中显示汇总结果。

（4）在 C 列中选择任意单元格，使用相同的方法打开“分类汇总”对话框，在“汇总方式”下拉列表框中选择“平均值”选项，在“选定汇总项”列表框中单击选中“季度总产量”复选框，撤销选中“替换当前分类汇总”复选框，单击 确定 按钮。

（5）在前面的汇总数据表的基础上继续添加分类汇总，即可同时查看到不同工种每季度的平均产量，效果如图 8-25 所示。

图 8-24 设置分类汇总

	A	B	C	D	E	F	G
1	一季度员工绩效表						
2	编号	姓名	工种	1月份	2月份	3月份	季度总产量
3	CJ-0111	张敏	检验	480	526	524	1530
4	CJ-0109	王潇妃	检验	515	514	527	1556
5	CJ-0113	王冬	检验	570	500	486	1556
6	CJ-0116	吴明	检验	530	485	505	1520
7			检验 平均值				1540.5
8			检验 汇总				6162
9	CJ-0121	黄鑫	流水	521	508	515	1544
10	CJ-0119	赵菲菲	流水	528	505	520	1553
11	CJ-0124	刘松	流水	533	521	499	1553
12			流水 平均值				1550
13			流水 汇总				4650
14	CJ-0118	韩柳	运输	500	520	498	1518
15	CJ-0123	郭永新	运输	535	498	508	1541
16	CJ-0115	程旭	运输	516	510	528	1554
17			运输 平均值				1537.6667
18			运输 汇总				4613
19	CJ-0112	程建茹	装配	500	502	530	1532
20	CJ-0110	林琳	装配	520	528	519	1567

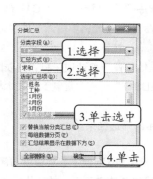

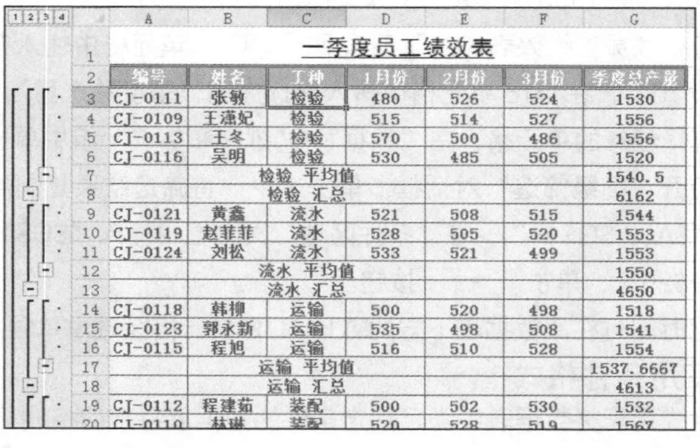

图 8-25 查看嵌套分类汇总结果

（四）创建并编辑数据透视表

数据透视表是一种交互式的数据报表，可以快速汇总大量的数据，同时对汇总结果进行各种筛选以查看源数据的不同统计结果。下面为"员工绩效表.xlsx"工作簿为例创建数据透视表，其具体操作如下。

（1）打开"员工绩效表.xlsx"工作簿，选择 A2:G14 单元格区域，在"插入"/"表格"组中单击"数据透视表"按钮，打开"创建数据透视表"对话框。

（2）由于已经选定了数据区域，因此只需设置放置数据透视表的位置，这里单击选中"新工作表"单选项，单击 确定 按钮，如图 8-26 所示。

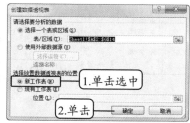

图 8-26　设置放置数据透视表的位置

（3）此时将新建一张工作表，并在其中显示空白数据透视表，右侧显示出"数据透视表字段列表"窗格。

（4）在"数据透视表字段列表"窗格中将"工种"字段拖动到"报表筛选"下拉列表框中，数据表中将自动添加筛选字段。然后用同样的方法将"姓名"和"编号"字段拖动到"报表筛选"下拉列表框中。

（5）使用同样的方法按顺序将"1 月份～季度总产量"字段拖到"数值"下拉列表框中，如图 8-27 所示。

（6）在创建好的数据透视表中单击"工种"字段后的 按钮，在打开的下拉列表框中选择"流水"选项，如图 8-28 所示，单击 确定 按钮，即可在表格中显示该工种下所有员工的汇总数据。

图 8-27　添加字段

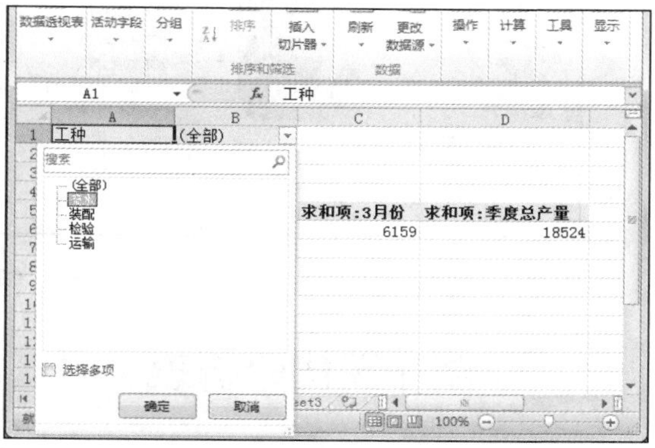

图 8-28　查看数据透视表

（五）创建数据透视图

通过数据透视表分析数据后，为了直观查看数据情况，还可以根据数据透视表进一步制作数据透视图。下面根据"员工绩效表.xlsx"工作簿中数据透视表的数据创建数据透视图，其具体操作如下。

（1）在"员工绩效表.xlsx"工作簿中制作数据透视表后，在"数据透视表工具-选项"/"工具"组中单击"数据透视图"按钮，打开"插入图表"对话框。

（2）在左侧的列表中单击"柱形图"选项卡，在右侧列表框的"柱形图"栏中选择"三维簇状柱形图"选项，单击 确定 按钮，即可在数据透视表的工作表中添加数据透视图，如图 8-29 所示。

（3）在创建好的数据透视图中单击 姓名 按钮，在打开的下拉列表框中单击选中"全部"复选框，单击 确定 按钮，即可在数据透视图中看到所有流水工种员工的数据求和项，如图 8-30 所示。

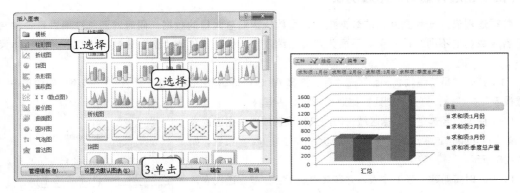

图 8-29　创建数据透视图

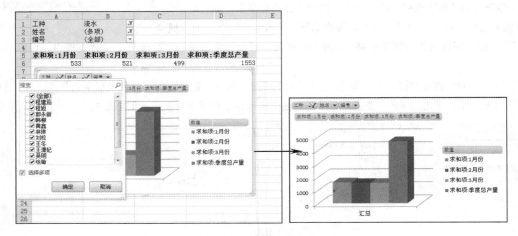

图 8-30　创建数据透视图

任务三　制作销售分析表

任务要求

年关将至，总经理要在年终总结会议上制订来年的销售方案，因此，需要一份数据差异和走势明显，并能够辅助其预测发展趋势的电子表格。总经理让小夏在下周之前制作一份销售分析图表，制作完成后的效果如图 8-31 所示。相关操作如下。

- 打开已经创建并编辑好的素材表格，根据表格中的数据创建图表，并将其移动到新的工作表中。
- 对图表进行相应编辑，包括修改图表数据、更改图表类型、设置图表样式、调整图表布局、设置图表格式、调整图表对象的显示与分布和使用趋势线等。
- 为表格中的数据插入迷你图，并对其进行设置和美化。

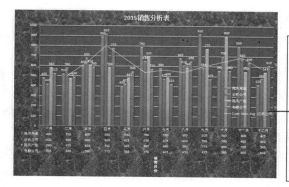

图 8-31 "销售分析表"工作簿最终效果

相关知识

（一）图表的类型

图表是 Excel 重要的数据分析工具，在 Excel 中提供了多种图表类型，包括柱形图、条形图、折线图和饼图等，根据不同的情况选用不同类型的图表。下面介绍 5 个常用图表的类型及其适用情况。

- 柱形图。常用于进行几个项目之间数据的对比。
- 条形图。与柱形图的用法相似，但数据位于 y 轴，值位于 x 轴，位置与柱形图相反。
- 折线图。多用于显示等时间间隔数据的变化趋势，它强调的是数据的时间性和变动率。
- 饼图。用于显示一个数据系列中各项的大小与各项总和的比例。
- 面积图。用于显示每个数值的变化量，强调数据随时间变化的幅度，还能直观地体现整体和部分的关系。

（二）使用图表的注意事项

制作出的图表除了必要因素外，还需让人一目了然，在制作前应该注意以下几点。

- 在制作图表前如需先制作表格，应根据前期收集的数据制作出相应的电子表格，并对表格进行一定的美化。
- 根据表格中某些数据项或所有数据项创建相应形式的图表。选择电子表格中的数据时，可根据图表的需要视情况而定。
- 检查创建的图表中的数据有无遗漏，及时对数据进行添加或删除。然后对图表形状样式和布局等内容进行相应的设置，完成图表的创建与修改。
- 不同的图表类型能够进行的操作可能不同，如二维图表和三维图表就具有不同的格式设置。
- 图表中的数据较多时，应该尽量将所有数据都显示出来，所以一些非重点的部分，如图表标题、坐标轴标题和数据表格等都可以省略。
- 办公文档讲究简单明了，对于图表的格式和布局等，最好使用 Excel 自带的格式，除非有特定的要求，否则没有必要设置复杂的格式影响图表的阅读。

任务实现

（一）创建图表

图表可以将数据表以图例的方式展现出来。创建图表时，首先需要创建或打开数据表，然后根据数据表创建图表。下面在"销售分析表.xlsx"工作簿的基础上创建图表，其具体操作如下。

（1）打开"销售分析表.xlsx"工作簿，选择 A3:F15 单元格区域，在"插入"/"图表"组中单击"柱形图"按钮，在打开的下拉列表的"二维柱形图"栏中选择"簇状柱形图"选项。

（2）此时即可在当前工作表中创建一个柱形图，图表中显示了各公司每月的销售情况。将鼠标指针移动到图表中的某一系列，即可查看该系列对应的分公司在该月的销售数据，如图 8-32 所示。

（3）在"设计"/"位置"组中单击"移动图表"按钮，打开"移动图表"对话框，单击选中"新工作表"单选项，在后面的文本框中输入工作表的名称，这里输入"销售分析图表"，单击 确定 按钮。

（4）此时图表将移动到新工作表中，同时图表将自动调整为适合工作表区域的大小，如图 8-33 所示。

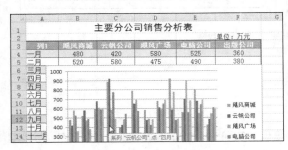

图 8-32 插入图表效果

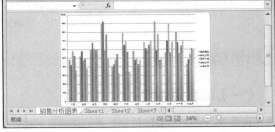

图 8-33 移动图表效果

（二）编辑图表

编辑图表包括修改图表数据、修改图表类型、设置图表样式、调整图表布局、设置图表格式、调整图表对象的显示以及分布和使用趋势线等操作，其具体操作如下。

（1）选择创建好的图表，在"数据透视图工具-设计"/"数据"组中单击"选择数据"按钮，打开"选择数据源"对话框，单击"图表数据区域"文本框右侧的按钮。

（2）对话框将折叠，在工作表中选择 A3:E15 单元格区域，单击按钮打开"选择数据源"对话框，在"图例项(系列)"和"水平(分类)轴标签"列表框中即可看到修改的数据区域，如图 8-34 所示。

（3）单击 确定 按钮，返回图表，可以看出图表所显示的序列发生了变化，如图 8-35 所示。

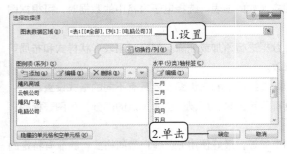

图 8-34 选择数据源

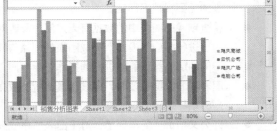

图 8-35 修改图表数据后的效果

（4）在"设计"/"类型"组中单击"更改图表类型"按钮，打开"更改图表类型"对话框，在左侧的列表框中单击"条形图"选项卡，在右侧列表框的"条形图"栏中选择"三维簇状条形图"选项，如图 8-36 所示，单击 确定 按钮。

（5）更改所选图表的类型与样式，更换后，图表中展现的数据并不会发生变化，如图 8-37 所示。

（6）在"设计"/"图表样式"组中单击"快速样式"按钮，在打开的下拉列表框中选择"样式 42"

选项，此时即可更改所选图表样式。

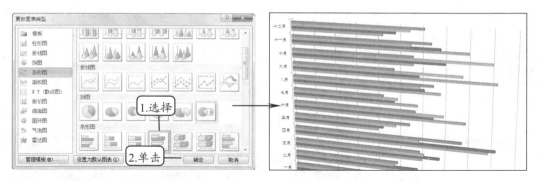

图 8-36　选择图表类型　　　　　　　　　　　图 8-37　修改图表类型后的效果

（7）在"设计"/"图表布局"组中单击"快速布局"按钮，在打开的列表框中选择"布局 5"选项。

（8）此时即可更改所选图表的布局为同时显示数据表与图表，效果如图 8-38 所示。

（9）在图表区中单击任意一条绿色数据条（"飓风广场"系列），Excel 将自动选择图表中所有该数据系列，在"格式"/"图表样式"组中单击"其他"按钮，在打开的下拉列表框中选择"强烈效果-橙色，强调颜色 6"选项，图表中该序列的样式亦随之变化。

（10）在"数据透视图工具-格式"/"当前所选内容"组中的下拉列表框中选择"水平（值）轴 主要网格线"选项，在"数据透视图工具-格式"/"形状样式"组的列表框中选择一种网格线的样式，这里选择"粗线-强调颜色 3"选项。

（11）在图表空白处单击选择整个图表，在"数据透视图工具-格式"/"形状样式"组中单击"形状填充"按钮，在打开的下拉列表中选择"纹理"/"绿色大理石"选项，完成图表样式的设置，效果如图 8-39 所示。

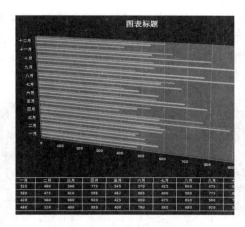

图 8-38　更改图表布局　　　　　　　　　　　图 8-39　设置图表格式

（12）在"数据透视图工具-布局"/"标签"组中单击"图表标题"按钮，在打开的下拉列表中选择"图表上方"选项，此时在图表上方显示图表标题文本框，单击后输入图表标题内容，这里输入"2015 销售分析表"。

（13）在"数据透视图工具-标签"/"标签"组中单击"坐标轴标题"按钮，在打开的下拉列表中选择"主要纵坐标轴标题"/"竖排标题"选项，如图 8-40 所示。

（14）在水平坐标轴下方显示出坐标轴标题框，单击后输入"销售月份"，在"数据透视图工具–标签"/"标签"组中单击"图例"按钮，在打开的下拉列表中选择"在右侧覆盖图例"选项，即可将图例显示在图表右侧且不改变图表的大小，如图8-41所示。

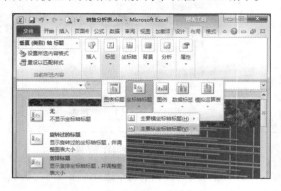

图8-40　选择坐标轴标题的显示位置

图8-41　设置图例的显示位置

（15）在"数据透视图工具–标签"/"标签"组中单击"数据标签"按钮，在打开的下拉列表中选择"显示"选项，即可在图表的数据序列上显示数据标签。

（三）使用趋势线

趋势线用于对图表数据的分布与规律进行标识，从而使用户能够直观地了解数据的变化趋势，或对数据进行预测分析。下面为"销售分析表.xlsx"工作簿中的图表添加趋势线，其具体操作如下。

（1）在"设计"/"类型"组中单击"更改图表类型"按钮，打开"更改图表类型"对话框，在左侧的列表框中单击"柱形图"选项卡，在右侧列表框的"柱形图"栏中选择"簇状柱形图"选项，单击 确定 按钮，如图8-42所示。

（2）在图表中单击需要设置趋势线的数据系列，这里单击"云帆公司"系列；在"数据透视图工具–布局"/"分析"组中单击"趋势线"按钮，在打开的下拉列表中选择"双周期移动平均"选项，此时即可为图表中的"云帆公司"数据系列添加趋势线，右侧图例下方将显示出趋势线信息，效果如图8-43所示。

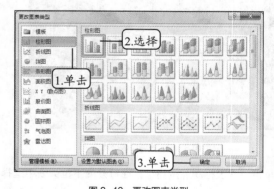

图8-42　更改图表类型

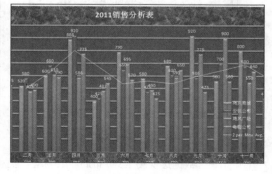

图8-43　添加趋势线

（四）插入迷你图

迷你图不但简洁美观，而且可以清晰展现数据的变化趋势，占用空间也很小，为数据分析工作提供了极大的便利。插入迷你图的具体操作如下。

（1）选择 B16 单元格，在"插入"/"迷你图"组中单击"折线图"按钮，打开"创建迷你图"对话框，在"选择所需数据"栏的"数据范围"文本框中输入飓风商城的数据区域"B4:B15"，单击 确定 按钮即可看到插入的迷你图，如图 8-44 所示。

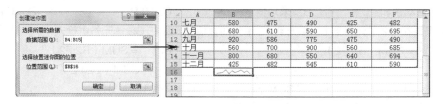

图 8-44 创建迷你图

（2）选择 B16 单元格，在"迷你图工具–设计"/"显示"组中单击选中"高点"和"低点"复选框，在"样式"组中单击"标记颜色"按钮，在打开的下拉列表中选择"高点"/"红色"选项，如图 8-45 所示。

（3）用同样的方法将低点设置为"绿色"，拖动单元格控制柄为其他数据序列快速创建迷你图，如图 8-46 所示。

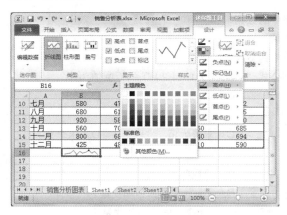

图 8-45 设置高点和低点

图 8-46 快速创建迷你图

 课后练习

1. 选择题

（1）Excel 工作表中第 D 列第 4 行处的单元格，其绝对单元格名为（　　）。

A. D4　　　　B. $D4　　　　C. $D$4　　　　D. D$4

（2）在 Excel 工作表中，单元格 C4 中的公式为"= A3+$C$5"，在第 3 行之前插入一行后，单元格 C5 中的公式为（　　）。

A. "= A4+$C$6"　　B. "=A4+$C35"　　C. "=A3+$C$6"　　D. "= A3+$C35"

（3）下列 Excel 的表示中，属于相对引用的是（　　）。

A. $D$3　　　　B. $D3　　　　C. D$3　　　　D. D3

（4）（　　　）公式时，公式中引用的单元格是不会随着目标单元格与原单元格相对位置的不同而发生变化的。

    A. 移动　　　　　　　　B. 复制　　　　　　　　C. 修改　　　　　　　　D. 删除

（5）常用工具栏上∑按钮的作用是（　　　）。

    A. 自动求和　　　　　　B. 求均值　　　　　　　C. 升序　　　　　　　　D. 降序

（6）如果要在 G2 单元得到 B2 单元到 F2 单元的数值和，应在 G2 单元格中输入（　　　）。

    A. "＝SUM（B2,F2）"　　　　　　　　　　　B. "＝SUM（B2:F2）"

    C. "SUM（B2,F2）"　　　　　　　　　　　　D. "SUM（B2:F2）"

（7）在 Excel 工作表的公式中，"SUM（B3:C4）"的含义是（　　　）。

    A. 将 B3 与 C4 两个单元格中的数据求和

    B. 将从 B3 到 C4 的矩阵区域内所有单元格中的数据求和

    C. 将 B3 与 C4 两个单元格中的数据求平均值

    D. 将从 B3 到 C4 的矩阵区域内所有单元格中的数据求平均值

（8）在 Excel 工作表的公式中，"AVERAGE（B3:C4）"的含义是（　　　）。

    A. 将 B3 与 C4 两个单元格中的数据求和

    B. 将从 B3 与 C4 的矩阵区域内所有单元格中的数据求和

    C. 将 B3 与 C4 两个单元格中的数据求平均值

    D. 将从 B3 到 C4 的矩阵区域内所有单元格中的数据求平均值

（9）设单元格 A1:A4 的内容为 8、3、83、9，则公式"=MIN（A1:A4,2）"的返回值为（　　　）。

    A. 2　　　　　　　　　　B. 3　　　　　　　　　　C. 4　　　　　　　　　　D. 83

（10）函数 COUNT 的功能是（　　　）。

    A. 求和　　　　　　　　B. 求均值　　　　　　　C. 求最大值　　　　　　D. 求个数

（11）Excel 中，一个完整的函数包括（　　　）。

    A. "="和函数名　　　　　　　　　　　　　　B. 函数名和变量

    C. "="和变量　　　　　　　　　　　　　　　D. "="、函数名和变量

（12）将单元格 L2 的公式"=SUM（C2:K3）"复制到单元格 L3 中，显示的公式是（　　　）。

    A. "=SUM（C2:K2）"　　　　　　　　　　　B. "=SUM（C3:K4）"

    C. "=SUM（C2:K3）"　　　　　　　　　　　D. "=SUM（C3:K2）"

（13）当移动公式时，公式中的单元格的引用将（　　　）。

    A. 视情况而定　　　　　B. 改变　　　　　　　　C. 不改变　　　　　　　D. 不存在了

（14）在 Excel 中，要统计一行数值的总和，可以用（　　　）函数。

    A. COUNT　　　　　　　B. AVERAGE　　　　　　C. MAX　　　　　　　　D. SUM

（15）在 Excel 工作表中，求单元格 B5～D12 中的最大值，用函数表示的公式为（　　　）。

    A. "＝MIN（B5:D12）"　　　　　　　　　　B. "＝MAX（B5:D12）"

    C. "＝SUM（B5:D12）"　　　　　　　　　　D. "＝SIN（B5:D12）"

（16）G3 单元格的公式是"=E3*F3"，如将 G3 单元格中的公式复制到 G5，则 G5 中的公式为（　　　）。

    A. "=E3*F3"　　　　B. "=E5*F5"　　　　C. "$E$5*$F$5"　　　　D. "E5*F5"

（17）删除工作表中与图表链接的数据时，图表将（　　　）。

    A. 被复制　　　　　　　　　　　　　　　　B. 必须用编辑删除相应的数据点

    C. 不会发生变化　　　　　　　　　　　　　D. 自动删除相应的数据点

（18）在 Excel 中，图表是数据的一种图像表示形式，图表是动态的，改变了图表（   ）后，Excel 会自动更改图表。

    A．X 轴数据   B．Y 轴数据   C．数据   D．表标题

（19）若要修改图表背景色，可双击（   ），在弹出的对话框中进行修改。

    A．图表区   B．绘图区   C．分类轴   D．数值轴

（20）若要修改 Y 轴刻度的最大值，可双击（   ），在弹出的对话框中进行修改。

    A．分类轴   B．数值轴   C．绘图区   D．图例

（21）在 Excel 中，最适合反映单个数据在所有数据构成的总和中所占比例的一种图表类型是（   ）。

    A．散点图   B．折线图   C．柱形图   D．饼图

（22）在 Excel 中，最适合反映数据的发展趋势的一种图表类型是（   ）。

    A．散点图   B．折线图   C．柱形图   D．饼图

（23）假设有几组数据，要分析各组中每个数据在总数中所占的百分比，则应选择的图表类型为（   ）。

    A．饼型   B．圆环   C．雷达   D．柱型

（24）（   ）函数用于判断数据表中的某个数据是否满足指定条件。

    A．SUM   B．IF   C．MAX   D．MIN

（25）（   ）函数用来返回某个数字在数字列表中的排位。

    A．SUM   B．RANK   C．COUNT   D．AVERAGE

（26）要在一张工作表中迅速地找出性别为"男"且总分大于 350 的所有记录，可在性别和总分字段后输入（   ）。

    A．男>350   B．"男">350   C．=男>350   D．="男">350

（27）下列选项中，（   ）不能用于对数据表进行排序。

    A．单击数据区中任一单元格，然后单击工具栏中的"升序"或"降序"按钮

    B．选择要排序的数据区域，然后单击工具栏中的"升序"或"降序"按钮

    C．选择要排序的数据区域，然后使用"编辑"栏中的"排序"命令

    D．选择要排序的数据区域，然后使用"数据"栏中的"排序"命令

（28）Excel 排序操作中，若想按姓名的拼音来排序，则在排序方法中应选择（   ）。

    A．读音排序   B．笔画排序   C．字母排序   D．以上均错

（29）以下各项中，对 Excel 中的筛选功能描述正确的是（   ）。

    A．按要求对工作表数据进行排序   B．隐藏符合条件的数据

    C．只显示符合设定条件的数据，而隐藏其他   D．按要求对工作表数据进行分类

（30）在 Excel 中，在打印学生成绩单时，对不及格的成绩用醒目的方式表示（如用红色表示等），当要处理大量的学生成绩时，利用（   ）命令最为方便。

    A．"查找"   B．"条件格式"   C．"数据筛选"   D．"定位"

（31）关于分类汇总，叙述正确的是（   ）。

    A．分类汇总前首先应按分类字段值对记录排序   B．分类汇总只能按一个字段分类

    C．只能对数值型字段进行汇总   D．汇总方式只能求和

（32）对于 Excel 数据库，排序是按照（   ）来进行的。

    A．记录   B．工作表   C．字段   D．单元格

（33）下列选项中，关于表格排序的说法错误的是（   ）。

    A．拼音不能作为排序的依据   B．排序规则有递增和递减

　　　C. 可按日期进行排序　　　　　　　　　　　D. 可按数字进行排序

（34）以下主要显示数据变化趋势的图是（　　）。

　　　A. 柱形图　　　　　B. 圆锥图　　　　　C. 折线图　　　　　D. 饼图

（35）图表中包含数据系列的区域称为（　　）。

　　　A. 绘图区　　　　　B. 图表区　　　　　C. 标题区　　　　　D. 状态区

（36）用 Delete 键不能直接删除（　　）。

　　　A. 嵌入式图表　　　B. 独立图表　　　　C. 饼图　　　　　　D. 折线图

（37）（　　）函数是返回表或区域中的值或对值的引用。

　　　A. INDEX　　　　　B. RANK　　　　　C. COUNT　　　　　D. AVERAGE

（38）（　　）可以快速汇总大量的数据，同时对汇总结果进行各种筛选以查看源数据的不同统计结果。

　　　A. 数据透视表　　　B. SmartArt 图形　　C. 图表　　　　　　D. 表格

（39）在排序时，将工作表的第一行设置为标题行，若选择标题行一起参与排序，则排序后标题行（　　）。

　　　A. 总出现在第一行　　　　　　　　　　　B. 总出现在最后一行

　　　C. 依指定的排列顺序而定其出现位置　　　D. 总不显示

（40）在 Excel 数据清单中，按某一字段内容进行归类，并对每一类做出统计的操作是（　　）。

　　　A. 排序　　　　　　B. 分类汇总　　　　C. 筛选　　　　　　D. 记录处理

2. 操作题

（1）打开素材文件"员工工资表.xlsx"工作簿，按照下列要求对表格进行操作。

① 选择F5:F20 和 J5:J20 单元格区域，然后在"公式"/"函数库"组中单击 Σ 自动求和 按钮快速计算应领工资和应扣工资。

② 分别选择K5:K20 和 M5:M20 单元格区域，在编辑栏中输入公式"=F5–J5"和"=K5–L5"，完成后按【Ctrl+Enter】组合键计算实发工资和税后工资。

③ 选择L5:L20 单元格区域，在编辑栏中输入函数"=IF(K5–1500<0,0,IF(K5–1500<1500,0.03*(K5–1500)–0,IF(K5–1500<4500,0.1*(K5–1500)–105,IF(K5–1500<9000,0.2*(K5–1500)–555,IF(K5–1500<35000,0.25*(K5–1500)–1005)))))"，完成后按【Ctrl+Enter】组合键计算个人所得税。

④ 选择A3:M4 单元格区域，在"排序和筛选"组中单击"筛选"按钮，完成后在工作表中相应表头数据对应的单元格右侧单击 按钮筛选需查看的数据。

（2）打开"每月销量分析表.xlsx"工作簿，按照下列要求对表格进行以下操作。

① 在A7 单元格中输入数据"迷你图"，然后在B7:M7 单元格区域中创建迷你图，并显示迷你图标注和设置迷你图样式为"迷你图样式彩色#2"，完成后调整行高。

② 同时选择A3:A6 和 N3:N6 单元格区域，创建"簇状条形图"，然后设置图表布局为"布局5"，并输入图表标题"每月产品销量分析图表"，再设置图表样式为"样式28"，形状样式为"细微效果–黑色，深色1"，完成后移动图表到适合位置。

③ 选择A2:N6 单元格区域，创建数据透视表并将其存放到新的工作表中，然后添加每月对应的字段，完成后设置数据透视表样式为"数据透视表样式中等深浅10"。

（3）打开"产品销售统计表.xlsx"工作簿，按照下列要求对文档进行以下操作。

① 在"数据"/"数据工具"组中单击"删除重复项"按钮，删除重复项。

② 选择F列任意单元格，在"数据"/"排序和筛选"组中单击"升序"按钮，此时可将数据表按照

"总计"值大小由低到高排序。

　　③ 选择数据表中的任意单元格，单击"排序和筛选"组中的"筛选"按钮 ，进入筛选状态。

　　④ 单击"区域"单元格中的"筛选"下拉按钮 ，在打开的下拉列表中取消对其他 3 个工种选项的选择，撤销选中"新城地区"复选框，单击 确定 按钮。

　　⑤ 选择 A 列的任意一个单元格，在"数据"/"分级显示"组中单击 分类汇总 按钮，打开"分类汇总"对话框。

　　⑥ 在"分类字段"下拉列表中选择"区域"选项，在"汇总方式"下拉列表框中选择"求和"选项，在"选定汇总"列表框中单击选中"总计"复选框，单击 确定 按钮。

9

项目九
PowerPoint 2010 基本操作

PowerPoint 作为 Office 的三大核心组件之一，主要用于幻灯片的制作与播放，该软件在各种需要演讲、演示的场合都可见到其踪迹。它帮助用户以简单的操作，快速制作出图文并茂、富有感染力的演示文稿，并且还可通过图示、视频、动画等多媒体形式表现复杂的内容，从而使听众更容易理解。本项目将通过两个典型任务，介绍制作 PowerPoint 演示文稿的基本操作，包括文件操作、文本输入与美化，以及插入图片、图示、艺术字、表格、视频等演示文稿必备要素的方法。

课堂学习目标

● 制作工作总结演示文稿

● 编辑产品上市策划演示文稿

任务一　制作工作总结演示文稿

任务要求

王林大学毕业后应聘到一家公司工作，一转眼到年底了，各部门要求员工结合自己的工作情况写一份工作总结，并且在年终总结会议上进行演说。王林使用 Office 软件还是有些时间了，他知道用 PowerPoint 来完成这个任务是再合适不过了。作为 PowerPoint 的新手，王林希望在简单操作的情况下实现演示文稿的效果。图 9-1 所示为制作完成后的"工作总结"演示文稿效果。

具体要求如下。

● 启动 PowerPoint 2010，新建一个以"聚合"为主题的演示文稿，然后以"工作总结.pptx"为名保存在桌面上。

● 在标题幻灯片中输入演示文稿标题和副标题。

● 新建一张"内容与标题"版式的幻灯片，作为演示文稿的目录，再在占位符中输入文本。

● 新建一张"标题和内容"版式的幻灯片，在占位符中输入文本后，添加一个文本框，再在文本框中输入文本。

● 新建 8 张"标题和内容"版式幻灯片，然后分别在其中输入需要的内容。

● 复制第 1 张幻灯片到最后，然后调整第 4 张幻灯片的位置到第 6 张幻灯片后面。

● 在第 10 张幻灯片中移动文本的位置。

● 在第 10 张幻灯片中复制文本，再对复制后的文本进行修改。

● 在第 12 张幻灯片中修改标题文本，删除副标题文本。

图 9-1　"工作总结"演示文稿

⊕ **相关知识**

（一）熟悉 PowerPoint 2010 工作界面

选择"开始"/"所有程序"/"Microsoft Office"/"Microsoft PowerPoint 2010"命令或双击计算机中保存的 PowerPoint 2010 演示文稿文件（其扩展名为.pptx）即可启动 PowerPoint 2010，并打开 PowerPoint 2010 工作界面，如图 9-2 所示。

图 9-2　PowerPoint 2010 工作界面

◎ **提示**

以双击演示文稿的形式启动 PowerPoint 2010，将在启动的同时打开该演示文稿；以选择命令的方式启动 PowerPoint 2010，将在启动的同时自动生成一个名为"演示文稿 1"的空白演示文稿。Microsoft Office 的几个软件启动方法类似，用户可触类旁通。

从图 9-2 可以看出 PowerPoint 2010 的工作界面与 Word 2010 和 Excel 2010 的工作界面基本类似，其中快速访问工具栏、标题栏、选项卡和功能区等的结构及作用更是基本相同（选项卡的名称以及功能区的按钮会因为软件的不同而不同），下面将对 PowerPoint 2010 特有部分的作用进行介绍。

● 幻灯片窗格。位于演示文稿编辑区的右侧，用于显示和编辑幻灯片的内容，其功能与 Word 的文档编辑区类似。

● "幻灯片/大纲"浏览窗格。位于演示文稿编辑区的左侧，其上方有两个选项卡，单击不同的选项卡，可在"幻灯片"浏览窗格和"大纲"浏览窗格两个窗格之间切换。其中在"幻灯片"浏览窗格中将显示当前演示文稿的所有幻灯片的缩略图，单击某个幻灯片缩略图，将在右侧的幻灯片窗格中显示该幻灯片的内容，如图 9-3 所示。在"大纲"浏览窗格中，可以显示当前演示文稿中所有幻灯片的标题与正文内容，用户在"大纲"浏览窗格或幻灯片窗格中编辑文本内容，将同步在另一个窗格中产生变化，如图 9-4 所示。

图9-3 "幻灯片"浏览窗格   图9-4 "大纲"浏览窗格

- 备注窗格。在该窗格中输入当前幻灯片的解释和说明等信息，以方便演讲者在正式演讲时参考。
- 状态栏。位于工作界面的下方，如图9-5所示，它主要由状态提示栏、视图切换按钮、显示比例栏等3部分组成。其中状态提示栏用于显示幻灯片的数量、序列信息，以及当前演示文稿使用的主题；视图切换按钮用于在演示文稿的不同视图之间切换，单击相应的视图切换按钮即可切换到对应的视图中，从左到右依次是"普通视图"按钮□、"幻灯片浏览"按钮□、"阅读视图"按钮□、"幻灯片放映"按钮□；显示比例栏用于设置幻灯片窗格中幻灯片的显示比例，单击□按钮或□按钮，将会按一定比例缩小或放大幻灯片，拖动两个按钮之间的□图标，将适时放大或缩小幻灯片，单击右侧的□按钮，将根据当前幻灯片窗格的大小显示幻灯片。

图9-5 状态栏

（二）认识演示文稿与幻灯片

演示文稿和幻灯片是相辅相成的两个部分，演示文稿由幻灯片组成，两者是包含与被包含的关系，每张幻灯片又有自己独立表达的主题，是构成演示文稿的每一页。

演示文稿由"演示"和"文稿"两个词语组成，这说明它是用于演示某种效果而制作的文档，主要用于会议、产品展示和教学课件等领域。

（三）认识 PowerPoint 视图

PowerPoint 2010 提供了 5 种视图模式：普通视图、幻灯片浏览视图、幻灯片放映视图、阅读视图、备注页视图，在工作界面下方的状态栏中单击相应的视图切换按钮或在"视图"/"演示文稿视图"组中单击相应的视图切换按钮都可进行切换。各种视图的功能介绍分别如下。

- 普通视图。单击该按钮可切换至普通视图，此视图模式下可对幻灯片整体结构和单张幻灯片进行编辑，这种视图模式也是 PowerPoint 默认的视图模式。
- 幻灯片浏览视图。单击该按钮可切换至幻灯片浏览视图，在该视图模式下不能对幻灯片进行编辑，但可同时预览多张幻灯片中的内容。
- 幻灯片放映视图。单击该按钮可切换至幻灯片放映视图，此时幻灯片将按设定的效果放映。
- 阅读视图。单击该按钮可切换至阅读视图，在阅读视图中可以查看演示文稿的放映效果，预览演示文稿中设置的动画和声音，并观察每张幻灯片的切换效果，它将以全屏动态方式显示每张幻灯片的效果。

● 备注页视图。备注页视图是将备注窗格以整页格式进行查看和使用备注，制作者可以方便地在其中编辑备注内容。

 提示

> 在工作界面下方的状态栏中无法切换到"备注页视图"，在"演示文稿视图"功能区中无法切换到"幻灯片放映视图"。除了这几种视图之外，还有母版视图，关于母版视图的应用将在项目十中详细讲解。

（四）演示文稿的基本操作

启动 PowerPoint 2010 后，就可以对 PowerPoint 文件（即演示文稿）进行操作了，由于 Office 软件的共通性，演示文稿的操作与 Word 文档的操作也有一定相似之处。

1．新建演示文稿

启动 PowerPoint 2010 后，选择"文件"/"新建"命令，将在工作界面右侧显示所有与演示文稿新建相关的选项，如图 9-6 所示。

图 9-6　与新建相关的选项

在工作界面右侧的"可用的模板和主题"栏和"Office.com 模板"栏下选择相应的选项，可选择不同的演示文稿的新建模式，选择一种需要新建的演示文稿类型后，单击右侧的"创建"按钮，可新建该演示文稿。

下面分别介绍工作界面右侧各选项的作用。

● 空白演示文稿。选择该选项后，将新建一个没有内容、只有一张标题幻灯片的演示文稿。此外，启动 PowerPoint 2010 后，系统会自动新建一个空白演示文稿，或在 PowerPoint 2010 界面按【Ctrl+N】组合键快速新建一个空白演示文稿。

● 最近打开的模板。选择该选项后，将在打开的窗格中显示用户最近使用过的演示文稿模板，选择其中的一个，将以该模板为基础新建一个演示文稿。

● 样本模板。选择该选项后，将在右侧显示 PowerPoint 2010 提供的所有样本模板，选择一个后单击"创建"按钮，将新建一个以选择的样式模板为基础的演示文稿。此时演示文稿中已有多张幻灯片，并有设计的背景、文本等内容。可方便用户依据该样本模板，快速制作出类似的演示文稿效果，如图 9-7 所示。

- 主题。选择该选项后，将在右侧显示提供的主题选项，用户可选择一个新建演示文稿。通过"主题"新建的演示文稿只有一张标题幻灯片，但其中已有设置好的背景及文本效果，同样可以简化用户的设置操作。

- 我的模板。选择该选项后，将打开"新建演示文稿"对话框，在其中选择用户以前保存为 PowerPoint 模板文件的选项（关于保存为 PowerPoint 模板文件的方法将在后面详细讲解），单击 确定 按钮，完成演示文稿的新建，如图 9-8 所示。

图 9-7 样本模板

图 9-8 我的模板

- 根据现有内容新建。选择该选项后，将打开"根据现有演示文稿新建"对话框，选择以前保存在计算机中的任意一个演示文稿，单击 新建(C) 按钮，将打开该演示文稿，用户可在此基础上修改制作成自己的演示文稿效果。

- "Office.com 模板"栏。该栏下列出了多个文件夹，每个文件夹是一类模板，选择一个文件夹，将显示该文件夹下的 Office 网站上提供的所有该类演示文稿模板，选择一个需要的模板类型后，单击"下载"按钮 ，将自动下载该模板，然后以该模板为基础新建一个演示文稿。需注意的是要使用"Office.com 模板"栏中的功能需要计算机连接网络后才能实现，否则无法下载模板并进行演示文稿新建。

2. 打开演示文稿

当需要对已有的演示文稿进行编辑、查看或放映时，需将其打开。打开演示文稿的方式有多种，如果未启动 PowerPoint 2010，可直接双击需打开的演示文稿的图标。启动 PowerPoint 2010 后，可有以下 4 种情况来打开演示文稿。

- 打开演示文稿的一般方法。启动 PowerPoint 2010 后，选择"文件"/"打开"命令或按【Ctrl+O】组合键，打开"打开"对话框，在其中选择需要打开的演示文稿，单击 打开(O) 按钮，即可打开选择的演示文稿。

- 打开最近使用的演示文稿。PowerPoint 2010 提供了记录最近打开演示文稿保存路径的功能，如果想打开刚关闭的演示文稿，可选择"文件"/"最近所用文件"命令，在打开的页面中将显示最近使用的演示文稿名称和保存路径，然后选择需打开的演示文稿即可将其打开。

- 以只读方式打开演示文稿。以只读方式打开的演示文稿只能进行浏览，不能更改演示文稿中的内容。其打开方法是：选择"文件"/"打开"命令，打开"打开"对话框，在其中选择需要打开的演示文稿，单击 打开(O) 按钮右侧的下拉按钮 ，在打开的下拉列表中选择"以只读方式打开"选项，如图 9-9 所示。此时，打开的演示文稿"标题"栏中将显示"只读"字样。

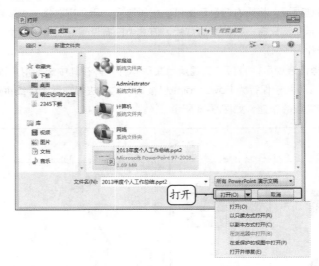

图 9-9　以只读的方式打开

● 以副本方式打开演示文稿。以副本方式打开演示文稿是将演示文稿作为副本打开，对演示文稿进行编辑时不会影响源文件的效果。其打开方法和以只读方式打开演示文稿方法类似，在打开的"打开"对话框中选择需打开的演示文稿后，单击 <u>打开(O) ▼</u> 按钮右侧的下拉按钮 ▼ ，在打开的下拉列表中选择"以副本方式打开"选项，在打开的演示文稿"标题"栏中将显示"副本"字样。

@ 提示

在"打开"对话框中按住【Ctrl】键的同时选择多个演示文稿选项，单击 <u>打开(O)</u> 按钮，可一次性打开多个演示文稿。

3．保存演示文稿

对制作好的演示文稿应及时保存在计算机中，同时用户应根据需要选择不同的保存方式，以满足实际的需求。保存演示文稿的方法有很多，下面将分别进行介绍。

● 直接保存演示文稿。这是最常用的保存方法，其方法是：选择"文件"/"保存"命令或单击快速访问工具栏中的"保存"按钮 ，打开"另存为"对话框，选择保存位置并输入文件名后，单击 <u>保存(S)</u> 按钮。当执行过一次保存操作后，再次选择"文件"/"保存"命令或单击"保存"按钮 ，可将两次保存操作之间所编辑的内容再次进行保存，而不会打开"打开"对话框。

● 另存为演示文稿：若不想改变原有演示文稿中的内容，可通过"另存为"命令将演示文稿保存在其他位置或更改其名称。其方法是：选择"文件"/"另存为"命令，打开"另存为"对话框，重新设置保存的位置或文件名，单击 <u>保存(S)</u> 按钮，如图 9-10 所示。

● 将演示文稿保存为模板。将制作好的演示文稿保存为模板，可提高制作同类演示文稿的速度。其方法是：选择"文件"/"保存"命令，打开"另存为"对话框，在"保存类型"下拉列表框中选择"PowerPoint 模板"选项，单击 <u>保存(S)</u> 按钮。

● 保存为低版本演示文稿。如果希望保存的演示文稿可以在 PowerPoint 97 或 PowerPoint 2003 软件中打开或编辑，应将其保存为低版本，其方法是：在"另存为"对话框的"保存类型"下拉列表中选择"PowerPoint 97 – 2003 演示文稿"选项，其余操作与直接保存演示文稿操作相同。

- 自动保存演示文稿。在制作演示文稿的过程中，为了减少不必要的损失，可设置演示文稿定时保存，即到达指定时间后，无须用户执行保存操作，系统将自动对其进行保存。其方法是：选择"文件"/"选项"命令，打开"PowerPoint 选项"对话框，单击"保存"选项卡，在"保存演示文稿"栏中单击选中两个复选框，然后在"保存自动恢复信息时间间隔"复选框后面的数值框中输入自动保存的时间间隔，在"自动恢复文件位置"文本框中输入文件未保存就关闭时的临时保存位置，单击 确定 按钮，如图 9–11 所示。

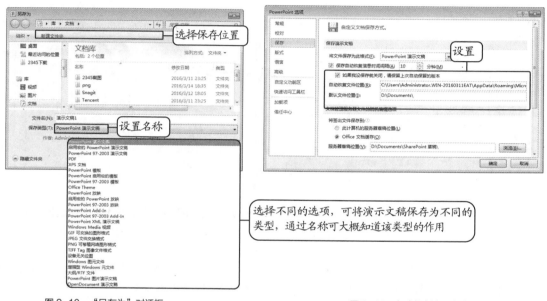

图 9-10 "另存为"对话框

图 9-11 自动保存演示文稿

4. 关闭演示文稿

完成演示文稿的编辑或结束放映操作后，若不再需要对演示文稿进行其他操作，可将其关闭。关闭演示文稿的常用方法有以下 3 种。

- 通过单击按钮关闭。单击 PowerPoint 2010 工作界面标题栏右上角的 ✕ 按钮，关闭演示文稿并退出 PowerPoint 程序。
- 通过快捷菜单关闭。在 PowerPoint 2010 工作界面标题栏上单击鼠标右键，在弹出的快捷菜单中选择"关闭"命令。
- 通过命令关闭。选择"文件"/"关闭"命令，关闭当前演示文稿。

（五）幻灯片的基本操作

幻灯片是演示文稿的组成部分，一个演示文稿一般都由多张幻灯片组成，所以操作幻灯片就成了在 PowerPoint 2010 中编辑演示文稿最主要的操作之一。

1. 新建幻灯片

创建的空白演示文稿默认只有一张幻灯片，当一张幻灯片编辑完成后，就需要新建其他幻灯片。用户可以根据需要在演示文稿的任意位置新建幻灯片。常用的新建幻灯片的方法主要有如下 3 种。

- 通过快捷菜单。在工作界面左侧的"幻灯片"浏览窗格中需要新建幻灯片的位置处，单击鼠标右键，在弹出的快捷菜单中选择"新建幻灯片"命令。

● 通过选项卡。版式用于定义幻灯片中内容的显示位置，用户可根据需要向里面放置文本、图片以及表格等内容。选择"开始"/"幻灯片"组，单击"新建幻灯片"按钮下的下拉按钮，在打开的下拉列表框中选择新建幻灯片的版式，将新建一张带有版式的幻灯片，如图9-12所示。

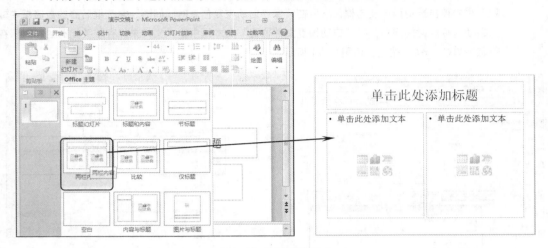

图9-12　选择幻灯片版式

● 通过快捷键。在幻灯片窗格中，选择任意一张幻灯片的缩略图，按【Enter】键将在选择的幻灯片后新建一张与所选幻灯片版式相同的幻灯片。

2. 选择幻灯片

先选择后操作是计算机操作的默认规律，在 PowerPoint 2010 中也不例外，要操作幻灯片，必须要先进行选择操作。需要选择的幻灯片的张数不同，其方法也有所区别，主要有以下4种。

● 选择单张幻灯片。在"幻灯片/大纲"浏览窗格或"幻灯片浏览"视图中，单击幻灯片缩略图，可选择该幻灯片。
● 选择多张相邻的幻灯片。在"大纲/幻灯片"浏览窗格或"幻灯片浏览"视图中，单击要连续选择的第1张幻灯片，按住【Shift】键不放，再单击需选择的最后一张幻灯片，释放【Shift】键后两张幻灯片之间的所有幻灯片均被选择。
● 选择多张不相邻的幻灯片。在"大纲/幻灯片"浏览窗格或"幻灯片浏览"视图中，单击要选择的第1张幻灯片，按住【Ctrl】键不放，再依次单击需选择的幻灯片。
● 选择全部幻灯片。在"大纲/幻灯片"浏览窗格或"幻灯片浏览"视图中，按【Ctrl+A】组合键，选择当前演示文稿中所有的幻灯片。

3. 移动和复制幻灯片

在制作演示文稿的过程中，可能需要对各幻灯片的顺序进行调整，或者需要在某张已完成的幻灯片上修改信息，将其制作成新的幻灯片，此时就需要对幻灯片进行移动和复制操作，其方法分别如下。

● 通过鼠标拖动。选择需移动的幻灯片，按住鼠标左键不放拖动到目标位置后释放鼠标完成移动操作；选择幻灯片后，按住【Ctrl】键的同时拖动到目标位置可实现幻灯片的复制。
● 通过菜命令。选择需移动或复制的幻灯片，在其上单击鼠标右键，在弹出的快捷菜单中选择"剪切"或"复制"命令。将鼠标定位到目标位置，单击鼠标右键，在弹出的快捷菜单中选择"粘贴"命令，完成幻灯片的移动或复制。

● 通过快捷键。选择需移动或复制的幻灯片，按【Ctrl+X】组合键（移动）或【Ctrl+C】组合键（复制），然后在目标位置按【Ctrl+V】组合键，完成移动或复制操作。

4．删除幻灯片

在"幻灯片/大纲"浏览窗格和"幻灯片浏览"视图中可删除演示文稿中多余的幻灯片，其方法是：选择需删除的一张或多张幻灯片后，按【Delete】键或单击鼠标右键，在弹出的快捷菜单中选择"删除幻灯片"命令。

⊕ 任务实现

（一）新建并保存演示文稿

下面将新建一个主题为"聚合"的演示文稿，然后以"工作总结.pptx"为名保存在计算机桌面上。

（1）选择"开始"/"所有程序"/"Microsoft Office"/"Microsoft PowerPoint 2010"命令，启动 PowerPoint 2010。

（2）选择"文件"/"新建"命令，在"可用的模板和主题"栏中选择"聚合"选项，单击右侧的"创建"按钮，如图 9-13 所示。

（3）在快速访问工具栏中单击"保存"按钮，打开"另存为"对话框，在上方的保存位置栏中单击第一个 ▶ 按钮，在打开的下拉列表中选择"桌面"选项，在"文件名"文本框中输入"工作总结"，在"保存类型"下拉列表框中选择"PowerPoint 演示文稿"选项，单击 保存(S) 按钮，如图 9-14 所示。

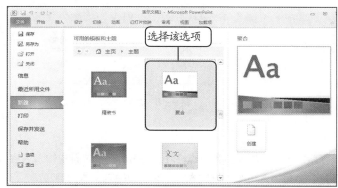

图 9-13 选择主题

图 9-14 设置保存参数

（二）新建幻灯片并输入文本

下面将制作前两张幻灯片，首先在标题幻灯片中输入主标题和副标题文本，然后新建第 2 张幻灯片，其版式为"内容与标题"，再在各占位符中输入演示文稿的目录内容。

（1）新建的演示文稿有一张标题幻灯片，在"单击此处添加标题"占位符中单击，其中的文字将自动消失，切换到中文输入法输入"工作总结"。

（2）在副标题占位符中单击，然后输入"2015 年度 技术部王林"，如图 9-15 所示。

（3）在"幻灯片"浏览窗格中将光标定位到标题幻灯片后，选择"开始"/"幻灯片"组，单击"新建幻灯片"按钮下的下拉按钮，在打开的下拉列表中选择"内容与标题"选项，如图 9-16 所示。

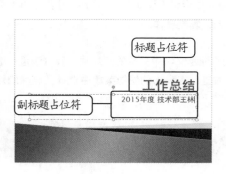

图9-15 制作标题幻灯片

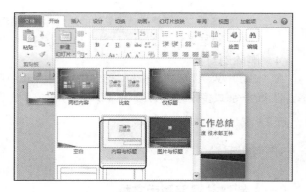

图9-16 选择幻灯片版式

（4）在标题幻灯片后新建一张"内容与标题"版式的幻灯片，如图 9-17 所示。然后在各占位符中输入图 9-18 所示的文本，在上方的内容占位符中输入文本时，系统默认在文本前添加项目符号，用户无须手动完成，按【Enter】键对文本进行分段，完成第2张幻灯片的制作。

图9-17 新建的幻灯片版式

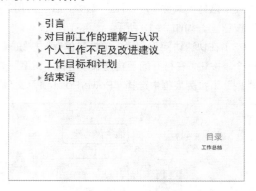

图9-18 输入文本

（三）文本框的使用

下面将制作第3张幻灯片，首先新建一张版式为"标题和内容"的幻灯片，然后在占位符中输入内容，并删除文本占位符前的项目符号，再在幻灯片右上角插入一个横排文本框，在其中输入文本内容。

（1）在"幻灯片"浏览窗格中将光标定位到第2张幻灯片后，选择"开始"/"幻灯片"组，单击"新建幻灯片"按钮 下的下拉按钮 ，在打开的下拉列表中选择"标题和内容"选项，新建一张幻灯片。

（2）在标题占位符中输入文本"引言"，将光标定位到文本占位符中，按【Backspace】键，删除文本插入点前的项目符号。

（3）输入引言下的所有文本。

（4）选择"插入"/"文本"组，单击"文本框"按钮 下的下拉按钮 ，在打开的下拉列表中选择"横排文本框"选项。

（5）此时鼠标指针呈↓形状，移动鼠标指针到幻灯片右上角单击定位文本插入点，输入文本"帮助、感恩、成长"，效果如图 9-19 所示。

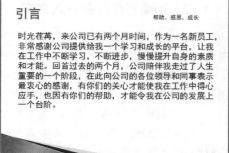

图9-19 第3张幻灯片效果

（四）复制并移动幻灯片

下面将制作第 4~12 张幻灯片，首先新建 8 张幻灯片，然后分别在其中输入需要的内容，再复制第 1 张幻灯片到最后，最后调整第 4 张幻灯片的位置到第 6 张后面。

（1）在"幻灯片"浏览窗格的第 3 张幻灯片后单击，按【Enter】键 8 次，新建 8 张幻灯片。

（2）分别在 8 张幻灯片的标题占位符和文本占位符中输入需要的内容。

（3）选择第 1 张幻灯片，按【Ctrl+C】组合键，然后在第 11 张幻灯片后按【Ctrl+V】组合键，在第 11 张幻灯片后新增加一张幻灯片，其内容与第 1 张幻灯片完全相同，如图 9-20 所示。

（4）选择第 4 张幻灯片，按住鼠标左键不放，拖动到第 6 张幻灯片后释放鼠标，此时第 4 张幻灯片将移动到第 6 张幻灯片后，如图 9-21 所示。

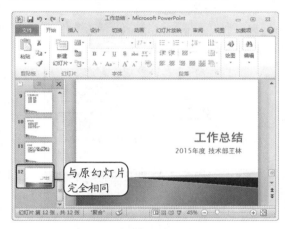
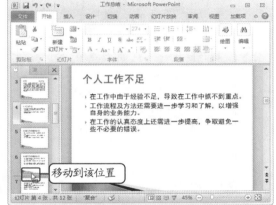

图 9-20　复制幻灯片　　　　　　　　　　　图 9-21　移动幻灯片

（五）编辑文本

下面将编辑第 10 张幻灯片和第 12 张幻灯片，首先在第 10 张幻灯片中移动文本的位置，然后复制文本并对其内容进行修改；在第 12 张幻灯片中将对标题文本进行修改，再删除副标题文本。

（1）选择第 10 张幻灯片，在右侧幻灯片窗格中拖动鼠标选择第一段和第二段文本，按住鼠标左键不放，此时鼠标指针变为 形状，拖动鼠标到第四段文本前，如图 9-22 所示。将选择的第一段和第二段文本移动到原来的第四段文本前。

（2）选择调整后的第四段文本，按【Ctrl+C】组合键或在选择的文本上单击鼠标右键，在弹出的快捷菜单中选择"复制"命令。

（3）在原始的第五段文本前单击鼠标，按【Ctrl+V】组合键或在选择的文本上单击鼠标右键，在弹出的快捷菜单中选择"粘贴"命令，将选择的第四段文本复制到第五段，如图 9-23 所示。

（4）将光标定位到复制后的第五段文本的"中"字后，输入"找到工作的乐趣"，然后多次按【Delete】键，删除多余的文字，最终效果如图 9-24 所示。

（5）选择第 12 张幻灯片，在幻灯片窗格中选择原来的标题"工作总结"，然后输入正确的文本"谢谢"，将在删除原有文本的基础上修改成新文本。

（6）选择副标题中的文本，如图 9-25 所示，按【Delete】键或【Backspace】键删除，完成演示文稿的制作。

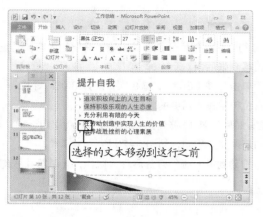

图 9-22　移动文本

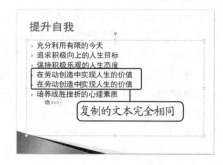

图 9-23　复制文本

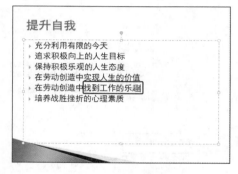

图 9-24　增加和删除文本

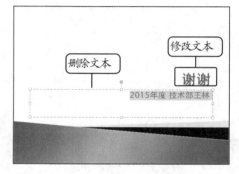

图 9-25　修改和删除文本

 提示

在副标题占位符中删除文本后，将显示"单击此处添加副标题"的文本，此时可不理会，在放映时并不会显示其中的内容。用户也可选择该占位符按【Delete】键将其删除。

任务二　编辑产品上市策划演示文稿

任务要求

　　王林所在的公司最近开发了一个新的果汁饮品，产品不管是从原材料、加工工艺、产品包装都无可挑剔，现在产品已准备上市。整个公司的目光都集中到了企划部，企划部为这次的产品上市进行立体包装，希望产品"一炮走红"。现在方案已基本"出炉"，需要在公司内部审查通过。王林作为企划部的一员，担任了将方案制作为演示文稿的任务。王林前两天在公司已完成了演示文稿的部分内容，回到家中，王林决定加班将这个演示文稿编辑完成。图 9-26 所示为编辑完成后的"产品上市策划"演示文稿效果。

　　具体要求如下。

● 在第 4 张幻灯片中将 2、3、4、6、7、8 段正文文本降级，然后设置降级文本的字体为楷体、加粗、字号为 22 号；设置未降级文本的颜色为红色。

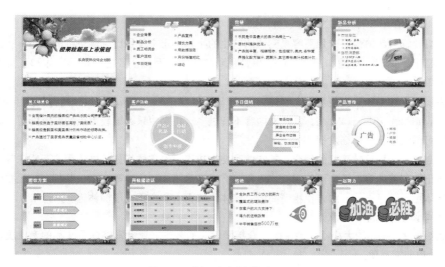

图 9-26　"产品上市策划"演示文稿

- 在第 2 张幻灯片中插入一个样式为第二列的最后一排的艺术字"目录"。移动艺术字到幻灯片顶部，再设置其字体为"华文琥珀"，使用图片"橙汁"填充艺术字，其映像效果为第一列最后一项。
- 在第 4 张幻灯片中插入"饮料瓶"图片，缩小后放在幻灯片右边，图片向左旋转一点角度，再删除其白色背景，并设置阴影效果为"左上对角透视"；在第 11 张幻灯片中插入剪贴画""。
- 在第 6、7 张幻灯片中新建一个 SmartArt 图形，分别为"分段循环、棱锥型列表"，输入文字，第 7 张幻灯片中的 SmartArt 图形添加一个形状，并输入文字。接着将第 8 张幻灯片中的 SmartArt 图形布局改为"圆箭头流程"，SmartArt 样式为"金属场景"，艺术字样式为最后一排第 3 个。
- 在第 9 张幻灯片绘制"房子"，在矩形中输入"学校"，设置格式为"黑体、20 号、深蓝"；绘制五边形输入"分杯赠饮"，设置格式为"楷体、加粗、28、白色、段落居中"；设置房子的快速样式为第 3 排第 3 个选项；组合绘制的图形，向下垂直复制两个，再分别修改其中的文字。
- 在第 10 张幻灯片中制作 5 行 4 列的表格，输入内容后增加表格的行距，在最后一列和最后一行后各增加一列和一行，并输入文本，合并最后一行中除最后一个单元格外的所有单元格，设置该行底纹颜色为"浅蓝"；为第一个单元格绘制一条白色的斜线，设置表格"单元格凹凸效果"为"圆"。
- 在第 1 张幻灯片中插入一个跨幻灯片循环播放的音乐文件，并设置声音图标在播放时不显示。

相关知识

（一）幻灯片文本设计原则

文本是制作演示文稿最重要的元素之一，文本不仅要求设计美观，更重要的是符合演示文稿的需求，如根据演示文稿的类型设置文本的字体，为了方便观众查看，设置相对较大的字号等。

1．字体设计原则

字体搭配效果的好坏与否，与演示文稿的阅读性和感染力息息相关，实际上，字体设计也是有一定的原则可循的。下面介绍 5 种常见的字体设计原则。

- 幻灯片标题字体最好选用更容易阅读的较粗的字体。正文使用比标题更细的字体，以区分主次。
- 在搭配字体时，标题和正文尽量选用常用到的字体，而且还要考虑标题字体和正文字体的搭配效果。
- 在演示文稿中如果要使用英文字体，可选择 Arial 与 Times New Roman 两种英文字体。
- PowerPoint 不同于 Word，其正文内容不宜过多，正文中只列出较重点的标题即可，其余扩展内容可留给演示者临场发挥。
- 在商业、培训等较正式的场合，其字体可使用较正规的字体，如标题使用方正粗宋简体、黑体、方正综艺简体等，正文可使用微软雅黑、方正细黑简体和宋体等；在一些相对较轻松的场合，其字体可更随意一些，如方正粗倩简体、楷体（加粗）和方正卡通简体等。

2. 字号设计原则

在演示文稿中，字体的大小不仅会影响观众接受信息的多少，还会影响演示文稿的专业度，因此，字体大小的设计也非常重要。

字体大小还需根据演示文稿演示的场合和环境来决定，因此在选用字体大小时要注意以下两点。

- 如果演示的场合较大，观众较多，那么幻灯片中的字体就应该较大，要保证最远的位置都能看清幻灯片中的文字。此时，标题建议使用 36 号以上的字号，正文使用 28 号以上的字号。为了保证观众更易查看，一般情况下，演示文稿中的字号不应小于 20 号。
- 同类型和同级别的标题和文本内容要设置同样大小的字号，这样可以保证内容的连贯性，让观众更容易地把信息归类，也更容易理解和接受信息。

注 意

除了字体、字号之外，对文本显示影响较大的元素还有颜色，文本的颜色一般使用与背景颜色反差较大的颜色，从而方便查看。另外，一个演示文稿中最好用统一的文本颜色，只有需重点突出的文本才使用其他的颜色。

（二）幻灯片对象布局原则

幻灯片中除了文本之外，还包含图片、形状和表格等对象，在幻灯片中合理使用这些元素，将这些元素有效地布局在各张幻灯片中，不仅可以使演示文稿更加美观，更重要的是提高演示文稿的说服力，达到其应有的作用。幻灯片中的各个对象在分布摆放时，可考虑如下 5 个原则。

- 画面平衡。布局幻灯片时应尽量保持幻灯片页面的平衡，以避免左重右轻、右重左轻或头重脚轻的现象，使整个幻灯片画面更加协调。
- 布局简单。虽然说一张幻灯片是由多种对象组合在一起的，但在一张幻灯片中对象的数量不宜过多，否则幻灯片就会显得很复杂，不利于信息的传递。
- 统一和谐。同一演示文稿中各张幻灯片的标题文本的位置、文字采用的字体、字号、颜色和页边距等应尽量统一，不能随意设置，以避免破坏幻灯片的整体效果。
- 强调主题。要想使观众快速、深刻地对幻灯片中表达的内容产生共鸣，可通过颜色、字体以及样式等手段对幻灯片中要表达的核心部分和内容进行强调，以引起观众的注意。
- 内容简练。幻灯片只是辅助演讲者传递信息，而且人在短时间内可接收并记忆的信息量并不多，因此，在一张幻灯片中只需列出要点或核心内容。

（一）设置幻灯片中的文本格式

下面将打开"产品上市策划.pptx"演示文稿，在第 4 张幻灯片中将 2、3、4、6、7、8 段正文文本降级，然后设置降级文本的字体为"楷体、加粗"，字号为"22 号"；设置未降级文本的颜色为"红色"。

（1）选择"文件"/"打开"命令，打开"打开"对话框，选择需要打开的"产品上市策划.pptx"演示文稿，单击 打开(O) 按钮将其打开。

（2）在"幻灯片"浏览窗格中选择第 4 张幻灯片，再在右侧窗格中选择第 2、3、4 段正文文本，按【Tab】键，将选择的文本降低一个等级。

（3）保持文本的选择状态，选择"开始"/"字体"组，在"字体"下拉列表框中选择"楷体"选项，在"字号"下拉列表框中输入"22"，如图 9-27 所示。

（4）保持文本的选择状态，选择"开始"/"剪贴板"组，单击"格式刷"按钮 ，此时鼠标指针变为 形状。

（5）使用鼠标拖动选择第 6、7、8 段正文文本，为其应用 2、3、4 段正文的格式，如图 9-28 所示。

图 9-27 设置文本级别、字体、字号

图 9-28 使用格式刷

（6）选择未降级的两段文本，选择"开始"/"字体"组，单击"字体颜色"按钮 后的下拉按钮 ，在打开的下拉列表中选择"红色"选项，效果如图 9-29 所示。

图 9-29 设置文本后的效果

提示

要想更详细地设置字体格式，可以通过"字体"对话框来进行设置。其方法是：选择"开始"/"字体"组，单击右下角的 按钮，打开"字体"对话框，在"字体"选项卡中不仅可设置字体格式，在"字符间距"选项卡中还可设置字与字之间的距离。

（二）插入艺术字

艺术字比普通文本拥有更多的美化和设置功能，如渐变的颜色、不同的形状效果、立体效果等。艺术字在演示文稿中使用十分频繁。下面将在第2张幻灯片中输入艺术字"目录"。要求样式为第2列的最后一排的效果，移动艺术字到幻灯片顶部，再设置其字体为"华文琥珀"，然后设置艺术字的填充为图片"橙汁"，艺术字映像效果为第一列最后一项。

（1）选择"插入"/"文本"组，单击"艺术字"按钮 下的下拉按钮 ，在打开的下拉列表框中选择第2列的最后一排艺术字效果。

（2）将出现一个艺术字占位符，在"请在此放置您的文字"占位符中单击，输入"目录"。

（3）将鼠标指针移动到"目录"文本框四周的非控制点上，鼠标指针变为 形状，按住鼠标左键不放，拖动鼠标至幻灯片顶部，将艺术字"目录"移动到该位置。

（4）选择其中的"目录"文本，选择"开始"/"字体"组，在"字体"下拉列表框中选择"华文琥珀"选项，修改艺术字的字体，如图9-30所示。

（5）保持文本的选择状态，此时将自动激活"绘图工具"的"格式"选项卡，选择"格式"/"艺术字样式"组，单击 文本填充 按钮，在打开的下拉列表中选择"图片"选项，打开"插入图片"对话框，选择需要填充到艺术字的图片"橙汁"，单击 插入(S) 按钮。

（6）选择"格式"/"艺术字样式"组，单击 文本效果 按钮，在打开的下拉列表中选择"映像"/

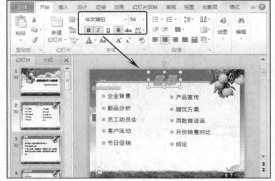

图9-30 移动艺术字并修改字体

"紧密映像，8#pt偏移量"选项，如图9-31所示，最终效果如图9-32所示。

图9-31 选择文本映像

图9-32 插入并编辑艺术字效果

提示

选择输入的艺术字，在激活的"格式"选项卡中还可设置艺术字的多种效果，其设置方法基本类似，如选择"格式"/"艺术字样式"组，单击 文本效果 按钮，在打开的下拉列表中选择"转换"选项，在打开的子列表中将显示所有变形的艺术字效果，选择任意一个，即可设置为该变形效果。

（三）插入图片

图片是演示文稿中非常重要的一部分，在幻灯片中可以插入计算机中保存的图片，也可以插入 PowerPoint 自带的剪贴画。下面将在第 4 张幻灯片中插入"饮料瓶"图片，只需选择图片，在其缩小后放在幻灯片右边，图片向左旋转一点角度，再删除其白色背景，并设置阴影效果为"左上对角透视"；在第 11 张幻灯片中插入剪贴画" "。

（1）在"幻灯片"浏览窗格中选择第 4 张幻灯片，选择"插入"/"图像"组，单击"图片"按钮 。

（2）打开"插入图片"对话框，选择需插入图片的保存位置，这里的位置为"桌面"，在中间选择图片"饮料瓶"，单击 插入(S) 按钮，如图 9-33 所示。

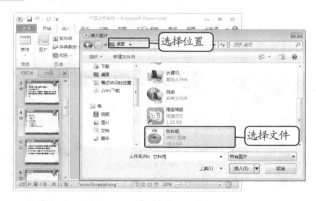

图 9-33　插入图片

（3）返回 PowerPoint 工作界面即可看到插入图片后的效果。将鼠标指针移动到图片四角的圆形控制点上，拖动鼠标调整图片大小。

（4）选择图片，将鼠标指针移到图片任意位置，当鼠标指针变为 形状时，拖动鼠标到幻灯片右侧的空白位置，释放鼠标将图片移到该位置，如图 9-34 所示。

（5）将鼠标指针移动到图片上方的绿色控制点上，当鼠标指针变为 形状时，向左拖动鼠标使图片向左旋转一定角度。

提示

除了图片之外，前面讲解的占位符和艺术字，以及后面即将讲到的形状等，选择后在对象的四周、中间及上面都会出现控制点。拖动对象四周的控制点可同时放大缩小对象；拖动四边中间的控制点，可向一个方向缩放对象；拖动上方的绿色控制点，可旋转对象。

（6）继续保持图片的选择状态，选择"格式"/"调整"组，单击"删除背景"按钮 ，在幻灯片中使用鼠标拖动图片每一边中间的控制点，使饮料瓶的所有内容均显示出来，如图 9-35 所示。

图9-34　缩放并移动图片

图9-35　显示饮料瓶所有内容

（7）激活"背景消除"选项卡，单击"关闭"功能区的"保留更改"按钮 ✓，饮料瓶的白色背景将消失。

（8）选择"格式"/"图片样式"组，单击 🖼 图片效果 ▾ 按钮，在打开的下拉列表中选择"阴影"/"左上对角透视"选项，为图片设置阴影后的效果如图9-36所示。

（9）选择第11张幻灯片，单击占位符中的"剪贴画"按钮，打开"剪贴画"窗格，在"搜索文字"文本框中不输入任何内容（表示搜索所有剪贴画），单击选中"包括Office.com内容"复选框，单击 搜索 按钮，在下方的列表框中选择需插入的剪贴画，该剪贴画将插入幻灯片的占位符中，如图9-37所示。

图9-36　设置阴影

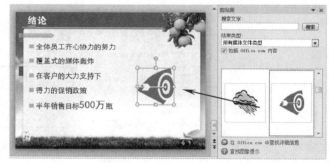
图9-37　插入剪贴画

注意

图片、剪贴画、SmartArt图片、表格等都可以通过选项卡或占位符插入，这两种方法是插入幻灯片中各对象的通用方式。

（四）插入SmartArt图形

SmartArt图形用于表明各种事物之间的关系，它在演示文稿中使用非常广泛，SmartArt图形是从PowerPoint 2007开始新增的功能。下面将在第6、7张幻灯片中新建一个SmartArt图形，分别为"分段循环"和"棱锥型列表"，然后输入文字，其中第7张幻灯片中的SmartArt图形需要添加一个形状，并输入文字"神秘、饥饿促销"。接着编辑第8张幻灯片已有的SmartArt图形，包括更改布局为"圆箭头流程"选项，SmartArt样式为"金属场景"，艺术字样式为最后一排第3个。

（1）在"幻灯片"浏览窗格中选择第6张幻灯片，在右侧单击占位符中的"插入SmartArt图形"按钮。

（2）打开"选择SmartArt图形"对话框，在左侧选择"循环"选项，在右侧选择"分段循环"选项，单击 确定 按钮，如图9-38所示。

（3）此时在占位符处插入一个"分段循环"样式的SmartArt图形，该图形主要由3部分组成，在每一部分的"文本"提示中分别输入"产品+礼品""夺标行动""刮卡中奖"，如图9-39所示。

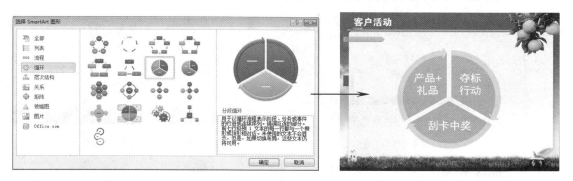

图9-38　选择SmartArt图形　　　　　　　　　　　　图9-39　输入文本内容

（4）选择第7张幻灯片，在右侧选择占位符按【Delete】键将其删除，选择"插入"/"插图"组，单击"SmartArt"按钮。

（5）打开"选择SmartArt图形"对话框，在左侧选择"棱锥图"选项，在右侧选择"棱锥型列表"选项，单击 确定 按钮。

（6）将在幻灯片中插入一个带有3项文本的棱锥型图形，分别在各个文本提示框中输入对应文字，然后在最后一项文本上单击鼠标右键，在弹出的快捷菜单中选择"添加形状"/"在后面添加形状"命令，如图9-40所示。

（7）在最后一项文本后添加形状，在该形状上单击鼠标右键，在弹出的快捷菜单中选择"编辑文字"命令。

图9-40　在后面插入形状

（8）文本插入点自动定位到新添加的形状中，输入新的文本"神秘、饥饿促销"。

（9）选择第8张幻灯片，选择其中的SmartArt图形，选择"设计"/"布局"组，在中间的列表框中选择"圆箭头流程"选项。

（10）选择"设计"/"SmartArt样式"组，在中间的列表框中选择"金属场景"选项，如图9-41所示。

（11）选择"格式"/"艺术字样式"组，在中间的列表框中选择最后一排第3个选项，最终效果如图9-42所示。

图 9-41 修改布局和样式   图 9-42 设置艺术字样式

（五）插入形状

　　形状是 PowerPoint 提供的基础图形，通过基础图形的绘制、组合，有时可达到比图片和系统预设的 SmartArt 图形更好的效果。下面将通过绘制梯形和矩形，组合成房子的形状，在矩形中输入文字"学校"，设置文字的"字体"为"黑体"，"字号"为"20号"，"颜色"为"深蓝"，取消"倾斜"；绘制一个五边形输入文字"分杯赠饮"，设置"字体"为"楷体"，"字形"为"加粗"，"字号"为"28"，颜色为"白色"，段落居中，使文字距离文本框上方 0.4 厘米；设置房子的快速样式为第 3 排的第 3 个选项；组合绘制的几个图形，向下垂直复制两个，再分别修改其中的文字。

　　（1）选择第 9 张幻灯片，在"插入"/"插图"组中单击"形状"按钮，在打开的列表中选择"基本形状"栏中的"梯形"选项，此时鼠标指针变为十形状，在幻灯片右上方拖动鼠标绘制一个梯形，作为房顶的示意图，如图 9-43 所示。

　　（2）选择"插入"/"插图"组，单击"形状"按钮，在打开的下拉列表中选择"矩形"/"矩形"选项，然后在绘制的梯形下方绘制一个矩形，作为房子的主体。

　　（3）在绘制的矩形上单击鼠标右键，在弹出的快捷菜单中选择"编辑文字"命令，文本插入点将自动定位到矩形中，此时输入文本"学校"。

　　（4）使用前面相同的方法，在已绘制好的图形右侧绘制一个五边形，并在五边形中输入文字"分杯赠饮"，如图 9-44 所示。

图 9-43 绘制屋顶

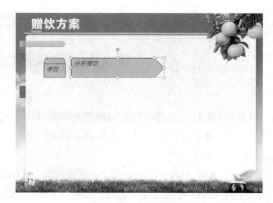

图 9-44 绘制图形并输入文字

（5）选择"学校"文本，选择"开始"/"字体"组，在"字体"下拉列表框中选择"黑体"选项，在"字号"下拉列表框中选择"20"选项，在"颜色"下拉列表框中选择"深蓝"选项，单击"倾斜"按钮 I，取消文本的倾斜状态。

（6）使用相同方法，设置五边形中的文字"字体"为"楷体"、"字形"为"加粗"，"字号"为"28"，"颜色"为"白色"。选择"开始"/"段落"组，单击"居中"按钮 ，将文字在五边形中水平居中对齐。

（7）保持五边形中文字的选择状态，单击鼠标右键，在弹出的快捷菜单中选择"设置形状格式"命令，在打开的"设置形状格式"对话框左侧选择"文本框"选项，在对话框右侧的"上"数值框中输入"0.4 厘米"，单击 关闭 按钮，使文字在五边形中垂直居中，如图 9-45 所示。

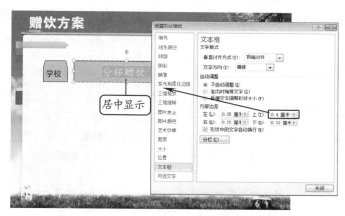

图 9-45　设置形状格式

在打开的"设置形状格式"对话框中可对形状进行各种不同的设置，关于形状的绝大多数设置都可以通过该对话框完成。除了形状之外，在图形、艺术字和占位符等形状上单击鼠标右键，在弹出的快捷菜单中选择"设置形状格式"命令，也会打开对应的设置对话框，在其中也可进行样式的设置。

（8）选择左侧绘制的房子图形，选择"格式"/"形状样式"组，在中间的列表框中选择第 3 排的第 3 个选项，快速更改房子的填充颜色和边框颜色。

（9）同时选择左侧的房子图形，右侧的五边形图形，单击鼠标右键，在弹出的快捷菜单中选择"组合"/"组合"命令，将绘制的 3 个形状组合为一个图形，如图 9-46 所示。

（10）选择组合的图形，按住【Ctrl】键和【Shift】键不放，向下拖动鼠标，将组合的图形再复制两个。

（11）对所复制图形中的文本进行修改，修改后的文本如图 9-47 所示。

选择图形后，在拖动鼠标的同时按住【Ctrl】键是为了复制图形，按住【Shift】键则是为了复制的图形与原始选择的图形能够在一个方向平行或垂直，从而使最终制作的图形更加美观。在绘制形状的过程中，【Shift】键也是经常使用的一个键，在绘制线和矩形等形状中，按住【Shift】键可绘制水平线、垂直线、正方形、圆。

图 9-46 组合图形

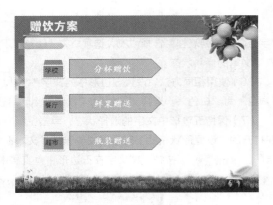

图 9-47 复制并编辑图形

（六）插入表格

表格可直观形象地表达数据情况，在 PowerPoint 中既可在幻灯片中插入表格，还能对插入的表格进行编辑和美化。下面将在第 10 张幻灯片中制作一个表格。首先插入一个 5 行 4 列的表格，输入表格内容后向下移动鼠标，并增加表格的行距，然后在最后一列和最后一行后各增加一列和一行，并在其中输入文本，合并新增加的一行中除最后一个单元格外的所有单元格，设置该行的底纹颜色为"浅蓝"；为第一个单元格绘制一条白色的斜线，最后设置表格的"单元格凹凸效果"为"圆"。

（1）选择第 10 张幻灯片，单击占位符中的"插入表格"按钮，打开"插入表格"对话框，在"列数"数值框中输入"4"，在"行数"数值框中输入"5"，单击 确定 按钮。

（2）在幻灯片中插入一个表格，分别在各单元格中输入表格内容，如图 9-48 所示。

（3）将鼠标指针移动到表格中的任意位置处单击，此时表格四周将出现一个操作框，将鼠标指针移动到操作框上，鼠标指针变为 形状，按住【Shift】键不放的同时向下拖动鼠标，使表格向下移动。

（4）将鼠标指针移动到表格操作框下方中间的控制点处，当鼠标指针变为 形状时，向下拖动鼠标，增加表格各行的行距，如图 9-49 所示。

图 9-48 插入表格并输入文本

图 9-49 调整表格位置和大小

（5）将鼠标指针移动到"第三个月"所在列上方，当鼠标指针变为 ↓ 形状时单击，选择该列，在选择的区域单击鼠标右键，在弹出的快捷菜单中选择"插入"/"在右侧插入列"命令。

（6）在"第三个月"列后面插入新列，并输入"季度总计"的内容。

（7）使用相同方法，在"红橘果汁"一行下方插入新行，并在第一个单元格中输入"合计"，在最后一个单元格中输入所有饮料的销量合计"559"，如图 9-50 所示。

（8）选择"合计"文本所在的单元格及其后的空白单元格，选择"布局"/"合并"组，单击"合并单元格"按钮▦，如图 9-51 所示。

图 9-50　插入列和行

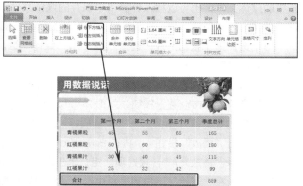

图 9-51　合并单元格

（9）选择"合计"所在的行，选择"设计"/"表格样式"组，单击 ▨底纹 ˙按钮，在打开的下拉列表中选择"浅蓝"选项。

（10）选择"设计"/"绘图边框"组，单击 ▨笔颜色 ˙按钮，在打开的下拉列表中选择"白色"选项，自动激活该组的"绘制表格"按钮▨。

（11）此时鼠标指针变为 ⌀ 形状，移动鼠标指针到第一个单元格，从左上角到右下角按住鼠标左键不放，绘制斜线表头，如图 9-52 所示。

（12）选择整个表格，选择"设计"/"表格样式"组，单击 ▨ 效果 ˙按钮，在打开的下拉列表中选择"单元格凹凸效果"/"圆"选项，将表格中的所有单元格都应用该样式，最终效果如图 9-53 所示。

图 9-52　绘制斜线表头

图 9-53　设置单元格凹凸效果

 提 示

以上操作将表格的常用操作串在一起进行了简单讲解，用户在实际操作过程中，制作表格的方法相对简单，只是其编辑的内容较多。此时可选择需要操作的单元格或表格，然后自动激活"设计"选项卡和"布局"选项卡，其中"设计"选项卡与美化相关，"布局"选项卡与表格的内容相关。在这两个选项卡中通过其中的选项、按钮即可实现不同的表格效果的设置。

（七）插入媒体文件

媒体文件即音频和视频文件。PowerPoint 支持插入媒体文件，和图片一样，用户可根据需要插入剪贴画中的媒体文件，也可以插入计算机中保存的媒体文件。下面将在演示文稿中插入一个音乐文件，并设置该音乐跨幻灯片循环播放，在放映幻灯片时不显示声音图标。

（1）选择第 1 张幻灯片，选择"插入"/"媒体"组，单击"音频"按钮 ，在打开的下拉列表中选择"文件中的音频"选项。

（2）打开"插入音频"对话框，在上方的下拉列表框中选择背景音乐的存放位置，在中间的列表框中选择背景音乐，单击 按钮，如图 9-54 所示。

（3）自动在幻灯片中插入一个声音图标 ，选择该声音图标，将激活音频工具，选择"播放"/"预览"组，单击"播放"按钮 ，将在 PowerPoint 中播放插入的音乐。

（4）选择"播放"/"音频选项"组，单击选中"放映时隐藏"复选框，单击选中"循环播放，直到停止"复选框，在"开始"下拉列表框中选择"跨幻灯片播放"选项，如图 9-55 所示。

提示

选择【插入】/【媒体】组，单击"音频"按钮 ，或单击"视频"按钮 ，在打开的下拉列表中选择相应选项即可插入相应类型的声音和视频文件。插入音频文件后，选择声音图标 ，将在图标下方自动显示声音工具栏 ，单击对应的按钮，可对声音执行播放、前进、后退和调整音量大小的操作。

图 9-54　插入声音

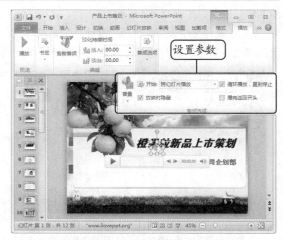

图 9-55　设置声音选项

 课后练习

1. 选择题

（1）在 PowerPoint 中，演示文稿与幻灯片的关系是（　　）。

　　A. 同一概念　　　　　　　　　　　　B. 相互包含

  C. 演示文稿中包含幻灯片   D. 幻灯片中包含演示文稿

（2）使用 PowerPoint 制作幻灯片时，主要通过（ ）制作幻灯片。

  A. 状态栏   B. 幻灯片区   C. 大纲区   D. 备注区

（3）在 PowerPoint 窗口中，如果同时打开两个 PowerPoint 演示文稿，会出现的情况是（ ）。

  A. 同时打开两个重叠的窗口   B. 打开第一个时，第二个被关闭

  C. 当打开第一个时，第二个无法打开   D. 执行非法操作，PowerPoint 将被关闭

（4）PowerPoint 2010 演示稿的扩展名是（ ）。

  A. potx   B. pptx   C. docx   D. dotx

（5）在 PowerPoint 2010 的下列视图模式中，（ ）可以进行文本的输入。

  A. 普通视图、幻灯片浏览视图、大纲视图

  B. 大纲视图、备注页视图、幻灯片放映视图

  C. 普通视图、大纲视图、幻灯片放映视图

  D. 普通视图、大纲视图、备注页视图

（6）在幻灯片中插入的图片盖住了文字，可通过（ ）来调整这些叠放效果。

  A. 叠放次序命令   B. 设置

  C. 组合   D. "格式"/"排列"组

（7）插入新幻灯片的方法是（ ）。

  A. 单击"开始"/"幻灯片"组中的"新幻灯片"按钮

  B. 按【Enter】键

  C. 按【Ctrl+M】快捷键

  D. 以上方法均可

（8）启动 PowerPoint 后，可通过（ ）建立演示文稿文件。

  A. 在"文件"列表中选择"新建"命令

  B. 在自定义快速访问工具栏中单击"新建"命令

  C. 直接按【Ctrl+N】组合键

  D. 以上方法均可

（9）在大纲视图中，大纲由每张幻灯片的标题和（ ）组成。

  A. 段落   B. 提纲   C. 中心内容   D. 副标题

（10）在 PowerPoint 的幻灯片浏览视图中，不能完成的操作是（ ）。

  A. 调整个别幻灯片的位置   B. 删除个别幻灯片

  C. 编辑个别幻灯片的内容   D. 复制个别幻灯片

（11）在 PowerPoint 普通视图下，操作区主要包括大纲编辑区、幻灯片编辑区、（ ）和其他任务窗格 4 个部分。

  A. 备注编辑区   B. 动画预览区   C. 幻灯片浏览区   D. 幻灯片放映区

（12）在下列操作中，不能删除幻灯片的操作是（ ）。

  A. 在"幻灯片"窗格中选择幻灯片，按【Delete】键

  B. 在"幻灯片"窗格中选择幻灯片，按【BackSpace】键

  C. 在"幻灯片"窗格中选择幻灯片，单击鼠标右键，在弹出的快捷菜单中选择"删除幻灯片"命令

  D. 在"幻灯片"窗格中选择幻灯片，单击鼠标右键，选择"重设幻灯片"命令

（13）以下操作中，可以保存演示文稿文档的方法有（　　）。

    A. 在"文件"菜单中选择"保存"命令　　　　　B. 单击"保存"按钮

    C. 按【Ctrl+S】组合键　　　　　　　　　　D. 以上均可

（14）对演示文稿中的幻灯片进行操作，通常包括（　　）。

    A. 选择、插入、移动、复制和删除幻灯片　　B. 选择、插入、移动和复制幻灯片

    C. 选择、移动、复制和删除幻灯片　　　　　D. 复制、移动和删除幻灯片

（15）利用（　　）可以方便地拖动幻灯片，改变次序，还可以为它们增加转换效果，改变放映方式。

    A. 幻灯片视图　　　　　　　　　　　　　　B. 幻灯片放映视图

    C. 大纲视图　　　　　　　　　　　　　　　D. 幻灯片浏览视图

（16）在 PowerPoint 中，更改当前演示文稿的设计模板后，（　　）。

    A. 所有幻灯片均采用新模板

    B. 只有当前幻灯片采用新模板

    C. 所有的剪贴画均丢失

    D. 除已加入的空白幻灯片外，所有的幻灯片均采用新模板

（17）下列视图模式中，不属于 PowerPoint 视图的是（　　）。

    A. 大纲视图　　　　B. 幻灯片视图　　　　C. 幻灯片浏览视图　　　D. 详细资料视图

（18）在调整幻灯片顺序时，通过（　　）进行调整最为方便快捷。

    A. 幻灯片视图　　　　B. 备注页视图　　　　C. 幻灯片浏览视图　　　D.幻灯片放映视图

（19）在 PowerPoint 的各种视图中，侧重于编辑幻灯片的标题和文本信息的是（　　）。

    A. 普通视图　　　　　B. 大纲视图　　　　　C. 幻灯片视图　　　　　D.幻灯片浏览视图

（20）在 PowerPoint 的各种视图中，（　　）更适合对幻灯片的内容进行编辑。

    A. 备注页视图　　　　B. 浏览视图　　　　　C. 幻灯片视图　　　　　D.幻灯片放映视图

（21）在 PowerPoint 的各种视图中，（　　）可以同时浏览多张幻灯片，且更方便选择、添加、删除、移动幻灯片等操作。

    A. 备注页视图　　　　B. 幻灯片浏览视图　　C. 幻灯片视图　　　　　D.幻灯片放映视图

（22）在 PowerPoint 的各种视图中，（　　）模式上面是一张缩小的幻灯片，下面的方框中可以输入幻灯片的备注信息。

    A. 普通视图　　　　　B. 幻灯片浏览视图　　C. 幻灯片视图　　　　　D. 备注页

（23）在 PowerPoint 的各种视图中，（　　）可以在同一窗口中显示多张幻灯片。

    A. 大纲视图　　　　　B. 幻灯片浏览视图　　C. 备注页视图　　　　　D. 幻灯片视图

（24）下列关于幻灯片的移动、复制和删除等操作，叙述错误的是（　　）。

    A. 在"幻灯片浏览"视图中最方便进行这些操作

    B. "复制"命令只能在同一演示文稿中进行

    C. "剪切"命令也可用于删除幻灯片

    D. 选择幻灯片后，按【Delete】键可以删除幻灯片

（25）下列关于 PowerPoint 的说法，错误的是（　　）。

    A. 可以在幻灯片浏览视图中更改幻灯片上动画对象的出现顺序

    B. 可以在普通视图中设置动态显示文本和对象

    C. 可以在浏览视图中设置幻灯片的切换效果

    D. 可以在普通视图中设置幻灯片的切换效果

（26）在 PowerPoint 的浏览视图中，按住【Ctrl】键拖动某张幻灯片，可以完成（　　）的操作。

    A. 移动幻灯片　　　　　　B. 复制幻灯片　　　　　　C. 删除幻灯片　　　　　　D. 选定幻灯片

（27）在 PowerPoint 的浏览视图中，选择并拖动某张幻灯片，可以完成（　　）的操作。

    A. 移动幻灯片　　　　　　B. 复制幻灯片　　　　　　C. 删除幻灯片　　　　　　D. 选定幻灯片

（28）下列有关选择幻灯片的操作，错误的是（　　）。

    A. 在浏览视图中单击幻灯片

    B. 如果要选择多张不连续的幻灯片，则在浏览视图中按【Ctrl】键并单击各张幻灯片

    C. 如果要选择多张连续的幻灯片，则在浏览视图中按【Shift】键并单击最后要选择的幻灯片

    D. 在幻灯片视图中，不可以选择多个幻灯片

（29）关闭 PowerPoint 时，若不保存修改过的文档，则（　　）。

    A. 系统会发生崩溃　　　　　　　　　　　　　B. 刚刚编辑过的内容将会丢失

    C. PowerPoint 将无法正常启动　　　　　　　　D. 硬盘产生错误

（30）下列操作中，关闭 PowerPoint 的正确操作的是（　　）。

    A. 关闭显示器

    B. 拔掉主机电源

    C. 按【Ctrl+Alt+Del】组合键

    D. 单击 PowerPoint 标题栏右上角的关闭按钮

（31）关于 PowerPoint 的视图模式，下列选项中说法正确的是（　　）。

    A. 大纲视图是默认的视图模式　　　　　　　　B. 普通视图主要显示主要的文本信息

    C. 普通视图最适合编辑幻灯片　　　　　　　　D. 阅读视图用于查看幻灯片的播放效果

（32）在 PowerPoint 中，如需在占位符中添加文本，其正确的操作是（　　）。

    A. 单击标题占位符，将文本插入点置于占位符内

    B. 单击功能区中的"插入"按钮

    C. 通过"粘贴"命令插入文本

    D. 通过"新建"按钮来创建新的文本

（33）在 PowerPoint 中，对占位符进行操作一般是在（　　）中进行。

    A. 幻灯片区　　　　　　B. 状态栏　　　　　　C. 大纲区　　　　　　D. 备注区

（34）在 PowerPoint 中，如需通过"文本框"工具在幻灯片中添加竖排文本，则（　　）。

    A. 默认的格式就是竖排

    B. 将文本格式设置为竖排排列

    C. 选择"文本框"栏的"横排文本框"命令

    D. 选择"文本框"栏的"垂直文本框"命令

（35）在 PowerPoint 中，如需用文本框在幻灯片中添加文本，则应该在"插入"/"文本"组中单击（　　）按钮。

    A. "图片"　　　　　　B. "文本框"　　　　　　C. "文字"　　　　　　D. "表格"

（36）在 PowerPoint 中为形状添加文本的方法为（　　）。

    A. 在插入的图形上单击鼠标右键，在弹出的快捷菜单中选择"添加文本"命令

    B. 直接在图形上编辑

    C. 另存到图像编辑器中编辑

    D. 直接将文本粘贴在图形上

（37）下列关于在幻灯片的占位符中添加文本的要求，说法正确的是（　　）。

A. 只要是文本形式就行　　　　　　　　B. 文本中不能含有数字

C. 文本中不能含有中文　　　　　　　　D. 文本必须简短

（38）下列有关选择幻灯片文本的叙述，错误的是（　　）。

A. 单击文本区，会显示文本控制点

B. 选择文本时，可按住鼠标左键不放并进行拖动

C. 文本选择成功后，所选文本会出现底纹，表示已选择

D. 选择文本后，必须对文本进行后续操作

（39）在 PowerPoint 中移动文本时，在两张幻灯片中进行移动操作，则（　　）。

A. 操作系统进入死锁状态　　　　　　　B. 文本无法复制

C. 文本正常移动　　　　　　　　　　　D. 两张幻灯片中的文本都会被移动

（40）在 PowerPoint 中，如要将所选的文本存入剪贴板，下列操作中无法实现的是（　　）。

A. 在"开始"/"剪贴板"组中单击"复制"按钮

B. 使用右键快捷菜单中的"复制"命令

C. 使用【Ctrl+C】组合键

D. 使用【Ctrl+V】组合键

（41）下列有关移动和复制文本的叙述，不正确的是（　　）。

A. 在复制文本前，必须先选择　　　　　B. 复制文本的快捷键是【Ctrl+C】组合键

C. 文本的剪切和复制没有区别　　　　　D. 能在多张幻灯片间进行复制文本的操作

（42）在 PowerPoint 中进行粘贴操作时，可使用的快捷键为（　　）组合键。

A. 【Ctrl+C】　　　　B. 【Ctrl+P】　　　　C. 【Ctrl+X】　　　　D. 【Ctrl+V】

（43）下列关于在 PowerPoint 中设置文本字体格式的叙述，正确的是（　　）。

A. 字号的数值越小，字体就越大　　　　B. 字号是连续变化的

C. 66 号字比 72 号字大　　　　　　　　D. 字号决定每种字体的大小

（44）在 PowerPoint 中设置文本字体时，下列选项中，（　　）不属于字体列表中的默认常用选项。

A. "宋体"　　　　　B. "黑体"　　　　　C. "隶书"　　　　　D. "草书"

（45）下列关于设置文本段落格式的叙述，正确的是（　　）。

A. 图形不能作为项目符号

B. 设置文本的段落格式时，一般通过"格式"/"排列"组进行操作

C. 行距可以是任意值

D. 以上说法全都错误

（46）在 PowerPoint 中设置文本的项目符号和编号时，可通过（　　）进行设置。

A. "字体"命令　　　　　　　　　　　B. 单击"项目符号和编号"按钮

C. "开始"/"段落"组　　　　　　　　　D. 行距

（47）在 PowerPoint 中设置文本段落格式时，一般通过（　　）开始设置。

A. "开始"/"视图"组　　　　　　　　　B. "开始"/"插入"组

C. "开始"/"段落"组　　　　　　　　　D. "开始"/"格式"组

（48）在 PowerPoint 中设置文本的行距时，一般通过（　　）进行设置。

A. "项目符号和编号"对话框　　　　　　B. "字体"对话框

C. "段落"对话框　　　　　　　　　　　D. 分行

（49）在 PowerPoint 中创建表格时，一般在（　　）中进行操作。

    A.　"插入"/"图片"组　 B.　"插入"/"对象"组

    C.　"插入"/"表格"组　 D.　"插入"/"绘制表格"组

（50）下列关于在 PowerPoint 中插入图片的叙述，错误的是（　　）。

    A.　在幻灯片任何视图中，都可以显示要插入图片的幻灯片

    B.　在 PowerPoint 2010 中，也可以通过占位符插入图片

    C.　插入图片的路径可以是本地图片路径，也可以是网络图片路径

    D.　用户可以根据需要更改幻灯片中的图片大小和位置

2. 操作题

（1）按照下列要求制作一个 "yswg.pptx" 演示文稿，并保存在桌面上。

① 使用主题 "奥斯汀" 新建演示文稿。

② 在标题幻灯片中的主标题中输入 "交通安全知识讲座"，设置字体为 "楷体""加粗"，在副标题中输入 "安全驾驶常识"。

③ 新建一张版式为 "两栏内容" 的幻灯片，删除标题占位符，插入一个样式为最后一种样式的艺术字，输入 "第一要求"，并移动到幻灯片的标题位置。

④ 在左侧文本占位符中输入两段文字，分别是 "喝酒不开车""开车不喝酒"。

⑤ 在右侧插入位于考生文件夹中的图片 "酒后驾驶"。

（2）打开 "yswg-1.pptx" 演示文稿，按照下列要求对演示文稿进行编辑并保存。

① 在标题幻灯片左上方插入一个横排文本框，输入 "领导力培训"，设置 "字体" 为 "黑体"，"字号" 为 "40"。

② 在标题幻灯片右上方插入一个上箭头，设置形状样式为 "强烈效果-蓝色，强调颜色 1"。

③ 调整第 7 张幻灯片和第 8 张幻灯片的位置。

④ 在调整后的第 8 张幻灯片中插入一张剪贴画。

10

项目十

设置并放映演示文稿

PowerPoint 作为主流的多媒体演示软件，在易学、易用性方面得到广大用户的肯定，其中母版、主题、背景都是用户常用的功能，可以快速美化演示文稿，简化操作。演示文稿的最终目的是放映，PowerPoint 的动画与放映是其有别于其他办公软件的重要功能。它可以让呆板的对象变得灵活起来，在某种意义上可以说正因为"动画和放映"功能，才成就了 PowerPoint"多媒体"软件的地位。本项目通过两个典型任务，介绍 PowerPoint 母版的使用，幻灯片切换动画、幻灯片对象动画，以及放映、输出幻灯片的方法等。

课堂学习目标

● 设置市场分析演示文稿

● 放映并输出课件演示文稿

任务一　设置市场分析演示文稿

任务要求

聂铭在一家商贸城工作，主要从事市场推广方面的工作。随着公司的壮大以及响应批发市场搬离中心主城区的号召，公司准备在政策新规划的地块新建一座商贸城。任务来了，新建的商贸城应该如何定位？是高端、中端还是低端呢？如何与周围的商家互动？是否可以形成产业链呢？新建商贸城是公司近 10 年来最重要的变化，公司都非常重视，商贸城的定位及后期的运营对于公司的发展至关重要。聂铭作为一个在公司工作了多年的"老人"，接手了该事。他决定好好调查周边的商家和人员情况，为商贸城的正确定位出力。通过一段时间的努力后，聂铭完成了这个任务，制作了市场分析的演示文稿。设置、调整后完成的演示文稿效果如图 10-1 所示。

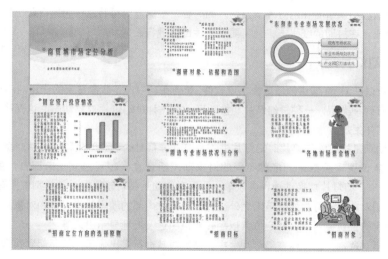

图 10-1　"市场分析"演示文稿

具体要求如下。

- 打开演示文稿，应用"气流"主题，设置"效果"为"主管人员"，"颜色"为"凤舞九天"。
- 为演示文稿的标题页设置背景图片"首页背景.jpg"。
- 在幻灯片母版视图中设置正文占位符的"字号"为"26"，向下移动标题占位符，调整正文占位符的高度。插入名为"标志"的图片并去除标志图片的白色背景；插入艺术字，设置"字体"为"隶书"，"字号"为"28"；设置幻灯片的页眉页脚效果；退出幻灯片母版视图。
- 对幻灯片中各个对象进行适当的位置调整，使其符合应用主题和设置幻灯片母版后的效果。
- 为所有幻灯片设置"旋转"切换效果，设置切换声音为"照相机"。
- 为第 1 张幻灯片中的标题设置"浮入"动画，为副标题设置"基本缩放"动画，并设置效果为"从屏幕底部缩小"。
- 为第 1 张幻灯片中的副标题添加一个名为"对象颜色"的强调动画，修改效果为红色，动画开始方式为"上一动画之后"，"持续时间"为"01:00"，"延迟"为"00:50"。最后将标题动画的顺序调整到最后，并设置播放该动画时的声音为"电压"。

相关知识

（一）认识母版

母版是演示文稿中特有的概念。通过设计、制作母版，可以快速将设置内容在多张幻灯片、讲义或备注中生效。在 PowerPoint 2010 中存在 3 种母版，一是幻灯片母版，二是讲义母版，三是备注母版。其作用分别如下。

- 幻灯片母版。用于存储关于模板信息的设计模板，这些模板信息包括字形、占位符大小和位置、背景设计和配色方案等，只要在母版中更改了样式，则对应的幻灯片中相应样式也会随之改变。
- 讲义母版。为方便演讲者在演示演示文稿时使用的纸稿，纸稿中显示了每张幻灯片的大致内容、要点等。讲义母版就是设置该内容在纸稿中的显示方式，制作讲义母版主要包括设置每页纸张上显示的幻灯片数量、排列方式以及页面和页脚的信息等。
- 备注母版。指演讲者在幻灯片下方输入的内容，根据需要可将这些内容打印出来。要想使这些备注信息显示在打印的纸张上，就需要对备注母版进行设置。

（二）认识幻灯片动画

演示文稿之所以在演示、演讲领域成为主流软件，动画在其中占了非常重要的作用。在 PowerPoint 2010 中，幻灯片动画有两种类型，一种是幻灯片切换动画，另一种是幻灯片对象动画。这两种动画都是在幻灯片放映时才能看到并生效。

幻灯片切换动画是指放映幻灯片时幻灯片进入及离开屏幕时的动画效果；幻灯片对象动画是指为幻灯片中添加的各对象设置动画效果，多种不同的对象动画组合在一起可形成复杂而自然的动画效果。在 PowerPoint 2010 中，幻灯片切换动画种类较单一，而对象动画相对较复杂，其类别主要有 4 种。

- 进入。指对象从幻灯片显示范围之外，进入幻灯片内部的动画效果。例如对象从左上角飞入幻灯片中指定的位置，对象在指定位置以翻转效果由远及近地显示出来等。
- 强调。指对象本身已显示在幻灯片之中，然后对其进行突出显示，从而起到强调作用。例如将已存的图片放大显示或旋转等。
- 离开。指对象本身已显示在幻灯片之中，然后以指定的动画效果离开幻灯片。例如对象从显示位置左侧飞出幻灯片，对象从显示位置以弹跳方式离开幻灯片等。
- 路径。指对象按用户自己绘制的或系统预设的路径进行移动的动画效果。例如对象按圆形路径进行移动等。

任务实现

（一）应用幻灯片主题

主题是一组预设的背景、字体格式的组合，在新建演示文稿时可以使用主题新建，对于已经创建好的演示文稿，也可对其应用主题。已应用的主题还可以修改搭配好的颜色、效果及字体等。下面将打开"市场分析.pptx"演示文稿，应用"气流"主题，设置效果为"主管人员"，颜色为"凤舞九天"。

（1）打开"市场分析.pptx"演示文稿，选择，"设计"/"主题"组，在中间的列表框中选择"气流"选项，为该演示文稿应用"气流"主题。

（2）选择"设计"/"主题"组，单击 效果 按钮，在打开的下拉列表中选择"主管人员"选项，如图 10-2 所示。

（3）选择"设计"/"主题"组，单击 颜色 按钮，在打开的下拉列表中选择"凤舞九天"选项，如图 10-3 所示。

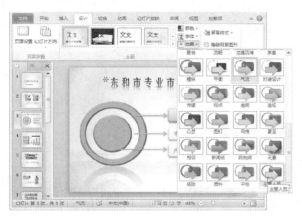 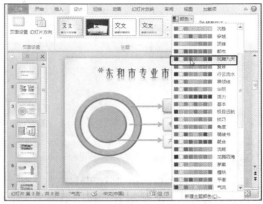

图 10-2　选择主题效果　　　　　　　　　　　　　　图 10-3　选择主题颜色

（二）设置幻灯片背景

幻灯片的背景可以是一种颜色，也可以是多种颜色，还可以是图片。设置幻灯片背景是快速改变幻灯片效果的方法之一。下面将为演示文稿的标题页设置已存在的图片"背景"。

（1）选择标题幻灯片，在幻灯片的空白处单击鼠标右键，在弹出的快捷菜单中选择"设置背景格式"命令。

（2）打开"设置背景格式"对话框，单击"填充"选项卡，单击选中"图片或纹理填充"单选项，在"插入自"栏中单击 文件(F)… 按钮，如图 10-4 所示。

（3）打开"插入图片"对话框，选择图片的保存位置后，选择"首页背景"选项，单击 插入(S) 按钮，如图 10-5 所示。

图 10-4　选择填充方式　　　　　　　　　　　　　　图 10-5　选择背景图片

（4）返回"设置背景格式"对话框，单击选中"隐藏背景图片"复选框，单击 关闭 按钮。即可看到标题幻灯片已应用了选择的背景图片，如图 10-6 所示。

图 10-6　设置标题幻灯片背景

 提示

设置幻灯片背景后，在"设置背景格式"对话框中单击 全部应用(L) 按钮，可将该背景应用到演示文稿的所有幻灯片中，否则将只应用到选择的幻灯片中。

（三）制作并使用幻灯片母版

母版在幻灯片的编辑过程中使用频率非常高，在母版中编辑的每一项操作，都可能影响使用该版式的所有幻灯片。下面将进入幻灯片母版视图，设置正文占位符的"字号"为"26"，向下移动标题占位符，调整正文占位符的高度；插入"标志"图片和艺术字，并编辑"标志"图片，删除白色背景，设置艺术字的"字体"为"隶书"，"字号"为"28"；然后设置幻灯片的页眉页脚效果。最后退出幻灯片母版视图，查看应用母版后的效果，并对幻灯片中各对象进行位置调整，达到符合应用主题、幻灯片母版后的效果。

（1）选择"视图"/"母版视图"组，单击"幻灯片母版"按钮，进入幻灯片母版编辑状态。

（2）选择第 1 张幻灯片母版，表示在该幻灯片下的编辑将应用于整个演示文稿，将鼠标指针移动到标题占位符左侧中间的控制点外，按住鼠标左键再向左拖动，使占位符将所有的文本内容显示完全。

（3）选择正文占位符的第一项文本，选择"开始"/"字体"组，在"字号"下拉列表框中输入"26"，将正文文本的字号放大，如图 10-7 所示。

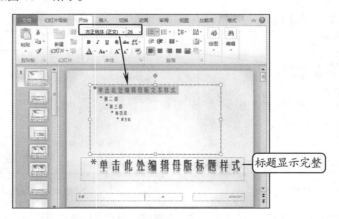

图 10-7　设置正文占位符字号

（4）选择标题占位符，使用鼠标向下拖动至正文占位符的下方；将鼠标指针移动到正文占位符下方中间的控制点，向下拖动增加占位符的高度，如图 10-8 所示。

（5）选择"插入"/"图像"组，单击"图片"按钮，打开"插入图片"对话框，在上面选择图片位置，在中间选择图片为"标志"，单击 插入(S) 按钮。

（6）将"标志"图片插入幻灯片中，适当缩小后移动到幻灯片右上角。

（7）选择"格式"/"调整"组，单击"删除背景"按钮，在幻灯片中使用鼠标拖动图片每边中间的控制点，使"标志"的所有内容均显示出来。

（8）激活"背景消除"选项卡，单击"关闭"功能区的"保留更改"按钮✓，"标志"的白色背景将消失，如图 10-9 所示。

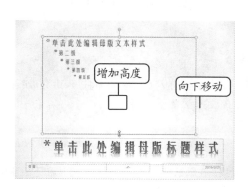

图 10-8 调整占位符

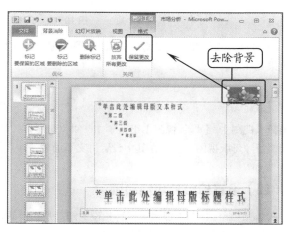

图 10-9 插入并调整标志

（9）选择"插入"/"文本"组，单击"艺术字"按钮下的下拉按钮，在打开的下拉列表中选择第 2 列的第 4 个艺术字效果。

（10）在艺术字占位符中输入"金荷花"，选择"开始"/"字体"组，在"字体"下拉列表框中选择"隶书"选项，在"字号"下拉列表框中选择"28"，移动艺术字到"标志"图片下。

（11）选择"插入"/"文本"组，单击"页眉和页脚"按钮，打开"页眉和页脚"对话框。

（12）单击"幻灯片"选项卡，单击选中"日期和时间"复选框，其中的单选项将自动激活，再单击选中"自动更新"单选项，即可在每张幻灯片下方显示日期和时间，并且每次根据打开的日期不同而自动更新日期。

（13）单击选中"幻灯片编号"复选框，将根据演示文稿幻灯片的顺序显示编号。

（14）单击选中"页脚"复选框，下方的文本框将自动激动，在其中输入文本"市场定位分析"。

（15）单击选中"标题幻灯片中不显示"复选框，所有的设置都不在标题幻灯片中生效，如图 10-10 所示。

图 10-10 "页眉和页脚"对话框

（16）在"幻灯片母版"/"关闭"组中单击"退出幻灯片母版视图"按钮，退出该视图，此时可发现设置应用于各张幻灯片，图 10-11 所示为前两页修改后的效果。

图 10-11 设置母版后的效果

（17）依次查看每一页幻灯片，适当调整标题、正文和图片等对象之间的位置，使幻灯片中各对象的显示效果更和谐。

 提示

选择【视图】/【母版视图】组，单击"讲义母版"按钮 或"备注母版"按钮 ，将进入讲义母版视图或备注母版视图，然后在其中设置讲义页面和备注页面的版式。

（四）设置幻灯片切换动画

PowerPoint 2010 中提供了多种预设的幻灯片切换动画效果，在默认情况下，上一张幻灯片和下一张幻灯片之间没有设置切换动画效果，但在制作演示文稿的过程中，用户可根据需要为幻灯片添加切换动画。下面将为所有幻灯片设置"旋转"切换效果，然后设置其切换声音为"照相机"。

（1）在"幻灯片"浏览窗格中按【Ctrl+A】组合键，选择演示文稿中的所有幻灯片，选择"切换"/"切换到此张幻灯片"组，在中间的列表框中选择"旋转"选项，如图 10-12 所示。

（2）选择"切换"/"计时"组，在 声音:按钮后的下拉列表框中选择"照相机"选项，将设置应用到所有幻灯片中。

图 10-12 选择切换动画

（3）选择"切换"/"计时"组，在"换片方式"栏下单击选中"单击鼠标时"复选框，表示在放映幻灯片时，单击鼠标将进行切换操作。

 提示

选择"切换"/"计时"组，单击 全部应用 按钮，可将设置的切换效果应用到当前演示文稿的所有幻灯片中，其目的与选择所有幻灯片再设置切换效果的方法相同。设置幻灯片切换动画后，选择"切换"/"预览"组，单击"预览"按钮 ，可查看设置的切换动画。

（五）设置幻灯片动画效果

为幻灯片中的各对象设置动画对于演示文稿的效果提升有很大的帮助，设置幻灯片动画效果即为幻灯片中的各对象设置动画效果。下面将为第 1 张幻灯片中的各对象设置动画，首先为标题设置"浮入"动画，为副标题设置"基本缩放"动画，并设置效果为"从屏幕底部缩小"，然后为副标题再次添加一个强调动画，修改效果的"对象颜色"为"红色"。接着为新增加的动画修改开始方式、持续时间和延迟时间。最后将标题动画的顺序调整到最后，并设置播放该动画时有"电压"声音。

（1）选择第 1 张幻灯片的标题，选择"动画"/"动画"组，在其列表框中选择"浮入"动画效果。

（2）选择副标题，选择"动画"/"高级动画"组，单击"添加动画"按钮 ，在打开的下拉列表中选择"更多进入效果"选项。

（3）打开"添加进入效果"对话框，选择"温和型"栏的"基本缩放"选项，单击 确定 按钮，如图 10-13 所示。

（4）选择"动画"/"动画"组，单击"效果选项"按钮 ，在打开的下拉列表中选择"从屏幕底部缩小"选项，修改动画效果，如图 10-14 所示。

图 10-13　选择进入效果

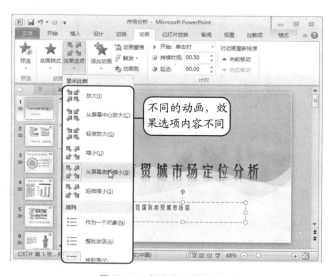

图 10-14　修改动画的效果选项

（5）继续选择副标题，选择"动画"/"高级动画"组，单击"添加动画"按钮 ，在打开的下拉列表中选择"强调"栏的"对象颜色"选项。

（6）选择"动画"/"动画"组，单击"效果选项"按钮 ，在打开的下拉列表中选择"红色"选项。

通过第5步和第6步操作，即为副标题再增加一个"对象颜色"动画，用户可根据需要为一个对象设置多个动画。设置动画后，在对象前方将显示一个数字，它表示动画的播放顺序。

（7）选择"动画"/"高级动画"组，单击 动画窗格 按钮，在工作界面右侧增加一个窗格，其中显示了当前幻灯片中所有对象已设置的动画。

（8）选择"动画"/"计时"组，在"开始"下拉列表框中选择"上一动画之后"选项，在"持续时间"数值框中输入"01:00"，在"延迟"数值框中输入"00:50"，如图 10-15 所示。

选择"动画"/"计时"组，在"开始"下拉列表框中各选项的含义如下："单击时"表示单击鼠标时开始播放动画；"与上一动画同时"表示播放前一动画的同时播放该动画；"上一动画之后"表示前一动画播放完之后，在约定的时间自动播放该动画。

（9）选择动画窗格中的第一个选项，按住鼠标左键不放，将其拖动到最后，调整动画的播放顺序。

（10）在调整后的最后一个动画选项上单击鼠标右键，在弹出的快捷菜单中选择"效果选项"命令。

（11）打开"上浮"对话框，在"声音"下拉列表框中选择"电压"选项，单击其后的 按钮，在打开的列表中拖动滑块，调整音量大小，单击 确定 按钮，如图 10-16 所示。

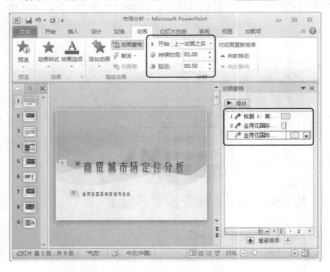

图 10-15　设置动画计时

图 10-16　动画效果选项

任务二　放映并输出课件演示文稿

任务要求

刘一是一名刚到学校参加工作的语文老师，她深知课堂学习不能死搬硬套，填鸭式的教学起不到应有的作用。在学校学习和实习的过程中，刘一喜欢在课堂上借助 PowerPoint 制作课件，将需要讲解的内容以多媒体文件的形式演示出来，这样不仅使学生感到新鲜，也更容易接受。这次刘一准备对李清照的重点诗词进行赏析。课件内容已经制作完毕，刘一准备在计算机上放映预演一下，以免在课堂上出现意外，图 10-17 所示为创建好超链接，并准备放映的演示文稿效果。

具体要求如下。

- 根据第 4 张幻灯片的各项文本的内容创建超链接，并链接到对应的幻灯片中。
- 在第 4 张幻灯片右下角插入一个动作按钮，并链接到第 2 张幻灯片；在动作按钮下方插入艺术字"作者简介"。
- 放映制作好的演示文稿，并使用超链接快速定位到"一剪梅"所在的幻灯片，然后返回上次查看的幻灯片，依次查看各幻灯片和对象。
- 在最后一页使用红色的"荧光笔"标记"要求"下的文本，最后退出幻灯片放映视图。
- 隐藏最后一张幻灯片，然后再次进行幻灯片放映视图，查看隐藏幻灯片后的效果。
- 对演示文稿中各动画进行排练。
- 将课件打印出来，要求一页纸上显示两张幻灯片，两张幻灯片四周加框，幻灯片的大小根据纸张的大小调整。
- 将设置好的课件打包到文件夹中，并命名为"课件"。

图 10-17　"课件"演示文稿

🔍 相关知识

（一）幻灯片放映类型

演示文稿的最终目的是放映，在 PowerPoint 2010 中，用户可以根据实际的演示场合选择不同的幻灯片放映类型。PowerPoint 2010 提供了 3 种放映类型，其设置方法为：选择"幻灯片放映"/"设置"组，单击"设置幻灯片放映"按钮，打开"设置放映方式"对话框，在"放映类型"栏中单击选中不同的单选项即可选择相应的放映类型，如图 10-18 所示，设置完成后单击 确定 按钮。

各种放映类型的作用和特点如下。

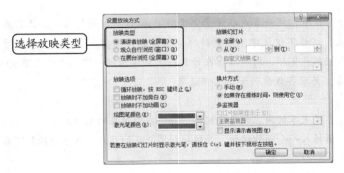

图 10-18 "设置放映方式"对话框

- 演讲者放映（全屏幕）。默认的放映类型，此类型将以全屏幕的状态放映演示文稿，在演示文稿放映过程中，演讲者具有完全的控制权，演讲者可手动切换幻灯片和动画效果，也可以将演示文稿暂停、添加会议细节等，还可以在放映过程中录下旁白。

- 观众自行浏览（窗口）。此类型将以窗口形式放映演示文稿，在放映过程中可利用滚动条、【PageDown】键、【PageUp】键来对放映的幻灯片进行切换，但不能通过单击鼠标放映。

- 在展台放映（全屏幕）。这是放映类型中最简单的一种，不需要人为控制，系统将自动全屏循环放映演示文稿。使用这种类型时，不能单击鼠标切换幻灯片，但可以通过单击幻灯片中的超链接和动作按钮来进行切换，按【Esc】键可结束放映。

（二）幻灯片输出格式

在 PowerPoint 2010 除了可以将制作的文件保存为演示文稿，还可以输出成其他多种格式。操作方法较简单，选择"文件"/"另存为"命令，打开"另存为"对话框。选择文件的保存位置，在"保存类型"下拉列表中选择需要输出的格式选项，单击 保存(S) 按钮。下面讲解 4 种常见的输出格式。

- 图片。选择"GIF 可交换的图形格式（*.gif）""JPEG 文件交换格式（*.jpg）""PNG 可移植网络图形格式（*.png）"或"TIFF Tag 图像文件格式（*.tif）"选项，单击 保存(S) 按钮。根据提示进行相应操作，可将当前演示文稿中的幻灯片保存为一张对应格式的图片。如果要在其他软件中使用，还可以将这些图片插入对应的软件中。

- 视频。选择"Windows Media 视频（*.wmv ）"选项，可将演示文稿保存为视频，如果在演示文稿中排练了所有幻灯片，则保存的视频将自动播放这些动画。保存为视频文件后，文件播放的随意性更强，不受字体、PowerPoint 版本的限制，只要计算机中安装了视频播放软件，就可以播放，这对于一些需要自动展示演示文稿的场合非常有用。

- 自动放映的演示文稿。选择"PowerPoint 放映（*.ppsx）"选项，可将演示文稿保存为自动放映的演示文稿，以后双击该演示文稿将不再打开 PowerPoint 2010 的工作界面，而是直接启动放映模式，开始放映幻灯片。

- 大纲文件。选择"大纲/RTF 文件（*.rtf）"选项，可将演示文稿中的幻灯片保存为大纲文件，生成的大纲 RTF 文件中将不再包含幻灯片中的图形、图片以及插入幻灯片的文本框中的内容。

任务实现

（一）创建超链接与动作按钮

在浏览网页的过程中，单击某段文本或某张图片时，就会自动弹出另一个相关的网页，通常这些被单击的对象称为超链接。在 PowerPoint 2010 中也可为幻灯片中的图片和文本创建超链接。下面将为第 4 张幻灯片的各项文本创建超链接，然后插入一个动作按钮，并链接到第 2 张幻灯片；最后在动作按钮下方插入艺术字"作者简介"。

（1）打开"课件.pptx"演示文稿，选择第 4 张幻灯片，选择第一段正文文本，选择"插入"/"链接"组，单击"超链接"按钮。

（2）打开"插入超链接"对话框，单击"链接到"列表框中的"本文档中的位置"按钮，在"请选择文档中的位置"列表框中选择要链接到的第 5 张幻灯片，单击 确定 按钮，如图 10-19 所示。

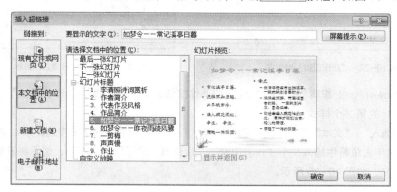

图 10-19　选择链接的目标位置

（3）返回幻灯片编辑区即可看到设置超链接的文本颜色已发生变化，并且文本下方有一条蓝色的线，使用相同方法，依次为各项文本设置超链接。

（4）选择"插入"/"链接"组，单击"形状"按钮，在打开的下拉列表中选择"动画按钮"栏的第 5 个选项，如图 10-20 所示。

（5）此时鼠标指针变为+形状，在幻灯片右下角空白位置按住鼠标左键不放拖动鼠标，绘制一个动作按钮，如图 10-21 所示。

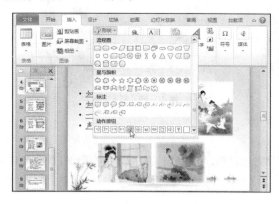

图 10-20　选择动作按钮类型

图 10-21　绘制动作按钮

（6）自动打开"动作设置"对话框，单击选中"超链接到"单选项，在下方的下拉列表框中选择"幻灯片"选项，如图 10-22 所示。

（7）打开"超链接到幻灯片"对话框，选择第 2 张幻灯片，依次单击 确定 按钮，使超链接生效，如图 10-23 所示。

图 10-22 "动作设置"对话框　　　　图 10-23 选择超链接到的目标

（8）返回 PowerPoint 编辑界面，选择绘制的动作按钮，选择"格式"/"形状样式"组，在中间的列表框中选择第 4 排的第 2 个样式，如图 10-24 所示。

（9）选择"插入"/"文本"组，单击"艺术字"按钮，在打开的下拉列表中选择第 4 排的第 2 个样式。

（10）在艺术字占位符中输入文字"作者简介"，设置其"字号"为"24"，然后将设置好的艺术字移动到动作按钮下方，如图 10-25 所示。

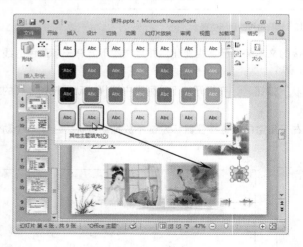

图 10-24 选择形状样式　　　　图 10-25 插入艺术字

 提示

如果进入幻灯片母版，在其中绘制动作按钮，并创建好超链接，该动作按钮将应用到该幻灯片版式对应的所有幻灯片中。

（二）放映幻灯片

制作演示文稿的最终目的就是要将制作的演示文稿展示给观众欣赏，即放映演示文稿。下面将放映前面制作好的演示文稿，并使用超链接快速定位到"一剪梅"所在的幻灯片。然后返回上次查看的幻灯片，依次查看各幻灯片和对象，在最后一页标记重要内容，最后退出幻灯片放映视图，其具体操作如下。

（1）选择"幻灯片放映"/"开始放映幻灯片"组，单击"从头开始"按钮，进入幻灯片放映视图。

（2）将从演示文稿的第 1 张幻灯片开始放映，如图 10-26 所示，单击鼠标左键依次放映下一个动画或下一张幻灯片，如图 10-27 所示。

图 10-26　进入幻灯片放映视图　　　　　　　　　图 10-27　放映动画

（3）当播放到第 4 张幻灯片时，将鼠标指针移动到"一剪梅"文本上，此时鼠标指针变为🖑形状，如图 10-28 所示。

（4）单击鼠标，即可切换到超链接的目标幻灯片，此时可使用前面的方法单击鼠标进行幻灯片的放映。在幻灯片上单击鼠标右键，在弹出的快捷菜单中选择"上次查看过的"命令，如图 10-29 所示。

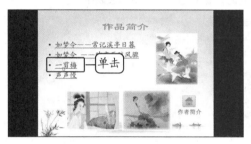

图 10-28　单击超链接　　　　　　　　　　　图 10-29　定位幻灯片

（5）返回上一次查看的幻灯片，然后依次播放幻灯片中的各个对象，当播放到最后一张幻灯片的内容时，单击鼠标右键，在弹出的快捷菜单中选择"指针选项"/"墨迹颜色"/"红色"命令，然后再次单击鼠标右键，在弹出的快捷菜单中选择"指针选项"/"荧光笔"命令，如图 10-30 所示。

（6）此时鼠标指针变为🖊形状，按住鼠标左键不放并拖动鼠标，标记重要的内容，播完最后一张幻灯片后，会打开一个黑色页面，提示"放映结束，单击鼠标退出"，单击鼠标退出。

（7）由于前面标记了内容，将提示是否保留墨迹注释的对话框，单击 放弃(D) 按钮，删除绘制的标注，如图 10-31 所示。

图 10-30　选择标记使用的笔　　　　　　　　图 10-31　选择是否保留墨迹注释

提示

选择"幻灯片放映"/"开始放映幻灯片"组，单击"从当前幻灯片开始"按钮 或在状态栏中单击"幻灯片放映"按钮 ，可从选择的幻灯片开始播放幻灯片。在播放幻灯片的过程中，通过右键快捷菜单，可快速定位到上一张幻灯片、下一张幻灯片或具体的某张幻灯片。

（三）隐藏幻灯片

放映幻灯片时，系统将自动按设置的放映方式依次放映每张幻灯片，但在实际放映过程中，可以将暂时不需要的幻灯片隐藏起来，等到需要时再将其显示。下面将隐藏最后一张幻灯片，然后放映查看隐藏幻灯片后的效果。

（1）在"幻灯片"浏览窗格中选择第9张幻灯片，选择"幻灯片放映"/"设置"组，单击"隐藏幻灯片"按钮 ，隐藏幻灯片，如图10-32所示。

（2）在"幻灯片"浏览窗格中选择的幻灯片上将出现叉标志 ，选择"幻灯片放映"/"开始放映幻灯片"组，单击"从头开始"按钮 ，开始放映幻灯片，此时隐藏的幻灯片将不再放映出来。

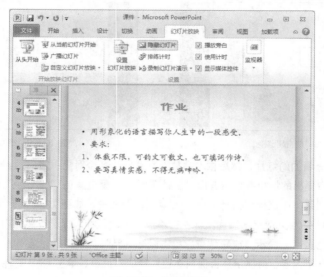

图 10-32 隐藏幻灯片

 提示

若要显示隐藏的幻灯片，在放映幻灯片时，单击鼠标右键，在弹出的快捷菜单中选择"定位至幻灯片"命令，再在弹出的子菜单中选择隐藏的幻灯片名称。如要取消隐藏幻灯片，可再次执行隐藏操作，即选择"幻灯片放映"/"设置"组，单击"隐藏幻灯片"按钮 。

（四）排练计时

对于某些需要自动放映的演示文稿，设置动画效果后，可以设置排练计时，从而在放映时可根据排练的时间和顺序进行放映。下面将在演示文稿中对各动画进行排练计时。

（1）选择"幻灯片放映"/"设置"组，单击"排练计时"按钮 。进入放映排练状态，同时打开"录制"工具栏自动为该幻灯片计时，如图 10-33 所示。

图 10-33　"录制"工具栏

（2）通过单击鼠标或按【Enter】键控制幻灯片中下一个动画出现的时间，如果用户确认该幻灯片的播放时间，可直接在"录制"工具栏的时间框中输入时间值。

（3）一张幻灯片播放完成后，单击鼠标切换到下一张幻灯片，"录制"工具栏中的时间将从头开始为该张幻灯片的放映进行计时。

（4）放映结束后，打开提示对话框，提示排练计时时间，并询问是否保留幻灯片的排练时间，单击 按钮进行保存，如图 10-34 所示。

（5）打开"幻灯片浏览"视图样式，在每张幻灯片的左下角将显示幻灯片的播放时间。图 10-35 所示为前两张幻灯片在"幻灯片浏览"视图中显示的播放时间。

图 10-34　是否保留排练时间

图 10-35　显示播放时间

提示

如果不想使用排练好的时间自动放映该幻灯片，可选择【幻灯片放映】/【设置】组，撤销选中"使用计时"复选框，这样在放映幻灯片时就能手动进行切换。

（五）打印演示文稿

演示文稿不仅可以进行现场演示，还可以将其打印在纸张上，手执演讲或分发给观众作为演讲提示等。下面将前面制作并设置好的课件打印出来，要求一页纸上显示两张幻灯片。

（1）选择"文件"/"打印"命令，在窗口右侧的"份数"数值框中输入"2"，即打印两份，如图10-36所示。

（2）在"打印机"下拉列表框中选择与计算机相连的打印机。

（3）在幻灯片的布局下拉列表框中选择"2 张幻灯片"选项，单击选中"幻灯片加框""根据纸张调整大小"复选框，如图10-37所示。

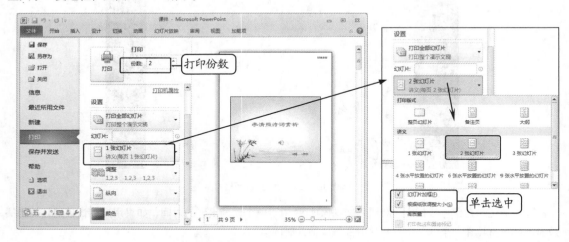

图 10-36　设置打印份数　　　　　　　　　　　　　图 10-37　设置幻灯片布局

（4）单击"打印"按钮 ，开始打印幻灯片。

（六）打包演示文稿

演示文稿制作好后，有时需要在其他计算机上进行放映，要想在其他没有安装 PowerPoint 2010 的计算机上也能正常播放其中的声音和视频等对象，除了将演示文稿保存为视频之外，还可将制作的演示文稿打包。下面将把前面设置好的课件打包到文件夹中，并命名为"课件"。

（1）选择"文件"/"保存并发送"命令，在工作界面右侧的"文件类型"栏中选择"将演示文稿打包成 CD"选项，然后单击"打包成 CD"按钮 。

（2）打开"打包成 CD"对话框，单击 复制到文件夹(F)... 按钮，打开"复制到文件夹"对话框，在"文件夹名称"文本框中输入"课件"，在"位置"文本框中输入打包后的文件夹的保存位置，单击 确定 按钮，如图10-38所示。

（3）打开提示对话框，提示是否保存链接文件，单击 是(Y) 按钮，如图10-39所示。稍作等待后即可将演示文稿打包成文件夹。

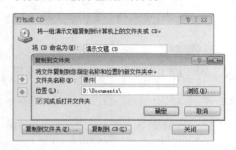

图 10-38　复制到文件夹

图 10-39　保存链接文件

课后练习

1. 选择题

（1）在 PowerPoint 中，下列说法中错误的是（　　）。

A. 可以动态显示文本和对象　　　　　B. 可以更改动画对象的出现顺序

C. 图表不可以设置动画效果　　　　　D. 可以设置幻灯片的切换效果

（2）在演示文稿中插入超链接时，所链接的目标不能是（　　）。

A. 另一个演示文稿　　　　　　　　　B. 同一个演示文稿中的某一张幻灯片

C. 其他应用程序的文档　　　　　　　D. 幻灯片中的某一个对象

（3）在 PowerPoint 中，停止幻灯片的播放应按（　　）键。

A. 【Enter】　　　　B. 【Shift】　　　　C. 【Ctrl】　　　　D. 【Esc】

（4）下列关于幻灯片动画的内容，说法错误的是（　　）。

A. 幻灯片上动画对象的出现顺序不能随意修改

B. 动画对象在播放之后可以再添加效果

C. 可以在演示文稿中添加超链接，然后用它跳转到不同的位置

D. 创建超链接时，起点可以是任何文本或对象

（5）下列有关幻灯片背景设置的说法，错误的是（　　）。

A. 可以为幻灯片设置不同的颜色、图案或者纹理的背景

B. 可以使用图片作为幻灯片背景

C. 可以为单张幻灯片设置背景

D. 不可以同时对当前演示文稿中的所有幻灯片设置背景

（6）在 PowerPoint 中应用模版后，新模板将会改变原演示文稿的（　　）。

A. 配色方案　　　　B. 幻灯片母版　　　　C. 标题母版　　　　D. 以上选项都对

（7）下列关于 PowerPoint 的说法，正确的是（　　）。

A. 可以将演示文稿中选定的信息链接到其他演示文稿幻灯片中的任何对象

B. 可以为幻灯片中的对象设置播放动画的时间顺序

C. PowerPoint 演示文稿的扩展名为.pot

D. 不能在一个演示文稿中同时使用不同的模板

（8）下列（　　）是在幻灯片母版上不可以完成的操作。

A. 使相同的图片出现在所有幻灯片的相同位置

B. 使所有幻灯片具有相同的背景颜色及图案

C. 使所有幻灯片的占位符具有相同格式

D. 通过母版编辑所有幻灯片中的内容

（9）在 PowerPoint 中，幻灯片放映视图的主要功能不包括（　　）。

A. 编辑幻灯片上的具体对象　　　　　B. 切换幻灯片

C. 定位幻灯片　　　　　　　　　　　D. 播放幻灯片

（10）若要改变超链接文字的颜色，应该通过（　　）对话框。

A. "超链接设置"　　　　　　　　　　B. "幻灯片版面设置"

C. "字体设置" D. "新建主体颜色"

（11）在制作演示文稿时可为幻灯片对象创建超链接，以下关于超链接的说法错误的是（　　　）。

A. 超链接的目的地只能指向另一个演示文稿

B. 超链接的目的地可以指向某个 Word 文档或 Excel 文档

C. 超链接的目的地可以指向邮件地址

D. 超链接的目的地可以指向某个网上资源地址

（12）在 PowerPoint 中，为所有幻灯片中的对象设置统一样式，需应用（　　　）的功能。

A. 模板 B. 母版 C. 版式 D. 样式

（13）若要在幻灯片上配合讲解做标记，可使用（　　　）。

A. "指针选项"中的各种笔 B. "画笔"工具

C. "绘图"工具栏 D. 笔

（14）执行（　　　）操作不能切换至幻灯片放映视图中。

A. 按【F5】键 B. 单击"从头开始"按钮

C. 单击"从当前幻灯片开始"按钮 D. 双击"幻灯片"按钮

（15）在幻灯片放映过程中，按（　　　）可以退出幻灯片放映。

A. 空格键 B. 【Esc】键 C. 鼠标左键 D. 鼠标右键

（16）在（　　　）方式下可以进行幻灯片的放映控制。

A. 普通视图 B. 幻灯片浏览视图 C. 幻灯片放映视图 D. 大纲视图

（17）在 PowerPoint 2010 中，通过"页眉和页脚"对话框不能设置（　　　）。

A. 日期和时间 B. 幻灯片编号 C. 页眉 D. 页脚

（18）在设置幻灯片放映的换页效果时，应通过（　　　）进行设置。

A. 动作按钮 B. "切换"功能组 C. 预设动画 D. 自定义动画

（19）在 PowerPoint 中全屏演示幻灯片，可将窗口切换到（　　　）。

A. 幻灯片视图 B. 大纲视图

C. 浏览视图 D. 幻灯片放映视图

（20）如果要终止 PowerPoint 中正在演示的幻灯片，应按（　　　）键。

A. 【Ctrl+Break】 B. 【Esc】 C. 【Alt+Break】 D. 【Enter】

（21）若要在放映过程中迅速找到某张幻灯片，可通过（　　　）方法直接移动至要查找的幻灯片。

A. 翻页 B. 定位至幻灯片

C. 退出放映视图，再进行翻页 D. 退出放映视图，再进行查找

（22）如果演示文稿中设置了隐藏的幻灯片，那么在打印时，这些隐藏的幻灯片（　　　）。

A. 是否打印将根据用户的设置决定 B. 将不会打印

C. 将同其他幻灯片一起打印 D. 将只能打印出黑白效果

（23）在幻灯片浏览视图中不能进行的操作是（　　　）。

A. 设置动画效果 B. 幻灯片的切换

C. 幻灯片的移动和复制 D. 幻灯片的删除

（24）下列（　　　）的放映方式不是全屏幕放映。

A. 讲演者放映 B. 从头开始放映 C. 观众自行浏览 D. 在展台浏览

（25）在 PowerPoint 中使用母版的目的是（　　　）。

A. 演示文稿的风格一致 B. 编辑美化现有的模板

　　C．通过标题母版控制标题幻灯片的格式和位置　　　　D．以上均是

（26）要从当前幻灯片开始放映，应（　　　　）。

　　A．单击"幻灯片切换"按钮　　　　　　　　　B．单击"从当前幻灯片开始"按钮

　　C．按【F5】键　　　　　　　　　　　　　　D．单击"开始放映"按钮

（27）在演示文稿中设置幻灯片的切换速度是在（　　　　）中进行的。

　　A．"切换"/"切换到此幻灯片"组的列表框

　　B．"切换"/"切换到此幻灯片"组的"效果"下拉列表

　　C．"切换"/"计时"组

　　D．"动画"/"高级动画"组

（28）在演示文稿中取消"超链接"时，不可以通过（　　　　）来实现。

　　A．选择链接内容，打开"插入超链接"对话框，单击　删除链接 (R)　按钮

　　B．在超链接上单击鼠标右键，在弹出的快捷菜单中选择"取消超链接"命令

　　C．在超链接上单击鼠标右键，在弹出的快捷菜单中选择"编辑超链接"命令，在打开的"插入

　　　　超链接"对话框中单击　删除链接 (R)　按钮

　　D．选择"撤销"命令

（29）演示文稿支持的视频文件格式有（　　　　）。

　　A．AVI　　　　　　　　B．WMV　　　　　　　C．MPG　　　　　　　D．以上均可

（30）在幻灯片中添加声音和媒体文件主要通过（　　　　）进行。

　　A．"插入"/"媒体"组　　　　　　　　　　　B．"插入"/"对象"组

　　C．"插入"/"符号"组　　　　　　　　　　　D．"插入"/"公式"组

（31）母版分为（　　　　）。

　　A．幻灯片母版和讲义母版

　　B．幻灯片母版和标题母版

　　C．幻灯片母版、讲义母版、标题母版和备注母版

　　D．幻灯片母版、讲义母版和备注母版

（32）在演示文稿中设置母版通常是在（　　　　）功能组中进行。

　　A．"视图"　　　　　　B．"格式"　　　　　　C．"工具"　　　　　　D．"插入"

（33）在下列操作中，可以隐藏幻灯片的操作是（　　　　）。

　　A．在"幻灯片"窗格的幻灯片上单击鼠标右键，在弹出的快捷菜单中选择"隐藏幻灯片"命令

　　B．在母版幻灯片上单击鼠标右键，在弹出的快捷菜单中选择"隐藏幻灯片"命令

　　C．通过"视图"/"演示文稿视图"组来实现

　　D．通过"视图"/"母版视图"组来实现

（34）PowerPoint 提供了文件的（　　　　）功能，可以将演示文稿、其所链接的各种声音、图片等外部
文件统一保存起来。

　　A．"定位"　　　　　　B．"另存为"　　　　　C．"存储"　　　　　　D．"打包"

（35）插入音频的操作，一般通过（　　　　）功能组来实现。

　　A．"编辑"　　　　　　B．"视图"　　　　　　C．"插入"　　　　　　D．"工具"

（36）打开"插入音频"对话框的方法为（　　　　）。

　　A．在"插入"/"媒体"组中单击"音频"按钮，在打开的下拉列表中选择"文件中的音频"

　　　　选项

B. 在"插入"/"媒体"组中单击"音频"按钮🔊，在打开的下拉列表中选择"剪贴画音频"选项

C. 在"插入"/"对象"组中单击"音频"按钮🔊，在打开的下拉列表中选择"文件中的音频"选项

D. 在"插入"/"对象"组中单击"音频"按钮🔊，在打开的下拉列表中选择"剪贴画音频"选项

（37）在 PowerPoint 中应用模板时，下列选项中不正确的是（　　）。

    A. 可直接在已有模板上重新编辑内容　　　　B. 在"设计"组中选择"应用模板设计"

    C. 模板的内容要在导入之后才能看见　　　　D. 模板的选择是多样化的

（38）在 PowerPoint 中，一般通过（　　）功能组来设置动画效果。

    A. "编辑"　　　　　B. "视图"　　　　　C. "动画"　　　　　D. "幻灯片放映"

（39）下列选项中，不属于动画播放的开始方式的是（　　）。

    A. 单击时　　　　　B. 与上一动画同时　　　C. 上一动画之后　　　D. 上一动画之前

（40）如果要在幻灯片视图中预览动画，应（　　）。

    A. 单击"动画"/"动画"组中的"播放"按钮

    B. 单击"动画"/"动画"组中的"预览"按钮

    C. 单击"动画"/"预览"组中的"预览"按钮

    D. 按【F5】键

（41）打开"动画窗格"的方法为（　　）。

    A. 在"动画"/"高级动画"组中单击"动画窗格"按钮

    B. 在"工具"/"自定义"组中单击"动画窗格"按钮

    C. 在"幻灯片放映"组中单击"自定义动画"按钮

    D. 在"视图"/"工具栏"组中单击"控制工具箱"按钮

（42）在"动画效果"对话框的"效果"选项卡中，下列不属于"动画文本"设置效果的是（　　）。

    A. 整批发送　　　　B. 按字/词　　　　　C. 按字母　　　　　D. 按字

（43）如果要在"动画窗格"中更改幻灯片上各对象出现的顺序，一般可通过（　　）来调整。

    A. 选择需调整的动画，并将其拖至所需位置

    B. 选择需调整的动画，单击鼠标右键，通过右键快捷菜单

    C. "动画"/"动画"组

    D. "动画"/"高级动画"组

（44）为整张幻灯片添加动画效果，一般通过（　　）功能组来实现。

    A. "切换"　　　　　B. "动画"　　　　　C. "开始"　　　　　D. "编辑"

（45）如果要更改幻灯片的切换效果，应该在（　　）功能组中进行操作。

    A. "切换"　　　　　B. "动画"　　　　　C. "开始"　　　　　D. "编辑"

（46）如果要将同一种切换效果应用于全部幻灯片，则可单击（　　）按钮。

    A. "剪切"　　　　　B. "复制"　　　　　C. "全部应用"　　　　D. "粘贴"

（47）在 PowerPoint 中，一般通过（　　）来添加动作按钮。

    A. "插入"/"插图"组　　　　　　　　　　B. "插入"/"动作"组

    C. "插入"/"对象"组　　　　　　　　　　D. "插入"/"链接"组

（48）"动作设置"对话框中的"鼠标移过"表示（　　）。

    A. 所设置的按钮采用单击鼠标执行动作的方式

    B. 所设置的按钮采用双击鼠标执行动作的方式

C. 所设置的按钮采用自动执行动作的方式

D. 所设置的按钮采用鼠标移过执行动作的方式

（49）如果要创建一个指向某一程序的动作按钮，应单击选中"动作设置"对话框中的（　　　）单选项。

A. "无动作"　　　　B. "运行对象"　　　　C. "运行程序"　　　　D. "超链接到"

（50）PowerPoint 中显示页码和日期等对象可以通过（　　　）来进行设置。

A. 视图　　　　B. 屏幕　　　　C. 幻灯片　　　　D. 母版

2. 操作题

（1）打开"yswg.pptx"演示文稿，按照下列要求对演示文稿进行操作。

① 为所有幻灯片应用"聚合"主题。

② 在第 1 张幻灯片前添加一个版式为"标题幻灯片"的幻灯片；主标题内容为"销售计划"；副标题内容为"百佳电器产品有限公司"。

③ 进入幻灯片母版，在第 1 张幻灯片的左下角插入一个链接到第一张幻灯片的动作按钮。

④ 设置所有幻灯片页的切换方式为"揭开"，换片方式为"单击鼠标时换片"。

⑤ 设置标题幻灯片的主标题动画为"飞入"，副标题动画为"缩放"。

⑥ 从第 1 张幻灯片开始放映幻灯片。

（2）打开"yswg-1.pptx"演示文稿，按照下列要求对演示文稿进行编辑并保存。

① 在标题幻灯片中设置标题的"字体"为"黑体"，"字号"为"40"；为下方的文本设置超链接，链接到第 4 张幻灯片。

② 在第 5 张幻灯片中插入图片"别墅"，并将其移动到幻灯片右侧。

③ 调整第 5 张和第 6 张幻灯片的位置。

④ 设置所有幻灯片的切换动画为"旋转"，声音为"照相机"。

⑤ 设置标题幻灯片的标题"动画"为"出现"，"开始方式"为"单击时"，"声音"为"爆炸"；再设置标题"动画"为"画笔颜色"，"开始"为"上一动画之后"，"持续时间"为"01.50"，"延迟"为"00.50"。

Computer

项目十一
计算机网络基础与应用

随着信息化技术的不断深入，计算机网络应用成为计算机应用的常用领域。计算机网络即将计算机连入网络，然后共享网络中的资源并进行信息传输。要连入网络必须具备相应的条件。现在最常用的网络是因特网（Internet），它是一个全球性的网络，将全世界的计算机联系在一起，通过这个网络，用户可以实现多种功能。本项目将通过 3 个典型任务，介绍计算机网络的基础知识、Internet 的基础知识，以及在 Internet 中进行信息浏览、文件下载、邮件收发、即时通信和使用流媒体文件等。

课堂学习目标

- 了解计算机网络基础知识

- 了解 Internet 基础知识

- 掌握应用 Internet 的方法

任务一 计算机网络基础知识

任务要求

小刘大学毕业后到一家网络公司上班，做行政工作。在日常的工作中，小刘经常需要与网络接触，为了让自己知其然而知其所以然，小刘决定先了解计算机网络的基础知识。

本任务要求认识计算机网络、计算机网络的发展、数据通信的概念、网络的类别、网络拓扑结构，以及网络中的硬件设备、网络中的软件设备，最后认识无线局域网。

任务实现

（一）认识计算机网络

在计算机网络发展的不同阶段，人们对计算机网络的理解和侧重点不同，从而提出了不同的定义。就目前计算机网络现状来看，从资源共享的观点出发，通常将计算机网络定义为：以能够相互共享资源的方式连接起来的独立计算机系统的集合。也就是说，将相互独立的计算机系统以通信线路相连接，按照全网统一的网络协议进行数据通信，从而实现网络资源共享。

从对计算机网络的定义可以看出，构成计算机网络有以下4点要求。

- 计算机相互独立。从分布的地理位置来看，它们是独立的，既可以相距很近，也可以相隔万里；从数据处理功能上来看，也是独立的，它们既可以连网工作，也可以脱离网络独立工作，而且连网工作时，也没有明确的主从关系，即网内的一台计算机不能强制性地控制另一台计算机。
- 通信线路相连接。各计算机系统必须用传输介质和互连设备实现互连，传输介质可以使用双绞线、同轴电缆、光纤、微波和无线电等。
- 采用统一的网络协议。全网中各计算机在通信过程中必须共同遵守"全网统一"的通信规则，即网络协议。
- 资源共享。计算机网络中一台计算机的资源，包括硬件、软件和信息都可以提供给全网其他计算机系统共享。

（二）计算机网络的发展

计算机网络出现的历史不长，但发展迅速，经历了从简单到复杂、从地方到全球的发展过程，从形成初期到现在，其大致可以分为4个阶段。

1. 第一代计算机网络

这一阶段可以追溯到20世纪50年代。人们将多台终端设备通过通信线路连接到一台中央计算机上构成"主机–终端"系统。第一代计算机网络又称为面向终端的计算机网络。这里的终端不具备自主处理数据的能力，仅仅能完成简单的输入/输出功能，所有数据处理和通信处理任务均由主机完成。用今天对计算机网络的定义来看，"主机–终端"系统只能称得上是计算机网络的雏形，还算不上是真正的计算机网络，但这一阶段进行的计算机技术与通信技术相结合的研究，成为计算机网络发展的基础。

2．第二代计算机网络

20世纪60年代，计算机的应用日趋普及，许多部门（如工业、商业机构）都开始配置大、中型计算机系统。这些地理位置上分散的计算机之间自然需要进行信息交换。这种信息交换的结果是多个计算机系统连接，形成一个计算机通信网络，被称之为第二代网络。其重要特征是通信在"计算机–计算机"之间进行，计算机各自具有独立处理数据的能力，并且不存在主从关系。计算机通信网络主要用于传输和交换信息，但资源共享程度不高。美国的ARPANET就是第二代计算机网络的典型代表。ARPANET为Internet的产生和发展奠定了基础。

3．第三代计算机网络

20世纪70年代中期开始，许多计算机生产商纷纷开发出自己的计算机网络系统并形成各自不同的网络体系结构。例如IBM公司的系统网络体系结构SNA、DEC公司的数字网络体系结构DNA。这些网络体系结构有很大的差异，无法实现不同网络之间的互连，因此网络体系结构与网络协议的国际标准化成了迫切需要解决的问题。1977年，国际标准化组织（International Standards Organization，ISO）提出了著名的开放系统互连参考模型OSI/RM，形成了一个计算机网络体系结构的国际标准。尽管因特网上使用的是TCP/IP协议，但OSI/RM对网络技术的发展产生了极其重要的影响。第三代计算机的特征是全网中所有的计算机遵守同一种协议，强调以实现资源共享（硬件、软件和数据）为目的。

4．第四代计算机网络

从20世纪90年代开始，因特网实现了全球范围的电子邮件、WWW、文件传输和图像通信等数据服务的普及，但电话和电视仍各自使用独立的网络系统进行信息传输。人们希望利用同一网络来传输语音、数据和视频图像，因此提出了宽带综合业务数字网（B-ISDN）的概念。"宽带"是指网络具有极高的数据传输速率，可以承载大数据量的传输；"综合"是指信息媒体，包括语音、数据和图像可以在网络中综合采集、存储、处理和传输。由此可见，第四代计算机网络的特点是综合化和高速化。支持第四代计算机网络的技术有：异步传输模式（Asynchronous Transfer Mode，ATM）、光纤传输介质、分布式网络、智能网络、高速网络、互联网技术等。人们对这些新的技术投入极大的热情和关注，正在不断深入地进行研究和应用。

因特网技术的飞速发展以及在企业、学校、政府、科研部门和千家万户的广泛应用，使人们对计算机网络提出了越来越高的要求。未来的计算机网络应能提供目前电话网、电视网和计算机网络的综合服务；能支持多媒体信息通信，以提供多种形式的视频服务；具有高度安全的管理机制，以保证信息安全传输；具有开放统一的应用环境，智能的系统自适应性和高可靠性，网络的使用、管理和维护将更加方便。总之，计算机网络将进一步朝着"开放、综合、智能"方向发展，必将对未来世界的经济、军事、科技、教育与文化的发展产生重大的影响。

（三）数据通信的概念

计算机技术和通信技术相结合，从而形成了"数据通信"技术，数据通信指在两个计算机之间或一个计算机与终端之间进行信息交换传输数据。在讲解数据通信的过程中经常会使用一些专业术语，下面分别进行解释。

1．信道

信道指通信的通道，是信号传输的媒介。信道的种类较多，通常分有线信道和无线信道。有线信道是指信号通过双绞线、电话线、电缆或光缆向控制器或控制中心传输。无线信道则是对信号先调制到专用的无线电频道由发送天线发出，控制器或控制中心的无线接收机将空中的无线电波接收下来后，解调还原出控制报警信号，如短波、超短波、人造卫星中继或地波等。

2. 模拟信号和数字信号

信号是通过信道传输的内容，信号是数据的表现形式。信号分为模拟信号和数字信号，其功能及区别分别如下。

- 模拟信号。模拟信号是连续变化的信号，如通过电话线传输的信号是声音强弱幅度连续变化产生的，它可以用连续的电波表示。
- 数字信号。在计算机中，数字信号的大小常用有限位的二进制数表示，即 0 和 1，它是一种离散的脉冲信号。由于数字信号是用固定状态的 0 和 1 表示，故其抵抗材料本身干扰和环境干扰的能力都比模拟信号强。

3. 调制与解调

在现实生活中，计算机网络有时还是通过电话线来连接，由于电话线是典型的模拟信号传输媒介，而计算机产生的信号是数字信号，如何实现电话线连接计算机网络呢？这时就产生了调制和解调，其作用分别如下。

- 调制。将各种数字信号转换成适合于在电话线等信道传输的模拟信号的过程，称为调制。根据所控制的信号参量的不同，调制可分为调幅、调频和调相 3 种形式，其中，调幅使载波的幅度随着调制信号的大小变化而变化的调制方式；调频使载波的瞬时频率随着调制信号的大小而变，而幅度保持不变的调制方式；调相是利用原始信号控制载波信号的相位。
- 解调。解调的作用与调制相反，是将数据模拟信号还原成计算机可以识别的数字信号。

 提示

将调制和解调两个功能合为一体，则产生了一种设备，名叫"调制解调器"，也称 Modem。该设备是通过电话线等模拟信号连接网络所必备的。

4. 带宽与传输速率

带宽与传输速率是模拟信号和数字信号用于表示数据传输能力的参数，其概念及作用分别如下。

- 带宽。是模拟信号中用于表示信道传输信号的能力，也指能够有效通过该信道的信号的最大频带宽度。它以信号的最高频率和最低频率之差表示。频率是模拟信号每秒的周期数，单位为 Hz（赫兹）、kHz、MHz、GHz。可以说带宽越大，单位时间内可传输的频率范围就越广，传输的数据量也越大。
- 传输速率。指数字信号中用于表示信道传输信号的能力，它表示每秒钟传输的二进制（0 和 1）的位数，单位为 bit/s（比特/秒）。

由于信道的传输速率与信道带宽之间的关系，在实际生活和工作中，人们通常直接用"带宽"来表示信道的传输能力，即带宽越大，数据传输能力越强。

5. 丢包

数据在通信网络上是以数据包为单位传输的，每个数据包中有表示数据信息和提供数据路由的帧。如果信道较差，数据的传输会出现空洞，从而形成"丢包"。

不管网络情况有多好，数据都不是以线性连续传输的，所以数据包的传输不可能绝对完成，可能会造成一定的损失，这时网络会自动根据通信的两端协议来补包。如果线路情况好，传输速率快，包的损失会非常小，补包的工作也相对较易完成，因此可以近似将数据看作无损传输。

6. 误码率

在信号传输过程中受到外界的干扰，或在通信系统内部由于各个组成部分的质量不够理想，使数字信号不可避免地产生差错，如发送的信号是"1"，而接收到的信号却是"0"，这就是"误码"。

在一定时间内收到的数字信号中发生差错的比特数与同一时间所收到的数字信号的总比特数之比，就叫作"误码率"。传输错误是不可避免的，但应控制在一定范围，在计算机网络系统中，一般误码率要求低于 10^{-6}。

（四）网络的类别

计算机网络根据覆盖的地域范围与规模可以分为3类：局域网（Local Area Network，LAN）、城域网（Metropolitan Area Network，MAN）与广域网（Wide Area Network，WAN）。

1．局域网

局域网是目前网络技术发展最快的领域之一。局域网是指在较小的地理范围内（一般半径不超过几千米），用有限的通信设备互连起来的计算机网络。局域网的规模相对城域网和广域网而言较小，常在公司、机关、学校和工厂等有限范围内，将本单位的计算机、终端以及其他的信息处理设备连接起来，以实现办公自动化、信息汇集与发布等功能。

从功能的角度来看，局域网的服务用户个数有限，但是网络中传输速率高（10Mbit/s~10Gbit/s），误码率低，使用费用也低，采用广播式或交换式通信。

2．城域网

城域网所覆盖的地域范围介于局域网和广域网之间，城域网是随着各单位大量局域网的建立而出现的。同一个城市内各个局域网之间需要交换的信息量越来越大，为了解决它们之间信息高速传输的问题，提出了城域网的概念，并为此制定了城域网的标准。一般在一个城市中（半径几十千米范围内），企业、机关、公司和学校等单位的局域网互连，以满足大量用户之间数据和多媒体信息的传输需要。

3．广域网

广域网在地域上可以覆盖一个地区、一个国家，甚至横跨几大洲，因此也称为远程网。目前大家熟知的 Internet 就是一个横跨全球，可供公共商用的广域网络。除此之外，许多大型企业以及跨国公司和组织也建立了属于内部使用的广域网络。广域网可以适应大容量、突发性的通信需求，提供综合业务服务，具备开放的设备接口与规范的协议以及完善的通信服务与网络管理。

广域网的通信子网可以利用公用分组交换网、卫星通信网和无线分组交换网，将分布在不同地区的局域网或计算机系统互连起来，达到资源共享的目的。

（五）网络的拓扑结构

拓扑结构是决定通信网络性质的关键要素之一。计算机网络拓扑结构是组建各种网络的基础。不同的网络拓扑结构涉及不同的网络技术，对网络性能、系统可靠性与通信费用都有重要的影响。网络拓扑结构分为星形拓扑结构、树形拓扑结构、网状拓扑结构、总线型拓扑结构、环形拓扑结构。其结构示意如图 11-1 所示。

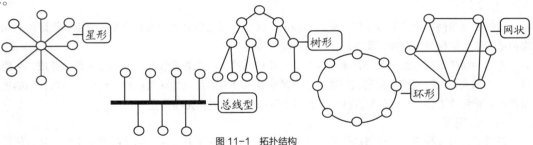

图 11-1　拓扑结构

下面对 5 种形状的网络拓扑结构进行详细介绍。

● 星形拓扑。星形拓扑结构中的各节点通过点对点通信线路与中心节点连接。任何两节点之间的数据传输都要经过中心节点的控制和转发。中心节点控制全网的通信。星形拓扑结构简单，易于组建和管理。但中心节点的可靠性是至关重要的，它的故障可能造成整个网络瘫痪。以集线器为中心的局域网是一种最常见的星形网络拓扑结构。

● 树形拓扑。树形拓扑结构可以看成星形拓扑的扩展。树形拓扑结构中，节点具有层次。全网中有一个顶层的节点，其余节点按上、下层次进行连接，数据传输主要在上、下层节点之间进行，同层节点之间数据传输时要经上层转发。这种结构的优点是灵活性好，可以逐层扩展网络，但缺点是管理复杂。

● 网状拓扑。网状拓扑结构中两节点之间的连接是任意的，特别是任意两节点之间都连接专用链路则可构成全互联型。网状拓扑结构中两两节点之间存在多条路径，因此这种结构的主要优点是系统可靠性高，数据传输快，但是网状拓扑结构建网费用高昂，控制复杂，目前常用于广域网中，在主要节点之间实现高速通信。

● 总线型拓扑。网络中所有节点连接到一条共享的传输介质上，所有节点都通过这条公用链路来发送和接收数据，因此，必须有一种控制方法（介质访问控制方法），使得任一时刻只允许一个节点使用链路发送数据，而其余的节点只能“收听”到该数据。

● 环形拓扑。环形拓扑结构中的节点通过点对点通信线路，首尾连接构成闭合环路。数据将沿环中的一个方向逐个节点传送，当一个节点使用链路发送数据时，其余的节点也能先后“收听”到该数据。这里也需要一种介质访问控制方法，使得任一时刻只允许一个节点发送。环形拓扑结构简单，传输时延确定，但环路的维护复杂。

（六）网络中的硬件

要形成一个能进行信号传输的网络，必须有硬件设备的支持。由于网络的类型不一样，使用的硬件设备可能有所差别，总体来说，网络中硬件设备有传输介质、网卡、路由器和交换机等。

1．传输介质

传输介质是连接网络中各节点的物理通路。传输介质分为有线传输介质和无线传输介质两大类。

（1）有线传输介质

● 双绞线。双绞线由两根具有绝缘保护层的铜导线按一定密度互相绞在一起，每一根导线在传输中辐射出来的电波会被另一根线上的电波抵消，可有效降低信号干扰的程度。实际使用时，一般由多对双绞线一起包在一个绝缘电缆套管里。

● 同轴电缆。同轴电缆的内芯是单股实心铜线，外包一层绝缘材料，再外层是金属屏蔽线组成的网状导体，具有屏蔽作用，最外层是绝缘层。其抗干扰能力较强，使用与维护方便，但价格较双绞线高。

● 光纤。光纤的中心为一根玻璃或透明塑料制成的光导纤维，周围包裹保护材料。根据需要可以将多根光纤合并在一根光缆中。光纤以光脉冲的形式传输信号，具有频带宽、电磁干扰小、传输距离远、损耗低、重量轻、抗干扰能力强、保真度高、性能可靠等优点，被认为是一种最有前途的传输介质。光缆价格高于同轴电缆与双绞线。

（2）无线传输介质

无线传输不受固定地理位置限制，避免有线介质的束缚，可以用于实现移动通信和无线网络。目前计算机网络中常用的无线传输介质有无线电波、微波、红外线。

2．网卡

网卡的全称是网络接口卡（Network Interface Card，NIC），用于将计算机和传输介质连接起来，从而实现信号传输，包括帧的发送与接收、帧的封装与拆封、介质访问控制、数据的编码与解码以及数据缓存的功能等。网卡是计算机连接到局域网的必备设备，一般分为有线网卡和无线网卡两种。

3．路由器

路由器（Router，意为"转发者"），是各局域网、广域网连接因特网中的设备，它会根据信道的情况自动选择和设定路由，以最佳路径，按前后顺序发送信号。由此可见，选择最佳路径的策略是路由器的关键所在，在路由器中保存着各种传输路径的相关数据——路径表，供路由器选择时使用。路径表可以是由系统管理员固定设置好的，也可以由系统动态修改，可以由路由器自动调整，也可以由主机控制。

4．交换机

交换机（Switch，意为"开关"）是一种用于电信号转发的网络设备。它可以为接入交换机的任意两个网络节点提供独享的电信号通路，支持端口连接节点之间的多个并发连接（类似于电路中的"并联"效应）从而增加网络带宽，改善局域网的性能。交换机的主要功能包括物理编址、网络拓扑结构、错误校验、帧序列以及流控等。交换机有以太网交换机、电话语音交换机、光纤交换机等。

提示

路由器和交换机之间的主要区别就是交换机发生在 OSI 参考模型第二层（数据链路层），而路由发生在第 3 层，即网络层。这一区别决定了路由器和交换机在移动信息的过程中需使用不同的控制信息，所以两者实现各自功能的方式是不同的。

（七）网络中的软件

与硬件相对的是软件，要在网络中实现资源共享以及一些需要的功能就必须得到软件的支持。网络软件一般是指网络操作系统、网络通信协议和应用级的提供网络服务功能的专用软件。下面分别进行讲解。

- 网络操作系统。用于管理网络软、硬资源，常见的网络操作系统有 UNIX、Netware、Windows NT、Linux 等。
- 网络通信协议。网络通信协议是网络中计算机交换信息时的约定，它规定了计算机在网络中互通信息的规则。互联网采用的协议是 TCP/IP。
- 提供网络服务功能的专用软件。用于提供一些特定的网络服务功能，如文件的上传与下载服务、信息传输服务等。

（八）无线局域网

随着技术的发展，无线局域网已逐渐代替有线局域网，成为现在家庭、小型公司主流的局域网组建方式。无线局域网（Wireless Local Area Networks，WLAN）是利用射频技术，使用电磁波，取代双绞线所构成的局域网络。

WLAN 的实现协议有很多，其中应用最为广泛的是无线保真技术（Wi-Fi），它提供了一种能够将各种终端都使用无线进行互联的技术，为用户屏蔽了各种终端之间的差异性。要实现无线局域网功能，目前一般需要一台无线路由器、多台有无线网卡的计算机和手机等可以上网的智能移动设备。

无线路由器可以看作一个转发器，它将宽带网络信号通过天线转发给附近的无线网络设备，同时它还具有其他的网络管理功能，如 DHCP 服务、NAT 防火墙、MAC 地址过滤、动态域名等。

任务二 Internet 基础知识

任务要求

小刘学习了一些基本的计算机网络知识，但是同事告诉他，计算机网络和因特网（Internet）并不能打等号，Internet 是使用最为广泛的一种网络，也是现在世界上最大的一种网络，在该网络上可以实现很多特有的功能。小刘决定再好好补补 Internet 的基础知识。

本任务要求认识 Internet 与万维网，了解 TCP/IP 传输协议，认识 IP 地址和域名系统，以及连入 Internet 的各种方法。

任务实现

（一）认识 Internet 与万维网

Internet（因特网）和万维网是两种不同类型的网络，其功能各不相同。

1. Internet

Internet（因特网）俗称互联网，也称国际互联网，它是全球最大、连接能力最强、开放的、由遍布全世界的众多大大小小的网络相互连接而成的计算机网络。它是由美国军方的高级研究计划局的阿帕网（ARPAnet）发展起来的。Internet 主要采用 TCP/IP 协议。它使网络上各个计算机可以相互交换各种信息。目前，Internet 通过全球的信息资源和覆盖五大洲的 160 多个国家的数百万个网点，在网上可以提供数据、电话、广播、出版、软件分发、商业交易、视频会议以及视频节目点播等服务。Internet 为全球范围内提供了极为丰富的信息资源。一旦连接到 Web 节点，就意味着你的计算机已经进入 Internet。

Internet 网将全球范围内的网站连接在一起，形成一个资源十分丰富的信息库。在人们的工作、生活和社会活动中，Internet 起着越来越重要的作用。

2. 万维网

万维网（World Wide Web，WWW）又称环球信息网、环球网、全球浏览系统等。WWW 起源于瑞士日内瓦的欧洲粒子物理实验室。WWW 是一种基于超文本的、方便用户在因特网（Internet）上搜索和浏览信息的信息服务系统，它通过超链接把世界各地不同 Internet 节点上的相关信息有机地组织在一起，用户只需发出检索要求，它就在 Internet 上并找到相应的检索信息。用户可用 WWW 在 Internet 上浏览、传递、编辑超文本格式的文件。WWW 是 Internet 上最受欢迎、最为流行的信息检索工具，它能把各种类型的信息（文本、图像、声音和影像等）集成起来供用户查询。WWW 为全世界的人们提供了查找和共享知识的手段。

WWW 还具有连接 FTP 和 BBS 的能力。总之，WWW 的应用和发展已经远远超出网络技术的范畴，影响着新闻、广告、娱乐、电子商务和信息服务等诸多领域。可以说，WWW 的出现是 Internet 应用的一个革命性的里程碑。

（二）了解 TCP/IP

每个计算机网络都制订一套全网共同遵守的网络协议，并要求网中每个主机系统配置相应的协议软件，以确保网中不同系统之间能够可靠、有效地相互通信和合作。TCP/IP 是 Internet 最基本的协议，它译为传输控制协议/因特网互连协议，又名网络通信协议，也是 Internet 国际互联网络的基础。

TCP/IP 由网络层的 IP 和传输层的 TCP 组成。它定义了电子设备如何连入因特网，以及数据如何在它们之间传输的标准。

TCP 即传输控制协议，位于传输层，负责向应用层提供面向连接的服务，确保网上发送的数据包可以完整接收，如果发现传输有问题，要求重新传输，直到所有数据安全正确地传输到目的地。IP 即网络协议，负责给因特网的每一台联网设备规定一个地址，即常说的 IP 地址。同时，IP 还有另一个重要的功能，即路由选择功能，用于选择从网上一个节点到另一个节点的传输路径。

TCP/IP 共分为 4 层，分别介绍如下。

- 应用层（Application Layer）。包含所有的高层协议，用于处理特定的应用程序数据，为应用软件提供网络接口，包括文件传输协议（FTP）、电子邮件传输协议（SMTP）、域名服务（DNS）、网上新闻传输协议（NNTP）等。
- 传输层（Transport Layer）。用于为两台联网设备之间提供端到端的通信，在这一层有传输控制协议（TCP）和用户数据报协议（UDP）。其中 TCP 是面向连接的协议，它提供可靠的报文传输和对上层应用的连接服务；UDP 是面向无连接的不可靠传输的协议，主要用于不需要 TCP 的排序和流量控制等功能的应用程序。
- 互联网层（Internet Layer）。是整个体系结构的关键部分，用于确定数据包从端到端的路径选择方式。互联网层使用因特网协议（Internet Protocol，IP）、网际网控制报文协议（ICMP）。
- 主机至网络层（Host-to-Network Layer）。用于规定数据包从一个设备的网络层传输到另一个设备的网络层的方法。

（三）认识 IP 地址和域名系统

Internet 上的计算机众多，如何有效地分辨这些计算机，就需要通过 IP 地址和域名来实现。

1. IP 地址

IP 地址即网络协议地址。连接在 Internet 上的每台主机都有一个在全世界范围内唯一的 IP 地址。一个 IP 地址由 4 字节（32bit）组成，通常用小圆点分隔，其中每个字节可用一个十进制数来表示。例如 192.168.1.51 就是一个 IP 地址。

IP 地址通常可分成两部分。第一部分是网络号，第二部分是主机号。

Internet 的 IP 地址可以分为 A、B、C、D、E 五类。其中，0~127 为 A 类，128~191 为 B 类，192~223 为 C 类地址，D 类地址留给 Internet 系结构委员会使用，E 类地址保留在今后使用。也就是说每个字节的数字由 0~255 的数字组成，大于或小于该数字的 IP 地址都不正确，通过数字所在的区域可判断该 IP 地址的类别。

提示

由于网络的迅速发展，已有协议（IPv4）规定的 IP 地址已不能满足用户的需要，IPv6 采用 128 位地址长度，几乎可以不受限制地提供地址。在 IPv6 中除解决了地址短缺问题以外，还解决了在 IPv4 中存在的其他问题，如端到端 IP 连接、服务质量（QoS）、安全性、多播、移动性、即插即用等。IPv6 是新一代的网络协议标准。

2. 域名系统（DNS）

数字形式的 IP 地址难以记忆，故在实际使用时常采用字符形式来表示 IP 地址，即域名系统 DNS

（Domain Name System）。域名系统由若干子域名构成，子域名之间用小数点的圆点来分隔。

域名的层次结构如下：

…. 三级子域名.二级子域名.顶级子域名

每一级的子域名都由英文字母和数字组成（不超过 63 个字符，并且不区分大小写字母），级别最低的子域名写在最左边，而级别最高的顶级域名则写在最右边。一个完整的域名不超过 255 个字符，其子域级数一般不予限制。

例如，西南财经大学的 www 服务器的域名是 www.swufe.edu.cn。在这个域名中，顶级域名是 cn（表示中国），第二级子域名是 edu（表示教育部门），第三级子域名是 swufe（表示西南财经大学），最左边的 www 则表示某台主机名称。

 提 示

在顶级域名之下，二级域名又分为类别域名和行政区域名两类。类别域名共 6 个，包括用于科研机构的 ac，用于工商金融企业的 com，用于教育机构的 edu，用于政府部门的 gov，用于互联网络信息中心和运行中心的 net，用于非营利组织的 org；而行政区域名有 34 个。

（四）连入 Internet

用户的计算机要连入 Internet 的方法有多种，一般都是通过联系 Internet 服务提供商（Internet Service Provider，ISP），对方根据当前的情况查看、连接后，进行 IP 地址分配、网关及 DNS 设置等，从而实现上网。目前连入 Internet 的主流方法有光纤接入、无线接入等。

- 光纤接入。光纤接入指的是终端用户通过光纤连接到 ISP 的局端设备。光纤是目前宽带网络中多种传输媒介中最理想的一种，它具有传输容量大、传输质量好、损耗小、中继距离长等优点。光纤连入 Internet 现在一般有两种方法，一种是通过光纤接入小区节点或楼道，再由网线连接到各个共享点上；另一种是光纤到户，将光缆一直扩展到每一个计算机终端上。目前，光纤接入是许多国家家庭用户主流的接入 Internet 方式。

- 无线接入。无线接入技术使用电磁波技术进行数据传输，减少电线连接，是有线接入方式的延伸和补充，具备灵活、快捷、方便等优点。目前，我国最典型的无线接入方式是 4G 接入。

任务三 应用 Internet

任务要求

通过一段时间的基础知识学习，小刘迫不及待地想进入 Internet 的神奇世界。同事告诉他，Internet 可以实现的功能很多，不仅可以进行信息的查看和搜索，还能进行资料的上传与下载、电子邮件的发送等。在信息化技术如此深入的今天，不管是办公工作还是日常生活，都离不开 Internet。小刘决定系统地学习 Internet 的使用方法。

本任务需要掌握常见的 Internet 操作方法，包括 IE 浏览器的使用、搜索信息、上传与下载资源、发送电子邮件、即时通信软件的使用、网上流媒体的使用等。

相关知识

（一）Internet 应用的相关概念

Internet 可以实现的功能很多，在使用 Internet 之前，先了解 Internet 应用的相关的概念。

1．浏览器

浏览器是用于浏览 Internet 中信息的工具，Internet 中的信息内容繁多，有文字、图像、多媒体，还有连接到其他网址的超链接。通过浏览器，用户可迅速浏览各种信息，并可将用户反馈的信息转换为计算机能够识别的命令。在 Internet 中这些信息一般都集中在 HTML 格式的网页上显示。

浏览器的种类众多，一般常用的有 Internet Explorer（IE），QQ 浏览器、Firefox、Safari、Opera、百度浏览器、搜狗浏览器、360 浏览器、UC 浏览器、傲游浏览器、世界之窗浏览器等。

2．URL

URL 即网页地址，简称网址是 Internet 上标准的资源的地址。一个完整的 URL 地址由"协议名称""服务器名称或 IP 地址""路径和文件名"组成，下面分别进行介绍。

- 协议名称。用于命令浏览器如何处理将要打开的文件。最常用的模式是超文本传输协议（即 HTTP），除此之外还有 HTTPS、FTP 等。
- 服务器的名称或 IP 地址。用于指定指向的位置，后面有时还跟一个冒号和一个端口号。
- 路径和文件名。用于到达指定的地址后打开的文件或文件夹，各具体路径之间用斜线（/）分隔。

3．超链接

超链接是超级链接的简称，网页中包含的信息众多，这些信息不可能在一个页面中全部显示出来，此时就出现了超链接。超链接是指从一个网页指向一个目标的连接关系，这个目标可以是另一个网页，也可以是相同网页上的不同位置，还可以是一张图片、一个电子邮件地址、一个文件，甚至是一个应用程序。而在一个网页中用来超链接的对象，可以是一段文本或者是一张图片。

在一些较大型的综合网站，首页一般都是超链接的集合，单击这些超链接，才能一步步指定具体可以阅读的网页内容。

4．FTP

FTP 是 File Transfer Protocol（文件传输协议）的简称，通过 FTP 可将一个文件从一台计算机传送到另一台计算机中，而不管这两台计算机使用的操作系统是否相同，相隔的距离有多远。

在使用 FTP 的过程中，经常会遇到两个概念，即"下载"（Download）和"上传"（Upload）。"下载"就是将文件从远程计算机复制到本地计算机上；"上传"就是将文件从本地计算机中复制到远程主机上。用 Internet 语言来说，用户可通过客户机程序向（从）远程主机上传（下载）文件。

 提示

使用 FTP 时必须先登录，在远程主机上获得相应的权限以后，才能下载或上传文件，这就要求用户必须有对应的账户和密码，这样操作虽然安全，却不太方便使用。通常使用账号"anonymous"，密码为任意的字符串，就可以实现上传和下载功能，这个账号即为匿名 FTP。

（二）认识 IE 浏览器窗口

IE 浏览器是目前较常见的浏览器，在 Windows 7 操作系统中双击桌面上的 Internet Explorer 图标或单击"开始"按钮，在打开的菜单中选择"所有程序"/"Internet Explorer"命令启动该程序，打开图
11-2 所示的窗口。

图 11-2　IE 浏览器窗口

IE 8.0 界面中的标题栏、前进后退按钮和状态栏的作用与前面介绍应用程序的窗口类似，下面对 IE 8.0
窗口中的特有部分分别进行介绍。

- 地址栏。用来显示用户当前所打开网页的地址，也就是常说的网站的网址，单击地址栏右边的 ▼ 按钮，在打开的下拉列表中可以快速打开曾经访问过的网址。单击地址栏右侧的"刷新"按钮，浏览器将重新从网上下载当前网页的内容；单击"停止"按钮×可以停止对当前网页的下载。
- 搜索列表框。用于在默认搜索网站查找相关内容，在该列表框中输入要搜索的内容后，按【Enter】键或单击"搜索"按钮 即可。单击其后的下拉按钮 ▼，可在打开的下拉列表中对搜索选项进行详细设置。
- 网页选项卡。可以使用户在单个浏览器窗口中查看多个网页，即当打开多个网页时，通过单击不同的选项卡可以快速在打开的网页间进行切换。
- 工具栏。显示浏览网页时所需要的常用工具按钮，通过单击相应的按钮可以快速对浏览的网页进行相应的设置或操作。
- 网页浏览窗口。所有的网页文字、图片、声音和视频等信息都显示在网页浏览窗口。

（三）电子邮箱和电子邮件

电子邮件是日常生活和工作中频繁使用的工具。电子邮件也称 E-mail，是一种通过网络在相互独立的
地址之间实现传送和接收消息与文件的现代化通信手段。相对于传统的通信方式来说，电子邮件不仅可以
传送文本，还可以传送声音、视频和图像等多种类型的文件。

1．认识电子邮箱地址

电子邮箱是存放和管理电子邮件的场所，每个电子邮箱都具有一个唯一的地址，从而保证了每封电
子邮件可以准确到达。电子邮箱的格式是 user@mail.server.name，其中，user 是用户账号，

mail.server.name 是电子邮件服务器名,符号@用于连接前后两部分。如一个邮箱地址为 hello@163.com，则其中 hello 是用户的账号，163.com 是电子邮件服务器，它表示在电子邮件服务器 163.com 上的账号为 hello 的电子邮箱。

2. 电子邮件的专用名词

在撰写电子邮件的过程中，经常会使用一些专用名词，如收件人、主题、抄送、暗送、附件和正文等，其含义如下。

- 收件人。指邮件的接收者，用于输入收信人的邮箱地址。
- 主题。指信件的主题，即这封信的名称。
- 抄送。指用于输入同时接收该封邮件的其他人的地址。在抄送方式下，收件人知道发件人还将该邮件抄送给其他的人。
- 密件抄送。指用户给收件人发出邮件的同时又将该邮件暗中发送给其他人，与抄送不同的是收件人并不知道发件人还将该邮件发送给了其他的人。
- 附件。指随同邮件一起发送的附加文件，附件可以是各种形式的单个文件。
- 正文。指电子邮件的主体部分，即邮件的详细内容。

（四）流媒体

流媒体是一种以"流"的方式在网络中传输音频、视频和多媒体文件的形式，它将视频和音频等多媒体文件经过特殊的压缩方式分成一个个压缩包，由服务器向用户计算机连续、实时传送。在流媒体传输方式的系统中，用户不必像非流式传输，必须整个文件全部下载完毕才能看到当中的内容，而只需要经过很短的时间即可在计算机上对视频或音频等流式媒体文件边下载边播放。

1. 实现流媒体的条件

实现流媒体需要两个条件，一是传输协议，二是缓存。其作用分别如下。

- 传输协议。实现流式传输有实时流式传输和顺序流式传输两种。实时流式传输适合于现场直播，需要另外使用 RTSP 或 MMS 传输协议；顺序流式传输适合已有媒体文件，这时用户可观看已下载的那部分，但不能跳到还未下载的部分。由于标准的 HTTP 服务器可以直接发送这种形式的文件，所以无须使用其他特殊协议即可实现。
- 缓存。流媒体技术之所以可以实现，是因为它首先在使用者的计算机上创建一个缓冲区，在播放前预先下载一段数据作为缓冲，在网络实际连线速度小于播放速度时，播放程序就会取用缓冲区内的数据，从而避免播放中断，实现了流媒体连续不断的目的。

2. 流媒体传输过程

流媒体在服务器和客户端之间进行传输的过程如下。

（1）客户端 Web 浏览器与媒体服务器之间交换控制信息，检索出需要传输的实时数据。

（2）Web 浏览器启动客户端的音频/视频程序，并对该程序初始化，包括目录信息、音频/视频数据的编码类型和相关的服务地址等信息。

（3）客户端的音频/视频程序和媒体服务器之间运行流媒体传输协议，交换音频/视频传输所需的控制信息，实时流协议提供播放、快进、快退、暂停等功能。

（4）媒体服务器通过传输协议将音频/视频数据传输给客户端，当数据到达客户端，客户端程序即可播放流媒体。

🔍 **任务实现**

（一）使用 IE 浏览器网上冲浪

IE 浏览器的最终目的是浏览 Internet 的信息，并实现信息交换的功能。IE 浏览器作为 Windows 操作系统集成的浏览器，拥有浏览网页、保存信息、收藏网页等多种功能。

1．浏览网页

使用 IE 浏览器对于个人用户而言实际上就是打开一个个网页，对网页中的内容进行查看。

相关内容请扫描二维码观看视频。

2．保存网页中的资料

IE 浏览器提供的信息保存功能，当用户浏览到的网页有自己需要的内容，可将其长期保存在计算机中，以备随时调用。

相关内容请扫描二维码观看视频。

3．使用历史记录

用户使用 IE 浏览器查看的网页，将被记录在 IE 浏览器中，当某日需要再次打开该网页时，可通过历史记录进入。

相关内容请扫描二维码观看视频。

4．使用收藏夹

对于需要经常浏览的网页，可以添加到收藏夹中，以便使用时可快速打开。

相关内容请扫描二维码观看视频。

浏览网页

保存网页中的资料

使用历史记录

使用收藏夹

（二）使用搜索引擎

搜索引擎是专门用来查询信息的网站，这些网站可以提供全面的信息查询。目前，常见的搜索引擎有百度、搜狗、必应、360 搜索等。

相关内容请扫描二维码观看视频。

（三）使用 FTP

FTP 是文件传输协议，在实际使用中，我们可以通过 IE 浏览器访问 FTP 站点，然后浏览其中的内容，用户根据需要可对 FTP 站点中的内容进行上传与下载。

相关内容请扫描二维码观看视频。

（四）下载资源

Internet 的网站中有很多资源，除了在 FTP 站点中可以下载之外，在日常的生活和工作中，人们更多是在普通的网站中进行下载。

相关内容请扫描二维码观看视频。

使用搜索引擎

使用 FTP

下载资源

（五）收发电子邮件

电子邮件的应用领域广泛，用户根据需要可以在网页上收发电子邮件，也可以使用专门的软件，如 Outlook、Foxmail 等。

1．申请电子邮箱

我们要使用电子邮件进行信息交流，首先应申请一个电子邮箱。提供电子邮件服务的网站很多，可以在这些网站中申请一个电子邮箱。

相关内容请扫描二维码观看视频。

2．使用 Outlook 收发电子邮件

Outlook 是 Office 2010 的组件之一，它作为办公综合管理软件，可以实现日程管理和收发电子邮件等功能。

相关内容请扫描二维码观看视频。

（六）即时通信

即时通信顾名思义即"信息的即时发送与接收"，要实现即时通信，应使用一些专用软件，其中 QQ 就是其中之一。

相关内容请扫描二维码观看视频。

（七）使用流媒体

现在很多网站都提供了音频/视频在线播放服务，如优酷、爱奇艺等。它们的使用方法基本相同，只是每个网站中提供的音频/视频文件各有不同。

相关内容请扫描二维码观看视频。

申请电子邮箱

使用 Outlook 收发电子邮件

即时通信

使用流媒体

课后练习

1．选择题

（1）第一代计算机网络又称为（　　）。

A. 面向终端的计算机网络　　　　　　　　　B. 初始端计算机网络

C. 面向终端的互联网　　　　　　　　　　　D. 初始端网络和互联网

（2）根据计算机网络覆盖的地域范围与规模，可以将其分为（　　　）。

A. 局域网、城域网和广域网　　　　　　　　B. 局域网、城域网和互联网

C. 局域网、区域网和广域网　　　　　　　　D. 以太网、城域网和广域网

（3）如果要把个人计算机用电话拨号的方式接入因特网，除需性能合适的计算机外，硬件上还应配置一个（　　　）。

A. 连接器　　　　　B. 调制解调器　　　　C. 路由器　　　　D. 集线器

（4）（　　　）是 Internet 最基本的协议。

A. X.25　　　　　　B. TCP/IP　　　　　　C. FTP　　　　　D. UDP

（5）互联网采用的协议是（　　　）。

A. X.25　　　　　　B. TCP/IP　　　　　　C. FTP　　　　　D. UDP

（6）TCP 工作在（　　　）。

A. 物理层　　　　　B. 链路层　　　　　　C. 传输层　　　　D. 应用层

（7）Internet 实现了世界各地各类网络的互联，其最基础和核心的协议是（　　　）。

A. HTTP　　　　　　B. FTP　　　　　　　C. HTML　　　　　D. TCP/IP

（8）在 Internet 中，主机域名和主机 IP 地址之间的关系是（　　　）。

A. 完全相同，毫无区别　　　　　　　　　　B. 一一对应

C. 一个 IP 地址对应多个域名　　　　　　　 D. 一个域名对应多个 IP 地址

（9）a@b.cn 表示一个（　　　）。

A. IP 地址　　　　　B. 电子邮箱　　　　　C. 域名　　　　　D. 网络协议

（10）第三代计算机的特征是全网中所有的计算机遵守（　　　）。

A. 各自的协议　　　B. 政府规定的协议　　C. 同一种协议　　D. 不同协议

（11）以下不属于电子邮件地址的是（　　　）。

A. ly@yahoo.com.cn　　　　　　　　　　　 B. ly@163.com.cn

C. ly@126.com.cn　　　　　　　　　　　　 D. ly.baidu.com

（12）http://www.peopledaily.com.cn/channel/main/welcome.htm 是一个典型的 URL，其中"http"表示（　　　）。

A. 协议类型　　　　B. 主机域名　　　　　C. 路径　　　　　D. 文件名

（13）（　　　）是将文件从远程计算机上复制到本地计算机上。

A. 下载　　　　　　B. 上传　　　　　　　C. 保存　　　　　D. 传送

（14）浏览网页的过程中，当鼠标移动到已设置了超链接的区域时，鼠标指针形状一般变为（　　　）。

A. 小手形状　　　　B. 双向箭头　　　　　C. 禁止图案　　　D. 下拉箭头

（15）下列 4 项中表示域名的是（　　　）。

A. www.cctv.com　　　　　　　　　　　　 B. hk@zj.school.com

C. zjwww@china.com　　　　　　　　　　　D. 202.96.68.1234"

（16）下列软件中可以查看 WWW 信息的是（　　　）。

A. 游戏软件　　　　B. 财务软件　　　　　C. 杀毒软件　　　D. 浏览器软件

（17）局域网的拓扑结构主要包括（　　　）。

A. 总线结构、环形结构和星形结构　　　　　B. 环网结构、单环结构和双环结构

C. 单环结构、双环结构和星形结构　　　　　　　D. 网状结构、单总线结构和环形结构

（18）WWW 是（　　　）。

　　A. 局域网的简称　　　　B. 城域网的简称　　　　C. 广域网的简称　　　　D. 万维网的简称

（19）在计算机网络中，LAN 指的是（　　　）。

　　A. 局域网　　　　　　　B. 广域网　　　　　　　C. 城域网　　　　　　　D. 以太网

（20）（　　　）可以适应大容量、突发性的通信需求，提供综合业务服务，具备开放的设备接口与规范的协议以及完善的通信服务与网络管理。

　　A. 资源子网　　　　　　B. 局域网　　　　　　　C. 通信子网　　　　　　D. 广域网

（21）Internet 采用的基础协议是（　　　）。

　　A. HTML　　　　　　　B. CSMA　　　　　　　C. SMTP　　　　　　　D. TCP／IP

（22）IP 地址是由一组长度为（　　　）的二进制数字组成的。

　　A. 8 位　　　　　　　B. 16 位　　　　　　　C. 32 位　　　　　　　D. 20 位

（23）Internet 与 WWW 的关系是（　　　）。

　　A. 均为互联网，只是名称不同　　　　　　　　B. WWW 只是在 Internet 上的一个应用功能

　　C. Internet 与 WWW 没有关系　　　　　　　　D. Internet 就是 WWW

（24）调制解调器也称为（　　　）。

　　A. 调制器　　　　　　B. 解调器　　　　　　　C. 调频器　　　　　　　D. Modem

（25）电子邮件发送系统使用的传输协议是（　　　）。

　　A. HTTP　　　　　　　B. SMTP　　　　　　　C. HTML　　　　　　　D. FTP

（26）E-mail 地址格式正确的表示是（　　　）。

　　A. 主机地址@用户名　　　　　　　　　　　　B. 用户名，用户密码

　　C. 电子邮箱号，用户密码　　　　　　　　　　D. 用户名@主机域名

（27）超文本的含义是（　　　）。

　　A. 该文本中包含图形、图像　　　　　　　　　B. 该文本中包含二进制字符

　　C. 该文本中包含与其他文本的链接　　　　　　D. 该文本中包含多媒体信息

（28）WWW 浏览器是（　　　）。

　　A. 一种操作系统　　　　　　　　　　　　　　B. TCP/IP 体系中的协议

　　C. 浏览 WWW 的客户端软件　　　　　　　　　D. 收发电子邮件的程序

（29）WWW 中的信息资源是以（　　　）为元素构成的。

　　A. 主页　　　　　　　　B. Web 页　　　　　　　C. 图像　　　　　　　　D. 文件

（30）用户在使用电子邮件之前，需要向 ISP 申请一个（　　　）。

　　A. 电话号码　　　　　　B. IP 地址　　　　　　　C. URL　　　　　　　　D. E-mail 账户

（31）用户使用 WWW 浏览器访问 Internet 上任何 WWW 服务器，所看到的第一个页面称为（　　　）。

　　A. 主页　　　　　　　　B. Web 页　　　　　　　C. 文件　　　　　　　　D. 目录

（32）域名地址中的后缀"cn"的含义是（　　　）。

　　A. 美国　　　　　　　　B. 中国　　　　　　　　C. 教育部门　　　　　　D. 商业部门

（33）HTTP 是（　　　）。

　　A. 一种程序设计语言　　B. 域名　　　　　　　　C. 超文本传输协议　　　D. 网址

（34）在通过电话线拨号上网的情况下，电子邮箱设在（　　　）。

　　A. 用户自己的微机上　　　　　　　　　　　　B. 用户的 Internet 服务商的服务器上

　　　C.　与用户通信的人的主机上　　　　　　　　D.　根本不存在电子邮件信箱

（35）如果电子邮件带有"别针"图标，则表示该邮件（　　　）。

　　　A.　设有优先级　　　　　B.　带有标记　　　　　C.　带有附件　　　　　D.　可以转发

（36）撰写电子邮件的界面中，"抄送"功能是指（　　　）。

　　　A.　发信人地址　　　　　　　　　　　　　　　B.　邮件主题

　　　C.　邮件正文　　　　　　　　　　　　　　　　D.　将邮件同时发送给多个人

（37）浏览器的作用是（　　　）。

　　　A.　收发电子邮件　　　　　　　　　　　　　　B.　负责信息显示和向服务器发送请求

　　　C.　用程序编辑器编制程序　　　　　　　　　　D.　网络互连

（38）Internet Explorer 浏览器中的"收藏夹"的主要作用是收藏（　　　）。

　　　A.　图片　　　　　　　　　B.　邮件　　　　　　　C.　网址　　　　　　　D.　文档

（39）下列属于搜索引擎的是（　　　）。

　　　A.　百度　　　　　　　　　B.　爱奇艺　　　　　　C.　迅雷　　　　　　　D.　酷狗

（40）下列不属于上传和下载资源的常用软件的是（　　　）。

　　　A.　百度　　　　　　　　　B.　爱奇艺　　　　　　C.　迅雷　　　　　　　D.　酷狗

（41）在发送邮件时，选择（　　　），则抄送的其他收件人不会知道该对象同时也收到了该邮件。

　　　A.　密件抄送　　　　　　　B.　回复　　　　　　　C.　定时发送　　　　　D.　添加附件

（42）在使用 QQ 进行即时通信时，首先应该（　　　）。

　　　A.　添加好友　　　　　　　　　　　　　　　　B.　注册一个 QQ 账号

　　　C.　打开好友的聊天窗口　　　　　　　　　　　D.　添加好友群

（43）下列选项中，提供了音频/视频在线播放服务的网站有（　　　）。

　　　A.　优酷　　　　　　　　　B.　土豆　　　　　　　C.　爱奇艺　　　　　　D.　迅雷

（44）在网站上播放和观看视频时，不可以进行的操作是（　　　）。

　　　A.　暂停当前播放的视频

　　　B.　调整当前视频的播放进度

　　　C.　调整当前视频的播放音量

　　　D.　将当前播放视频拖动至其他客户端播放

（45）以下关于电子邮件的说法，不正确的是（　　　）。

　　　A.　电子邮件的英文简称是 E-mail

　　　B.　加入因特网的每个用户都可以通过申请得到一个"电子邮箱"

　　　C.　在一台计算机上申请的"电子邮箱"，只能通过这台计算机上网才能接收和发送邮件

　　　D.　一个人可以申请多个电子邮箱

（46）以下正确的 IP 地址是（　　　）。

　　　A.　323.112.0.1　　　　B.　134.168.2.10.2　　　C.　202.202.1　　　　D.　202.132.5.168

（47）以下选项中，不属于网络传输介质的是（　　　）。

　　　A.　电话线　　　　　　　　B.　光纤　　　　　　　C.　网桥　　　　　　　D.　双绞线

（48）以下网络中，属于广域网的是（　　　）。

　　　A.　ChinaDDN　　　　　　B.　Novell　　　　　　　C.　Chinanet　　　　　D.　Internet

（49）将各种数字信号转换成适合于在电话线等信道传输的模拟信号的过程，称为（　　　）。

　　　A.　调制　　　　　　　　　B.　解调　　　　　　　C.　编码转换　　　　　D.　线路优化

（50）以下各项中不能作为域名的是（　　　）。

  A. www.sina.com   B. www,baidu.com   C. ftp.pku.edu.cn   D. mail.qq.com

（51）不属于TCP/IP层次的是（　　　）。

  A. 网络访问层   B. 交换层   C. 传输层   D. 应用层

（52）未来的IP是（　　　）。

  A. IPv4   B. IPv5   C. IPv6   D. IPv7

（53）下面关于流媒体的说法，错误的是（　　　）。

  A. 流媒体将视频和音频等多媒体文件经过特殊的压缩方式分成一个个压缩包，由服务器向用户计算机连续、实时传送

  B. 使用流媒体技术观看视频，用户应将文件全部下载完毕才能看到其中的内容

  C. 实现流媒体需要两个条件，一是传输协议的支持，二是缓存

  D. 使用流媒体技术观看视频，用户可以执行播放、快进、快退、暂停等功能

2. 操作题

（1）打开网易网页的主页，进入体育频道，浏览其中的任意一条新闻。

（2）在百度网页中搜索"流媒体"的相关信息，然后将流媒体的信息复制到记事本中，保存到桌面。

（3）将百度网页添加到收藏夹中。

（4）在百度网页中搜索"FlashFXP"的相关信息，然后将该软件下载到计算机的桌面上。

（5）使用Outlook给hello@163.com（主送）、welcome@sina.com（抄送）发送一封电子邮件，邮件内容为"计算机一级考试的时间为5月12日"，然后插入一个附件"计算机考试.doc"。

项目十二
计算机维护与安全

计算机的功能强大，但是其维护操作更不能缺少。在日常工作中，计算机的磁盘、系统都需要进行相应的维护和优化操作，在保证计算机正常运行的情况下还可适当提高效率。随着网络的发展，计算机安全也成为用户关注的重点之一，病毒和木马等都是计算机面临的各种不安全的因素。本项目通过两个典型任务，介绍计算机磁盘和系统维护基础知识、计算机病毒基础知识、磁盘的常用维护操作、设置虚拟内存、管理自启动程序、自动更新系统、启动 Windows 防火墙以及使用第三方的软件保护系统等。

课堂学习目标

● 掌握磁盘与系统维护的方法

● 了解计算机病毒及其防护的方法

任务一　磁盘与系统维护

⊕ 任务要求

　　王画使用计算机进行办公也有一段时间了，可是她心里知道自己还是一个计算机"菜鸟"，自己做的也就是打打字、进行简单的文件处理而已，遇到涉及系统及相应设置的问题，就显得有些束手无策。王画决定好好研究磁盘与系统维护的知识，当遇到简单问题时也可以自己处理，不用再求教系统管理员。

　　本任务要求掌握磁盘维护和系统维护的基础知识，如掌握常见的系统维护工具的使用方法。同时要求用户可以进行简单的磁盘与系统维护操作，包括创建硬盘分区、整理磁盘碎片、关闭未响应的程序、设置虚拟内存、关闭随系统自动启动的程序等。

⊕ 相关知识

（一）磁盘维护基础知识

　　磁盘是计算机中使用频率非常高的硬件设备，在日常的使用中应注意对其进行维护，下面讲解磁盘维护过程中需要了解的一些基础知识。

　　1.　认识磁盘分区

　　一个磁盘由若干个磁盘分区组成，分为主分区和扩展分区，其含义分别如下。

- 主分区。通常位于硬盘的第一个分区中，即 C 盘。主要用于存放当前计算机操作系统的内容，其中的主引导程序用于检测硬盘分区的正确性，并确定活动分区，负责把引导权移交给活动分区的操作系统。在一个硬盘中最多只能存在 4 个主分区。
- 扩展分区。除了主分区，别的都是扩展分区。严格地讲，它不是一个实际意义的分区，而是一个指向下一个分区的指针。扩展分区中可建立多个逻辑分区，逻辑分区是可以实际存储数据的磁盘，如我们常说的 D 盘、E 盘等。

　　2.　认识磁盘碎片

　　计算机使用时间长了，磁盘上会保存大量的文件，这些文件并非保存在一个连续的磁盘空间上，而是将文件分散在许多地方，这些零散的文件称作"磁盘碎片"。由于硬盘读取文件需要在多个碎片之间跳转，所以磁盘碎片过多会降低硬盘的运行速度，从而降低整个系统的性能。

　　磁盘碎片产生的原因主要有如下两种。

- 下载。在下载电影之类的大文件时，用户可能也在使用计算机处理其他工作，下载文件被迫分割成若干个碎片存储于硬盘中。
- 文件的操作。在删除文件、添加文件和移动文件时，如果文件空间不够大，就会产生大量的磁盘碎片，随着文件操作的频繁程度增高，情况会日益严重。

（二）系统维护基础知识

　　计算机安装操作系统后，用户还需要时常对其进行维护，操作系统的维护一般有固定的设置场所，下面讲解 4 个常用的系统维护场所。

- "系统配置"窗口。系统配置可以帮助用户确定可能阻止 Windows 正确启动的问题，使用它可以在禁用服务和程序的情况下启动 Windows，从而提高系统运行速度。选择"开始"/"运行"命令，打开"运行"对话框，在"打开"文本框中输入"msconfig"，单击 按钮或按【Enter】键，将打开"系统配置"窗口，如图 12-1 所示。

- "计算机管理"窗口。"计算机管理"窗口中集合了一组管理本地或远程计算机的 Windows 管理工具，如任务计划程序、事件查看器、设备管理器、磁盘管理器等。在桌面的"计算机"图标 上单击鼠标右键，在弹出的快捷菜单中选择"管理"命令；或打开"运行"对话框，在其中输入"compmgmt.msc"，将打开"计算机管理"窗口，如图 12-2 所示。

图 12-1 "系统配置"窗口　　　　　　　图 12-2 "计算机管理"窗口

- 任务管理器。任务管理器提供了计算机性能的信息和在计算机上运行的程序和进程的详细信息，如果连接到网络，还可以查看网络状态。按【Ctrl+Shift+Esc】组合键或在任务栏的空白处单击鼠标右键，在弹出的快捷菜单中选择"启动任务管理器"命令，均可打开"Windows 任务管理器"窗口，如图 12-3 所示。
- 注册表。注册表是 Windows 操作系统中的一个重要数据库，用于存储系统和应用程序的设置信息，在整个系统中起着核心作用。选择"开始"/"运行"命令，打开"运行"对话框，在"打开"文本框中输入"regedit"，按【Enter】键，打开"注册表编辑器"窗口，如图 12-4 所示。

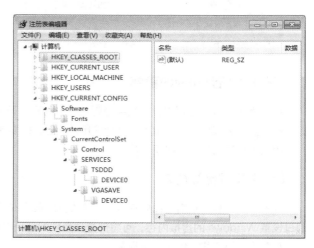

图 12-3 "Windows 任务管理器"窗口　　　　　　　图 12-4 "注册表编辑器"窗口

🔍 **任务实现**

（一）硬盘分区与格式化

一个新硬盘默认只有一个分区，若要使硬盘能够储存数据，必须为硬盘分区并进行格式化。

相关内容请扫描二维码观看视频。

（二）清理磁盘

在使用计算机的过程中会产生一些垃圾文件和临时文件，这些文件会占用磁盘空间，定期清理可提高系统运行速度。

相关内容请扫描二维码观看视频。

（三）整理磁盘碎片

磁盘碎片的存在将影响计算机的运行速度，定期清理磁盘碎片无疑会提高系统运行速度。但是要注意，固态硬盘不能进行磁盘碎片整理。

相关内容请扫描二维码观看视频。

（四）检查磁盘

当计算机出现频繁死机、蓝屏或者系统运行速度变慢时，可能是因为磁盘上出现了逻辑错误。这时可以使用 Windows 7 系统自带的磁盘检查程序来检查系统中是否存在逻辑错误，当磁盘检测程序检查到逻辑错误时，还可以使用该程序对逻辑错误进行修复。

相关内容请扫描二维码观看视频。

硬盘分区与格式化

清理磁盘

整理磁盘碎片

检查磁盘

（五）关闭无响应的程序

在使用计算机的过程中，可能会遇到某个应用程序无法操作的情况，即程序无响应，此时通过正常的方法已无法关闭程序，程序也无法继续使用，此时，需要使用任务管理器关闭该程序。

相关内容请扫描二维码观看视频。

（六）设置虚拟内存

计算机中的程序均需经由内存执行，若执行的程序占用内存过多，则会导致计算机运行缓慢甚至死机。通过设置 Windows 的虚拟内存，可将部分硬盘空间划分来充当内存使用。

相关内容请扫描二维码观看视频。

（七）管理自启动程序

在安装软件时，有些软件会自动设置随计算机启动时一起启动，这种方式虽然方便了用户的操作，但是如果随计算机启动的软件过多，会使开机速度变慢，而且即使开机成功，也会消耗过多的内存。

相关内容请扫描二维码观看视频。

（八）自动更新系统

系统的漏洞容易让计算机被病毒或木马程序入侵，使用 Windows 7 系统提供的 Windows 更新功能可以发现漏洞并将其修复，达到保护系统安全的目的。

相关内容请扫描二维码观看视频。

关闭无响应的程序

设置虚拟内存

管理自启动程序

自动更新系统

任务二　计算机病毒及其防治

任务要求

王画通过前面的学习，对磁盘和系统的维护已经有了一定的认识，简单的问题也可以自行解决了。工作中王画很多事情都需要在网上处理，因特网给了她一个广阔的空间，有很多资源可以共享，可以拉近彼此之间的距离，可是另一方面，因特网也让计算机面临被攻击和被病毒感染的风险。如何在利用计算机享用因特网带来的便捷的同时又使其不受侵害，这是王画面临的新问题。

本任务要求认识计算机病毒的特征、种类、防治方法，然后通过实际操作，了解防治计算机病毒的各种途径。

相关知识

（一）计算机病毒的特点和分类

计算机病毒是一种具有破坏计算机功能或数据、影响计算机使用并且能够自我复制传播的计算机程序代码。它常常寄生于系统启动区、设备驱动程序以及一些可执行文件内，并能利用系统资源进行自我复制传播。计算机遭到病毒反击后会出现运行速度突然变得慢、自动打开不知名的窗口或者对话框、突然死机、自动重启、无法启动应用程序和文件被损坏等情况。

1. 计算机的病毒特点

计算机病毒虽然是一种程序，但是和普通的计算机程序又有着很大的区别。计算机病毒通常具有以下特征。

● 破坏性。病毒的目的在于破坏系统，主要表现在占用系统资源、破坏数据以及干扰系统运行，有些病毒甚至会破坏硬件。

- 传染性。当对磁盘进行读写操作时，病毒程序将自动复制到被读写的磁盘或其他正在执行的程序中，以达到传染其他设备和程序的目的。
- 隐蔽性。病毒往往寄生在 U 盘、光盘或硬盘的程序文件中，等待外界条件触动其发作，有的病毒有固定的发作时间。
- 潜伏性。计算机被感染病毒后，一般不会立刻发作，病毒的潜伏时间有的是固定的，有的却是随机的，不同的病毒有不同的潜伏期。

2．计算机病毒的分类

计算机病毒从产生之日起到现在，发展了多年，也产生了很多不同的病毒种类，总体说来，病毒的分类可根据其病毒名称的前缀判断，主要有如下 9 种。

- 系统病毒。可以感染 Windows 操作系统的扩展名为*.exe 和 *.dll 的文件，并通过这些文件进行传播，如 CIH 病毒。系统病毒的前缀是 Win32、PE、Win95、W32、W95 等。
- 蠕虫病毒。通过对网络或者系统漏洞进行传播，很多蠕虫病毒都有向外发送带毒邮件，阻塞网络的特性。比如冲击波病毒和小邮差病毒。蠕虫病毒的前缀是 Worm。
- 木马病毒、黑客病毒。木马病毒是通过网络或者系统漏洞进入用户的系统，然后向外界泄露用户的信息；黑客病毒则有一个可视的界面，能对用户的计算机进行远程控制。木马病毒和黑客病毒通常是一起出现的，即木马病毒负责入侵用户的计算机，而黑客病毒则会通过该木马病毒来进行控制。木马病毒的前缀是 Trojan，黑客病毒前缀名一般为 Hack。
- 脚本病毒。脚本病毒是使用脚本语言编写，通过网页进行传播的病毒，如红色代码(Script.Redlof)。脚本病毒的前缀一般是 Script，有时还会有表明以何种脚本编写的前缀，如 VBS、JS 等。
- 宏病毒。感染 Office 系列文档，然后通过 Office 模板进行传播，如美丽莎（ Macro.Melissa ）。宏病毒也属于脚本病毒的一种，其前缀是 Macro、Word、Word97、Excel、Excel97 等。
- 后门病毒。通过网络传播，给用户计算机带来安全隐患。后门病毒的前缀是 Backdoor。
- 病毒种植程序病毒。运行时从病毒体内释放出一个或几个新的病毒到系统目录下，由释放出来的新病毒产生破坏。如冰河播种者（ Dropper.BingHe2.2C ）、MSN 射手（ Dropper.Worm.Smibag ）等。病毒种植程序病毒的前缀是 Dropper。
- 破坏性程序病毒。通过好看的图标来诱惑用户单击，从而对用户的计算机产生破坏。如格式化 C 盘（ Harm.formatC.f ）、杀手命令（ Harm.Command.Killer ）等。破坏性程序病毒的前缀是 Harm。
- 捆绑机病毒。使用特定的捆绑程序将病毒与应用程序捆绑起来，当用户运行这些程序时，表面上运行应用程序，实际上同时也在运行捆绑在一起的病毒，从而给用户造成危害。如捆绑 QQ（ Binder.QQPass.QQBin ）、系统杀手（ Binder.killsys ）等。捆绑机病毒前缀是 Binder。

 提 示

按其寄生场所不同，计算机病毒可分为引导型病毒和文件型病毒两大类；按对计算机的破坏程度不同，病毒可分为良性病毒和恶性病毒两大类。

（二）计算机感染病毒的表现

计算机感染病毒后，根据感染的病毒不同其症状差异也较大，当计算机出现如下情况时，可以考虑是否已感染病毒。

- 计算机系统引导速度或运行速度减慢，经常无故发生死机。
- Windows 操作系统无故频繁出现错误，计算机屏幕上出现异常显示。
- Windows 系统异常，无故重新启动。
- 计算机存储的容量异常减少，执行命令出现错误。
- 在一些非要求输入密码的时候，要求用户输入密码。
- 不应驻留内存的程序一直驻留在内存。
- 磁盘卷标发生变化，或者不能识别硬盘。
- 文件丢失或文件损坏，文件的长度发生变化。
- 文件的日期、时间、属性等发生变化，文件无法正确读取、复制或打开。

（三）计算机病毒的防治方法

计算机病毒的危害性很大，用户可以采取一些方法来防范病毒的感染减少计算机感染病毒的概率。

- 切断病毒的传播途径。最好不要使用和打开来历不明的光盘和可移动存储设备，使用前最好先进行病毒查杀操作以确认这些介质中无病毒存在。
- 良好的使用习惯。网络是计算机病毒最主要的传播途径，所以用户在上网时不要随意浏览不良网站，不要打开来历不明的电子邮件，不下载和安装未经过安全认证的软件。
- 提高安全意识。在使用计算机的过程中，应该有较强的安全防护意识，如及时更新操作系统、备份硬盘的主引导区和分区表、定时为计算机进行体检、定时扫描计算机中的文件，发现威胁并及时清除等。

任务实现

（一）启用 Windows 防火墙

防火墙是协助确保信息安全的硬件或者软件，使用防火墙可以过滤掉不安全的网络访问服务，提高上网安全性。Windows 7 操作系统提供了防火墙功能，用户应将其开启。

相关内容请扫描二维码观看视频。

（二）使用第三方软件保护系统

对于普通用户而言，防范计算机病毒最有效、最直接的方法是使用第三方软件。一般使用两类软件即可满足需求，一是安全管理软件，如腾讯电脑管家、360 安全卫士等；二是杀毒软件，如 360 杀毒、金山毒霸、卡巴斯基等。这些软件的使用方法都类似。

相关内容请扫描二维码观看视频。

启用 Windows 防火墙

使用第三方软件保护系统

课后练习

1. 选择题

（1）一个磁盘由若干个磁盘分区组成，分别是主分区和（　　　）。

    A. 物理分区　　　　　　　B. 间接分区　　　　　　　C. 直接分区　　　　　　　D. 扩展分区

（2）在扩展分区中，可建立多个（　　　）。

    A. 物理分区　　　　　　　B. 逻辑分区　　　　　　　C. 直接分区　　　　　　　D. 扩展分区

（3）产生磁盘碎片的主要原因一般包括下载和（　　　）。

    A. 无用文件过多　　　　　　　　　　　　　B. 文件没删除干净

    C. 文件存储量过大　　　　　　　　　　　　D. 文件的操作

（4）要想打开注册表，应该在"运行"对话框的"打开"文本框中输入（　　　）命令。

    A. "regedit"　　　　　　　　　　　　　　B. "compmgmt.msc"

    C. "comn"　　　　　　　　　　　　　　　D. "msconfig"

（5）计算机在使用过程中产生的无用垃圾文件和临时文件会占用磁盘空间，并（　　　）。

    A. 影响系统的运行速度　　　　　　　　　　B. 影响其他文件的存放

    C. 影响软件的使用　　　　　　　　　　　　D. 容易感染病毒

（6）在磁盘碎片整理窗口中，"分析"的作用是（　　　）。

    A. 判断是否需要进行碎片整理　　　　　　　B. 优化磁盘文件系统，为整理碎片做准备

    C. 进行磁盘碎片整理　　　　　　　　　　　D. 以上都不对

（7）下列关于硬盘故障的说法，不正确的是（　　　）。

    A. 如果在 BIOS 中能够检测到硬盘而硬盘不能启动，则可能是操作系统出了问题

    B. 如果在 BIOS 中能够检测到硬盘而硬盘不能启动，则说明硬盘可能没有问题

    C. 如果在 BIOS 中不能检测到硬盘，则说明硬盘肯定有问题

    D. 以上说法都不对

（8）通过设置 Windows 的虚拟内存，可以（　　　）。

    A. 增加系统原本的内存空间　　　　　　　　B. 将部分硬盘空间充当内存使用

    C. 提高系统的运行速度　　　　　　　　　　D. 提高内存空间的利用率

（9）在"运行"对话框中输入（　　　）命令，可快速打开"计算机管理"窗口。

    A. "regedit"　　　　　　　　　　　　　　B. "compmgmt.msc"

    C. "comn"　　　　　　　　　　　　　　　D. "msconfig"

（10）系统自动更新一般是通过（　　　）进行设置。

    A. "计算机管理"窗口　　　　　　　　　　　B. "Windows Update"窗口

    C. "计算机"窗口　　　　　　　　　　　　　D. "系统配置"窗口

（11）蠕虫病毒的前缀是（　　　）。

    A. Win32　　　　　　　　B. Worm　　　　　　　C. Win95　　　　　　　D. Macro

（12）下列选项中，可能是计算机感染病毒的途径的是（　　　）。

    A. 用键盘输入数据　　　　　　　　　　　　B. 通过电源线

    C. 所使用的硬盘表面不清洁　　　　　　　　D. 通过 Internet 中的 E-mail

（13）下列选项中，可以防止移动硬盘感染计算机病毒的方法是（　　）。

    A. 使移动硬盘远离电磁场　　　　　　　　B. 定期对移动硬盘做格式化处理

    C. 对移动硬盘加上写保护　　　　　　　　D. 禁止与有病毒的其他移动硬盘放在一起

（14）计算机病毒会造成（　　）。

    A. CPU 烧毁　　　　　　　　　　　　　B. 磁盘驱动器损坏

    C. 程序和数据被破坏　　　　　　　　　　D. 磁盘的物理损坏

（15）计算机病毒是一种（　　）。

    A. 程序　　　　　　　　　　　　　　　　B. 电子元件

    C. 微生物"病毒体"　　　　　　　　　　D. 机器部件

（16）黑客病毒的前缀名一般为（　　）。

    A. Worm　　　　　　B. Macro　　　　　　C. Hack　　　　　　D. Word

（17）按其寄生场所不同，计算机病毒可分为引导型病毒和（　　）两大类。

    A. 娱乐性病毒　　　　B. 破坏性病毒　　　　C. 文件型病毒　　　　D. 潜在性病毒

（18）下列属于计算机常见病毒的特点的是（　　）。

    A. 良性、恶性、明显性和周期性　　　　　B. 周期性、隐蔽性、复发性和良性

    C. 隐蔽性、潜伏性、传染性和破坏性　　　D. 只读性、趣味性、隐蔽性和传染性

（19）可以感染 Windows 操作系统的文件的扩展名一般为（　　）。

    A. .docx 和.dll　　　B. .docx 和.xlsx　　　C. .exe 和.txt　　　D. .exe 和.dll

（20）下列设备中，能在计算机之间传播"病毒"的是（　　）。

    A. 扫描仪　　　　　　B. 鼠标　　　　　　　C. 光盘　　　　　　D. 键盘

（21）为了预防计算机病毒，对于外来磁盘应（　　）。

    A. 禁止使用　　　　　B. 先查毒，后使用　　C. 使用后，就杀毒　　D. 随便使用

（22）出现下列（　　）现象时，应首先考虑计算机感染了病毒。

    A. 不能读取光盘　　　　　　　　　　　　B. 系统报告磁盘已满

    C. 程序运行速度明显变慢　　　　　　　　D. 开机启动 Windows 时，首先扫描硬盘

（23）发现计算机感染病毒后，可通过（　　）操作清除病毒。

    A. 使用杀毒软件　　　B. 扫描磁盘　　　　　C. 整理磁盘碎片　　　D. 重新启动计算机

（24）在下列操作中，通过（　　）不可以清除文件型计算机病毒。

    A. 删除感染计算机病毒的文件　　　　　　B. 将感染计算机病毒的文件更名

    C. 格式化感染计算机病毒的磁盘　　　　　D. 用杀毒软件进行清除

（25）对于已经感染病毒的磁盘，应（　　）。

    A. 不能使用　　　　　　　　　　　　　　B. 用杀毒软件杀毒后继续使用

    C. 用酒精消毒后继续使用　　　　　　　　D. 可直接使用，对系统无任何影响

（26）"冰河播种者"（Dropper.BingHe2.2C）属于（　　）。

    A. 复合型病毒　　　　B. 引导文件型病毒　　C. 病毒种植程序病毒　　D. 非生物型病毒

（27）下列关于防火墙作用的描述，正确的是（　　）。

    A. 防止具有危害性的网站主动连接计算机

    B. 可以过滤掉不安全的网络访问服务，提高上网安全性

    C. 防止病毒在计算机上的传播和扩散

    D. 以上说法都不对

（28）下列不属于第三方系统保护软件的是（　　　）。

  A．卡巴斯基   B．金山毒霸   C．瑞星杀毒   D．鲁大师

2．操作题

（1）清理 C 盘中的无用文件，然后整理 D 盘的磁盘碎片。

（2）设置虚拟内存的"初始大小"为"2000"，"最大值"为"7000"。

（3）开启计算机的自动更新功能。

（4）扫描 F 盘中的文件，如有病毒对其进行清理。

（5）使用 360 安全卫士对计算机进行体检，对体检有问题的部分进行修复。

实 践 篇

实践项目一
Word 2010 基本操作

任 务 | 制作"笔记本电脑"文档

【实验目的】

- 掌握文档的建立、保存与打开方法。
- 掌握文本内容的选定与编辑方法。
- 掌握文档的排版、页面设置方法。
- 掌握插入图形文件方法。
- 掌握图文混排方法。

【实验内容】

1. 将标题"笔记本电脑"设置为黑体、二号字，加粗，居中对齐。
2. 将正文字体设置为华文仿宋，小四号。
3. 将正文段落文字设置为首行缩进 2 字符。
4. 查找文中所有的"优势"，将其全部替换为"优点"。
5. 将纸张大小设置为 A4，设置上边距 3 厘米，下边距 2 厘米，左边距 3 厘米，右边距 2 厘米。
6. 插入页眉，文字设置为"笔记本电脑"。

【实验步骤】

1. 选定标题"笔记本电脑"，"开始"选项卡→"字体"列表框中设置字体为"黑体"，"字号"列表框中设置字体大小为"二号"，单击 **B**（加粗效果）按钮。单击 ≡（居中对齐）按钮。

2. 选定正文内容，"开始"选项卡→"字体"列表框中设置字体为"华文仿宋"，"字号"列表框中设置字体大小为"小四"。

3. 选定正文内容，"开始"选项卡→"段落"对话框中设置特殊格式为"首行缩进""2 字符"。

4. 选定正文内容，"开始"选项卡→"编辑"组中单击 aac 替换按钮，设置如实践图 1-1 所示，单击"全部替换"按钮。

5. 选定页面布局选项卡，"纸张方向"列表框中设置纸张大小为 A4，"页边距"列表框中选自定义边距，设置上边距 3 厘米，下边距 2 厘米，左边距 3 厘米，右边距 2 厘米，如实践图 1-2 所示。

6. 双击标题上方页眉，输入文字：笔记本电脑，如实践图 1-3 所示。

实践图 1-1　替换内容

实践图 1-2　设置页边距

笔记本电脑

笔记本电脑

实践图 1-3　设置页眉

实践习题

一、题目要求

打开素材，按要求完成下面操作。

1. 设置页边距为自定义页边距，其中上、下、左、右边距分别设置成 2 厘米。

2. 将文章的标题"乔布斯语录"应用"标题 1"样式。

3. 将正文字体格式设置为：宋体、小四号。

4. 将正文段落格式设置为：首行缩进 2 字符、行间距 1.5 倍行距、段前 1 行、段后 2 行。

5. 把正文中所有文字"苹果"的字体格式设置为：四号、红色，效果参见 YWORD9A.pdf。

6. 修改"标题 1"的样式。字体格式：小一、不加粗；段落格式：居中；文字效果：文本填充为"纯色填充"（颜色用默认值），文本边框为"实线"（颜色用默认值）。

7. 在正文的第一个段落下面插入素材图片 PWORD9A_1.jpg，删除该图片的背景，设置图片样式为"金属框架"。

8. 设置页面颜色为"白色，背景 1，深色 15%"。

二、题目要求

打开素材，按要求完成下面操作。

1. 设置纸张大小为 16 开，页边距设置为"适中"。

2. 在文档中插入"透视"类型封面，键入文档标题为"贝多芬"，删除"副标题""摘要"等信息。

3. 在"[此处插入目录]"处，插入目录（"自动目录 1"）。

4. 在标题"贝多芬简介"之前插入分节符（下一页）。

5. 为正文节插入页眉，内容是"贝多芬简介"，且要求封面和目录部分无页眉。

6. 为正文节页脚插入页码，要求起始页码为字母"a"，且要求封面和目录部分无页码。

7. 更新目录，确保文档结构正确，保存文档。

实践项目二
排版文档

任 务　制作汽车销售报告

【实验目的】

- 掌握在文档中插入各种对象的方法。
- 掌握制作表格的方法。
- 掌握美化文档的相关操作方法。
- 掌握设置页面和打印文档的方法。

【实验内容】

1. 将第一个段落（即标题）格式设置为：字体为"华文隶书"，字号为"一号"。文字效果设置为："渐变填充–蓝色，强调文字颜色 1"。段后间距 2 行。

2. 将第二、三段设置为：首行缩进 2 字符，段后间距设置为 1 行。

3. 使用"文本转换成表格"功能，"文字分隔位置"选择"制表符"，将"附录：2006 年前三季度 MSD 汽车公司中国市场零售销量"下面的内容转换成表格，适当调整列宽及行高。

4. 设置该表格的样式为："浅色网格–强调文字颜色 1"。

5. 如样例所示，插入图片"PWORDA3_1.jpg"，图片放在页面的左上角；插入图片"PWORDA3_2.jpg"，放在页面的右上角，将两张图片的自动换行设置为"四周环绕"。

6. 为文档设置页面边框，边框线型为任选。

【实验步骤】

1. 选定第一个段落标题"汽车销售报告"，"开始"选项卡→"字体"列表框中设置字体为"华文隶书"，"字号"列表框中设置字体大小为"一号"，单击"文本效果"按钮，选定"渐变填充–蓝色，强调文字颜色 1"，选定标题，"段落"对话框中找"间距"，并设置为段后 2 行。

2. 选定第二、三段内容，"开始"选项卡→"段落"对话框中设置特殊格式为"首行缩进""2 字符"；"间距"设置为段后 1 行。

3. 将"附录:2006 年前三季度 MSD 汽车公司中国市场零售销量"下面的内容转换成表格，选定内容，插入选项卡→"表格"列表框中选择"文本转换成表格"，"文字分隔位置"选择"制表符"，选择自动调整列宽及行高，如实践图 2–1 所示。

实践图 2-1　将文字转换成表格

4. 选定表格，表格工具→"设计"选项卡，设置表格样式为"浅色网格-强调文字颜色 1"。

5. 如实践图 2-2 所示，"插入"选项卡→插图组中选择"图片"按钮，插入图片"PWORDA3_1.jpg"，图片放在页面的左上角；同样，插入图片"PWORDA3_2.jpg"，放在页面的右上角。选择两张图片，自动换行调置为"四周环绕"。

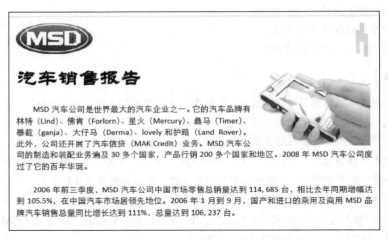

实践图 2-2　插入图片样例图

6. "开始"选项卡→单击 按钮，找到边框和底纹对话框，选择页面边框，边框线型设置为方框，颜色设置为蓝色。

实践习题

一、题目要求

1. 字体格式。将标题文字（即"中华美食——四喜丸子"）字体设置为：黑体，一号。文字效果设置为"填充-红色，强调文字颜色 2，双轮廓-强调文字颜色 2"（第三行第 5 个）。

2. 段落格式。将第二段（文字："中国地大物博，……"）的段落格式设置为：段前间距 1.5 行、段后间距 0.5 行，首行缩进 2 字符。

3. 分栏。将第三段（文字："四喜丸子是一道吉祥菜，……"）分为两栏。

4．图文混排。参照样例，在第三段（文字：“四喜丸子是一道吉祥菜，……”）中插入素材图片“PWORD6A_1.jpg”，调整图片大小。将图片的自动换行设置为“四周型环绕”，“更正”调整图片的“亮度和对比度”为：“亮度：+20% 对比度：–40%”（第一行第 4 个）。

5．表格操作。参照样例，按如下要求进行操作。合并单元格：将表格“第 1 行的二个单元格合并为 1 个单元格”。设置底纹：将表格“第 2 行第 1 个单元格”和“第 3 行第 1 个单元格”的底纹设置为“红色，强调文字颜色 2，淡色 60%”（第三行第 6 个）。

二、题目要求

1．设置纸张大小为信纸（21.59 厘米×27.94 厘米），页边距为“上为 5 厘米、下为 3 厘米，左、右各 3.2 厘米”。

2．在“[在此插入目录]”处，插入目录（自定义目录：显示级别 1 和级别 2 的标题，效果参看样例）。

3．插入“网格”封面。删除封面上的“副标题”和“摘要”。封面标题为“宫崎骏及其作品介绍”，在封面插入素材的图片“PWORD10B_1.jpg”，图片样式自定义。

4．在“壹 生平介绍”下的文字“宫崎骏（Miyazaki Hayao，1941 年 1 月 5 日 – ）……”中插入素材的图片“PWORD10B_2.jpg”，设置图片为“四周环绕”，调整图片大小和位置，设置图片格式为图片样式中的“棱台型椭圆，黑色”。

5．在目录与正文之间插入“分节符（下一页）”。

6．为正文一节插入奇偶页不同的页眉。奇数页页眉内容是“宫崎骏及其作品介绍”，居中对齐；偶数页页眉内容是图片素材的“PWORD10B_2.jpg”，右对齐，调整图片大小和样式，效果参照样例。封面和目录部分无页眉。

7．为正文节页脚插入页码，要求起始页码为 1，页码为居中对齐，页码格式为“颚化符”，效果参照样例。封面和目录部分无页码。

8．将“陆人物荣誉”下面的内容转换为表格，在表格第一行前再插入一空行，在空行中输入表格列标题“年份”和“奖项”。表格样式设置为：浅色底纹—强调文字颜色 1。效果参看样例。

三、题目要求

1．将文档的页边距分别设置为上下边距 2.5 厘米，左右边距 3 厘米。版式设置为奇偶页不同。

2．在文字“目录”的下一行插入二级标题目录，设置目录 1 格式为：小三，加粗；设置目录 2 格式为四号。

3．将“发展模式”下的表格“第一行，第一列”的单元格文字设置为：微软雅黑、四号、水平居中。表格的外边框设置为：颜色为标准色里的“浅绿”，三线细线边框。

4．利用封面样式的“奥斯汀”生成封面，将标题上的文字更改为“古镇”，副标题上的文字更改为“体验这般静谧的生活”，删除其他输入信息、占位图形和图片，插入新的图片“PWORD8B_1.jpg”，具体效果参考样例文件。

5．分别在“目录”与”封面”之间，“目录”与“正文”之间添加“分节符（下一页）”，将文档分成三节。仅为“目录”节添加艺术型边框（页面边框样式不限），具体效果参考样例文件。

6．取消封面页首页不同，设置页脚。仅为正文页脚添加页码，奇数页的页码分别为“a，c，e，…”，页码位置为页面底端右侧；偶数页的页码分别为“b，d，f，…”，页码位置为页面底端左侧。封面和目录无页码。

7．设置页眉。在正文奇数页的页眉右端添加文字“古镇”，在偶数页的页眉左端添加文字“古镇”。封面和目录无页眉。

8．更新整个目录。

实践项目三
Excel 2010 基本操作

任 务 制作销售提成统计表

【实验目的】

- 掌握工作簿的建立、保存与打开方法。
- 掌握 Excel 2010 的基本操作方法。
- 掌握表格数据的常用输入方法。
- 掌握设置单元格格式的方法。
- 掌握打印和设置工作表的方法。

【实验内容】

1. 将标题"合并及居中"置于表格正上方(A1:D1)，字体设置为华文新魏、16 磅。
2. 设置表头行（即第二行）行高为 18。
3. 利用公式计算各销售人员的提成金额（提示：提成金额=销售额×提成率）。
4. 将 A2:D12 区域中的数据添加内部、外部边框，边框为黑色单细线。
5. 按"提成金额"将表格进行"降序"排列。
6. 以销售人员列（A2:A12）和提成金额列（D2:D12），生成簇状圆柱图，插入当前 Sheet1 工作表中。

【实验步骤】

1. 选定 A1:D1，"开始"选项卡→单击合并后居中按钮，"字体"列表框中设置字体为"华文新魏"，"字号"列表框中设置字体大小为"16 磅"。
2. 选定表头行（即第二行），单击鼠标右键选择行高设置为 18。
3. D2 单元格输入"=C3*$G$1"，拖曳填充柄。
4. 选定 A2:D12 区域，"开始"选项卡→选择其他边框，添加内容、外部边框，边框设置为黑色单细线，如实践图 3-1 所示。
5. 选定提成金额列，"开始"选项卡→"编辑"列表框中排序和筛选，选"降序"。
6. 先选定销售人员列，按【Ctrl】键选定提成金额列，插入选项卡→"图表"列表框中选"柱形图"，选"簇状圆柱图"，插入当前 Sheet1 工作表中。

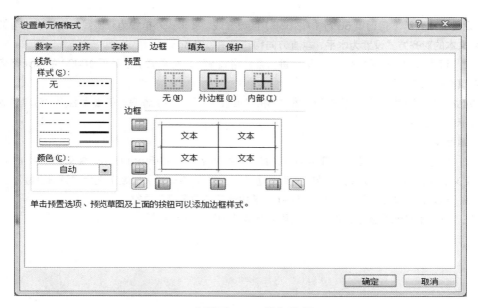

实践图 3-1　添加边框

实践习题

一、题目要求

1. 将 Sheet1 复制到 Sheet2 和 Sheet3 中的对应位置，并将 Sheet1 更名为"外贸出货单"。

2. 将 Sheet3 表的第 4~8 行以及"规格"列删除。

3. 在 Sheet3 中筛选出单价低于 50 元（包含 50 元）的商品信息，将筛选出来的单价上涨 20%之后的结果输入调整价列。根据"调整价"重新计算相应"货物总价"。

4. 保持 Sheet3 表中的筛选结果，并将其中的数据按"货物量"升序排列。

5. 在 Sheet2 的 G 列后增加一列"货物量评估"，要求利用 IF 函数统计每项货物属于量多，还是量少。条件是：如果货物量≥150，则显示"量多"，否则显示"量少"。

6. 在 Sheet3 工作表后添加工作表 Sheet4、Sheet5，将"外贸出货单"的 A 到 G 列分别复制到 Sheet4 和 Sheet5 中的对应位置。

7. 对 Sheet4，删除"调整价"列，进行筛选操作，筛选出货物总价最高的 20 项。

8. 对 Sheet5，进行筛选操作，筛选出名称中含有"抱枕"（不包括引号）的商品。

二、题目要求

在"1. 格式设置"工作表中完成如下操作，效果如 YEXCEL9B.pdf 所示，要求如下：

1. 设置标题行，将标题行（A1:E1）合并居中，并将标题文字"大成公司订单信息"设置如下。

（1）华文彩云，16 号，加粗、字体颜色：深蓝，文字 2。

（2）填充颜色：橄榄色，强调文字颜色 3，淡色 40%。

2. 用智能填充填写"订单编号"列（A3:A56），使"订单编号"按 001122，001123，001124，…，001175 序列方式填写。

3. 将"订货金额"列（C3:C56）的数字用货币格式表示。

4. 设置工作表第 2 行到第 56 行（A2:E56）区域框线，要求：外框线为双实线、内框线为单细线。并将该区域文本的对齐方式设置为水平、垂直方向均"居中"对齐。

5. 对"订货金额"列（C3:C56）区域进行条件格式设置，将数值小于等于 10000 的单元格格式设置为"黄色填充红色文本"。

6. 建立"1. 格式设置"工作表的副本"1.格式设置 (2)"，将工作表标签重命名为"订单信息"，并将工作表标签移至最后。

三、题目要求

在"2. 综合应用"工作表中，完成如下计算，效果如 YEXCEL9B.pdf 所示，要求如下：

1. 定义名称：将（B3:B90）区域定义为"地区"，将（D3:D90）区域定义为"订货金额"。

2. 在（H3:H8）单元格区域，用 COUNTIF 函数计算各地区订单总数。

3. 在（I3:I8）单元格区域，用 SUMIF 函数计算各地区订货总金额。

Chapter 4

实践项目四
计算和分析 Excel 数据

任 务 | 制作销售员订单

【实验目的】

- 掌握使用公式和函数来计算数据的方法。
- 掌握数据的排序、筛选与分类汇总的方法。
- 熟悉使用透视表与透视图分析工作表的方法。

【实验内容】

一、公式与简单函数的使用

在"1. 简单公式与函数"工作表中进行计算，效果如 YEXCEL1A.pdf 所示，要求如下。

1. 按"订货数量"进行升序排序。

2. 根据产品订货数量及单价计算 H 列的销售额（销售额=订货数量×单价）。

3. 利用函数进行计算。要求在 L2 单元格中使用"自动计算"中的相关公式计算出订单总量（COUNTA），在 L3 单元格中计算出单价的平均值（AVERAGE）。

二、分类汇总

在"2. 分类汇总"工作表中，对数据进行分类汇总操作，通过分类汇总统计出各个地区的"订货数量"的平均值。效果如 YEXCEL1A.pdf 所示，要求如下。

1. 按照"地区"进行升序排序分类。

2. 汇总方式为"平均值"，汇总项为"订货数量"。

3. 隐藏汇总后分类明细数据。

4. 汇总后的结果"订货数量"为数值型，保留 1 位小数。

【实验步骤】

一、公式与简单函数的使用

1. 选定订货数据 F 列，"开始"选项卡→"编辑"列表框中排序和筛选，选"降序"。

2. 选定 H2 单元格输入"=F2*G2"，拖曳填充柄。

3. 选定 L2 单元格输入"=COUNTA(F2:F61)"，选定 L3 单元格输入"= AVERAGE（G2:G61）"。

二、分类汇总

1. 选定地区 B 列，"开始"选项卡→"编辑"列表框中排序和筛选，选"升序"。

2. "数据"选项卡→"分级显示"列表框中分类汇总，分类字段设置为"地区"，汇总方式设置为"平均值"，汇总项设置为"订货数量"，如实践图4-1所示。

实践图4-1　分类汇总

3. 选定"数据"选项卡，"分级显示"列表框中"隐藏明细数据"，如实践图4-2所示。

1 2 3	▲	A	B	C	D	E	F	G
	1	订单编号	地区	城市	销售员	产品型号	订货数量	单价
+	9		东北 平均值				67.285714	
+	25		华北 平均值				58.466667	
+	39		华东 平均值				118.38462	
+	53		华南 平均值				78.230769	
+	60		西北 平均值				77.666667	
+	67		西南 平均值				119.83333	
−	68		总计平均值				84.816667	
	69							

实践图4-2　隐藏明细数据图

4. 选定订货数量F列，单击鼠标右键选定设置单元格格式，分类为数值型，保留1位小数。

实践习题

一、题目要求

1. 设置单元格格式。在"1. 格式设置"工作表中进行格式设置，效果如Excel1A.pdf所示，要求如下。

（1）设置标题行，将标题行（A1:G1）合并居中，并将标题文字"2012年外贸专业学生英语考试成绩统计表"设置如下。

① 华文楷体18号，加粗，字体颜色水绿色，强调颜色文字5。

② 填充颜色：白色，背景1，深色5%。

③ 设置工作表第2行到第32行（A2:G32）区域框线，要求：外框线为双线、内框线为单细线。并将该区域文本的对齐方式设置为水平、垂直方向均"居中"对齐。

（2）设置 A3:A32 单元格的数据有效性为"文本长度"，长度等于 3，用智能填充填写"编号"列（A3:A32），使编号按 001，002，003，…，030 填充序列方式填写。

（3）对"口语"列（F3:F32）进行条件格式设置，将数值大于 89 的单元格格式设置为"浅红填充色深红色文本"。

2. 制作图表。在"2. 制作图表"工作表中，制作图表，效果如 Excel1A.pdf 所示，要求如下。

（1）以各班级"阅读""听力""口语"和"写作"平均成绩为数据制作图表。

（2）图表类型选择"柱形图"→"簇状圆柱图"。

（3）图表放置在当前工作表中，并进行"切换行/列"。

（4）图表标题：英语单项平均成绩比较图。

主要横坐标轴标题：单项。

主要纵坐标轴标题：分数。

3. 在底端显示图例。

二、题目要求

1. 简单公式与函数。

在"简单公式与函数"工作表中完成统计表格中带底纹的单元格中的计算，使用的函数可参见标注。结果如 YEXCEL7B.pdf 所示，要求如下。

（1）利用 MAX 函数计算所有城市中的 PM2.5 的最高值。

（2）利用 MIN 函数计算所有城市中的 PM2.5 的最低值。

（3）利用 AVERAGE 函数计算所有城市中的 PM2.5 的平均值，结果为数值型，显示一位小数。

（4）利用 COUNTA 函数统计城市列表中的城市总个数。

2. 排序。

在"排序"工作表中，按 PM2.5 指数的升序排列数据表中的各条记录，结果如 YEXCEL7B.pdf 所示。

3. 高级函数。

在"高级函数"工作表中完成统计表格中带底纹的单元格中的计算，使用的函数可参见标注。结果如 YEXCEL7B.pdf 所示，要求如下。

（1）根据"空气质量等级与 PM2.5 指数对应表"中给出的条件，利用 IF 函数完成"空气质量描述"列中单元格的填充。

（2）利用 COUNTIF 函数完成"统计"表格中带底纹的单元格的填充，即统计出各个空气质量等级的城市个数。

（3）在 G18 中单击此单元格选择为"成都"，利用 VLOOKUP 函数找出对应该城市的 PM2.5 的指数，并将其填充在 G19 单元格中。

三、题目要求

1. 格式设置。

在"格式设置"工作表中进行格式设置，效果如 YEXCEL10A.pdf 所示，要求如下。

（1）设置标题行。

① 将标题行（A1:G1）合并居中。

② 将标题文字"东南大学勤工俭学岗位"设置为：华文行楷 18 号，加粗，字体颜色为标准色–红色。

（2）设置表头。

① 为表头区域（A3:G3）设置底纹，填充颜色：白色，背景 1，深色 15%。

② 将表头区域（A3:G3）文本的对齐方式设置为水平、垂直方向均"居中"对齐。

（3）设置表格框线。为工作表区域（A3:G10）设置框线，要求：外框线为双线、内框线为单细线。

（4）自动填充。利用自动填充功能，为"序号"列的 A4:A10 单元格填充代码 001~007。

（5）冻结窗格。将工作表的 A 列和第 1~3 行冻结。

2. 制作图表。

在"图表"工作表中，制作图表，效果如 YEXCEL10A.pdf 所示，要求如下。

（1）创建图表。以"学院"和"人数"列为数据，创建图表。

（2）图表类型。图表类型选择"饼图"→"三维饼图"。

（3）图表设计。调整图表大小，放置在 F1 开始的位置。并将图表样式设置为"样式 18"。

（4）图表布局。

在图表上方添加图表标题，标题内容为："各学院勤工俭学人数"，字号为 14。

为图表设置"数据标签"→"数据标签外"，标签选项为"百分比"。

3. 数据透视表。

（1）创建数据透视表，并将数据透视表放置在当前工作表的 J3 处。

（2）将"岗位"放到"行标签"区，"学院"放到"列标签"区，"姓名"放到"数值"区，计算类型为"计数"。

（3）对数据透视结果进行筛选，筛选出"电信、机电、艺术"三个学院的情况。

5

实践项目五
PowerPoint 2010 基本操作

任 务 编辑"中国人口状况"

【实验目的】

● 掌握演示文稿的基本操作方法。
● 掌握插入图表、声音和视频的方法。
● 熟悉使用图表、声音与视频等对象来丰富演示文稿的方法。

【实验内容】

1. 设置第 1 张幻灯片的标题"中国人口状况"的字体为隶书，80 号。

2. 在第 2 张幻灯片中，为目录文字"基本概况""性别比例""人口密度""城镇化情况"创建超级链接，分别链接到相应同名标题的幻灯片上。

3. 在末尾插入 1 张新幻灯片，幻灯片的版式设置为"标题幻灯片"，在标题占位符中输入文字"谢谢"，字体为隶书，72 号，加粗。

4. 设置第 1 张幻灯片的标题文字"中国人口状况"的动画效果为"进入–切入，方向自底部，快速"。

5. 设置最后 1 张幻灯片的标题文字"谢谢"的动画效果为"进入–弹跳，快速"。

【实验步骤】

1. 选定第 1 张幻灯片的标题"中国人口状况"，"开始"选项卡→字体设置为隶书，字号设置为 80。

2. 选定"基本概况"，插入选项卡→"链接"列表框中"超链接"，出现对话框选"本文档中的位置"，选"3.基本概况"，单击"确定"按钮。再按照上述步骤，选定性别比例、人口密度、城镇化情况，如实践图 5–1 所示。

3. 选定末尾插入 1 张新幻灯片，"开始"选项卡→"幻灯片"列表中新建幻灯片，选定版式设置为"标题幻灯片"，在标题占位符中输入文字"谢谢"，"开始"选项卡→字体设置为隶书，字号设置为 72，加粗。

4. 选定第 1 张幻灯片的标题文字"中国人口状况"，"动画"设置为"进入–切入，方向自底部，快速"。

5. 选定最后 1 张幻灯片的标题文字"谢谢"，"动画"设置为"进入–弹跳，快速"。

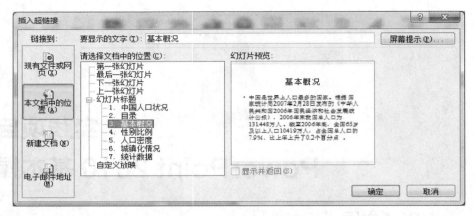

实践图 5-1　超链接

实践习题

一、题目要求

1. 为所有幻灯片应用"平衡"主题。

2. 在第 1 张幻灯片后以"标题和数排文字"版式新建 1 张幻灯片，并输入标题"目录"，然后将素材 TPPT5_2.txt 文件中的文本全部复制粘贴（只保留文本）到内容占位符中。

3. 显示"页眉页脚"中的"幻灯片编号"，标题幻灯片中不显示，并删除最后 1 张幻灯片的编号。

4. 在第 6 张幻灯片（标题：人生蓝图设计_制定人生目标）的左下角插入"饼图"图表，图表数据来自素材中的 TPPT5_1.xlsx，图表标题为"目标对人生的影响"，在内显示数据标签，效果参考样例。

5. 将第 8 张幻灯片（标题：人生规划实施 2）下方的文本转换成 SmartArt 图形：布局为"关系→聚合射线"，更改颜色为"彩色→彩色−强调文字颜色"，样式为"白色轮廓"。

6. 在新建的幻灯片中（标题：目录），为文本"人生规划实施 1"添加超链接，链接到第 7 张幻灯片（标题：人生规划实施 1）

7. 为最后 1 张幻灯片的任一张图片添加"飞入"进入动画效果，持续时间 1 秒，开始方式为"与上一动画同时"，然后再为其添加"陀螺旋"强调效果，持续时间和开始方式同上，最后将该张图片的 2 个动画效果利用"动画刷"从上到下应用到其他 3 张图片上。

二、题目要求

1. 在第 1 张幻灯片（标题：如何提高学习效率）中将版式改为标题幻灯片。

2. 为所有幻灯片应用"沉稳"主题。

3. 在第 2 张幻灯片（标题：目录），为"影响学习效率的因素"文本添加超级链接，链接到同名标题的幻灯片中，并在第 4 张幻灯片（标题：影响学习效率的因素）右下角插入文本"目录"并为其添加返回目录页的超链接。(参照样例)

4. 选择第 4 张幻灯片（标题：影响学习效率的因素）内容文字，将文本内容转换为"列表"类"基本列表"形的 SmartArt 图，SmartArt 样式选择"三维：平面场景"，SmartArt 图更改颜色为"彩色−彩色范围−强调文字颜色 5−6"。

5. 在第 2 张幻灯片右下侧插入"TPPT8"图片，调整图片大小，设置图片样式为"金属椭圆"，并将图片设置为"轮子"动画效果，参数默认。

6. 为第 3 张和第 5~8 张幻灯片设置"推进"型切换，效果选项设置为"自右侧"。

三、题目要求

1. 将第 3 张幻灯片（标题为：名人与牡丹）移动到最后一张幻灯片之后。

2. 对第 5 张幻灯片（标题为：名人与牡丹）应用"两栏内容"的版式，在该幻灯片的右边占位符插入图片"TPPT1_5.jpg"，参照样例调整图片位置和大小到合适。

3. 为所有幻灯片应用"华丽"主题（提示：请参照样例选择主题）。

4. 应用幻灯片母版：在标题和内容母版中，将标题样式文字设置字号为 44，将文本样式占位符中所有级别文字字体修改为仿宋。

5. 为第 3 张幻灯片（标题为：图片欣赏）的 4 张图片设置"进入–形状"的动画效果，开始时间设为与上一张动画片同时。

6. 选择标题为"目录"的第 2 张幻灯片，为文字"名人与牡丹"添加超级链接，链接到同名标题的幻灯片中。

7. 将所有幻灯片的切换效果设计为"细微型–推进"。

Chapter 6

实践项目六
设置并放映演示文稿

任　务 设置、放映幻灯片

【实验目的】

- 掌握设置幻灯片版式的方法。
- 掌握设置幻灯片动画的方法。
- 熟悉幻灯片放映的操作方法。

【实验内容】

1. 将演示文稿的主题设置为"聚合"。
2. 将第 2 张幻灯片的标题文本"棋魂"的字体设置为"隶书"。
3. 将第 4 张幻灯片的版式设置为"仅标题"。
4. 将第 1 张幻灯片的艺术字"动画片"的进入动画效果设置为"旋转"。
5. 将演示文稿的幻灯片高度设置为"20.4 厘米（8.5 英寸）"。

【实验步骤】

1. 选定第 1 张幻灯片，"设计"选项卡→"主题"设置为"聚合"。
2. 选定第 2 张幻灯片中标题文本"棋魂"，"开始"选项卡→"字体"设置为"隶书"。
3. 选定第 4 张幻灯片，"开始"选项卡→"幻灯片"找到版式设置为"仅标题"。
4. 选定第 1 张幻灯片的艺术字"动画片"，"动画"设置为"进入-旋转"。
5. 选定全部幻灯片，设计选项卡→"页面设置"对话框中高度设置为"20.4 厘米（8.5 英寸），如实践图 6-1 所示。

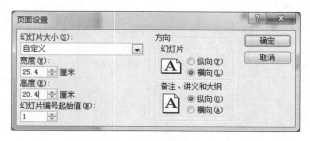

实践图 6-1　设置高度

实践习题

一、题目要求

1. 将第 2 张幻灯片（标题：目录）应用"两栏内容"的版式，然后在该幻灯片的右侧插入图片"PPPT12-1.gif"，并调整该图片的尺寸和位置。

2. 为所有幻灯片应用"茅草"主题。

3. 在幻灯片中插入页眉页脚，在页脚中显示"日期和时间（自动更新）"，幻灯片编号，页脚内容为"江西财经职院"，并设置标题幻灯片不显示。

4. 应用幻灯片母版，在所有幻灯片右上角显示图片"PPPT12-2.jpg"，同时适当调整该图片的大小和位置。

5. 选择标题为"目录"的第2张幻灯片，为各文本添加超级链接，分别链接到同名标题的幻灯片中。

6. 将所有幻灯片的切换效果设置为"华丽型-涡流"。

7. 为第1张幻灯片（标题：舞动奇迹）的标题内容设置"进入-旋转"动画效果，将图片设置为"强调-脉冲"动画效果。

二、题目要求

1. 在第1张幻灯片（标题：如何阅读一本书）的副标题占位符中输入"How to Read a Book"。

2. 将第2张幻灯片（标题：目录）更改版式为"标题和内容"。

3. 为所有幻灯片应用"奥斯汀"主题。

4. 在第1张幻灯片（标题：如何阅读一本书）的左边插入图片"TPPT6_1.jpg"，调整图片放置的位置，效果参看样例。

5. 设置第3张幻灯片的切换效果为"细微型-揭开"，相关的效果参数采用默认即可。

6. 选择第9张幻灯片（标题：读书的金字塔）的内容文字，将文本转换为"棱锥型列表"形的 SmartArt 图，并且设计 SmartArt 样式为"三维"中的"卡通"效果。

7. 为第5张幻灯片（标题：检视阅读）的图片设置"强调"效果中的"跷跷板"动画效果。

8. 为第2张幻灯片中的文字"主题阅读"制作超链接，当放映演示文稿时能链接到演示文稿中标题为"主题阅读"的幻灯片上。